工业和信息化高职高专"十二五"

 21世纪高职高专机电工程类规划教材
21 SHIJI GAOZHIGAOZHUAN JIDIANGONGCHENGLEI GUIHUA JIAOCAI

电气控制
与 PLC 应用

■ 王霞 杨打生 蒋蒙安 主编

人民邮电出版社
北 京

图书在版编目（ＣＩＰ）数据

电气控制与PLC应用 / 王霞，杨打生，蒋蒙安主编
. -- 北京：人民邮电出版社，2011.9（2015.6 重印）
21世纪高职高专机电工程类规划教材
ISBN 978-7-115-25444-3

Ⅰ．①电… Ⅱ．①王… ②杨… ③蒋… Ⅲ．①电气控
制－高等职业教育－教材②可编程序控制器－高等职业教
育－教材 Ⅳ．①TM571.2②TM571.6

中国版本图书馆CIP数据核字(2011)第133685号

内 容 提 要

本书系统地介绍常用继电器－接触器控制系统及可编程控制器的应用。在常用控制电器方面，介绍电动机的常用控制电路，并举例分析工业生产中典型机床设备的控制原理和控制电路。在可编程序控制器方面，以三菱 FX_{2N} PLC 为代表，系统介绍可编程控制器的工作原理、指令系统、编程方法、安装接线、通信等内容，并有较多的编程举例和工程应用实例，最后简要介绍西门子和欧姆龙系列 PLC。本书每章开头都附有教学目标、教学重点及教学难点，结尾附有本章小结及练习题。

本书可作为高职高专院校自动化类专业、机电设备类专业、电气工程类专业和机械制造类等专业的教材，也可作为应用型本科院校、成人教育、函授学院、中职学校、培训班等相关课程的教材，以及企业专业技术人员的参考工具书。

工业和信息化高职高专"十二五"规划教材立项项目
21 世纪高职高专机电工程类规划教材

电气控制与 PLC 应用

♦ 主　编　王　霞　杨打生　蒋蒙安
　　责任编辑　潘新文

♦ 人民邮电出版社出版发行　北京市丰台区成寿寺路 11 号
　　邮编　100164　电子邮件　315@ptpress.com.cn
　　网址　http://www.ptpress.com.cn
　　三河市海波印务有限公司印刷

♦ 开本：787×1092　1/16
　　印张：16　　　　　　　2011 年 9 月第 1 版
　　字数：400 千字　　　2015 年 6 月河北第 3 次印刷

ISBN 978-7-115-25444-3

定价：32.00 元

读者服务热线：(010)81055256　印装质量热线：(010)81055316
反盗版热线：(010)81055315

　　传统的电气控制及随后发展起来的 PLC（可编程控制器）应用技术均是实用性很强的技术，受到各高校特别是培养应用型人才的高职院校的欢迎。同时，很多高等院校已经将"电气控制技术"和"PLC 原理及应用"两门课程合并为"电气控制与 PLC"一门课程，针对高职院校的教学需求及教学安排，结合编者从事电气控制与 PLC 技术教学与电气控制系统开发的应用实践，我们编写了本书。全书以"必需、够用"为原则，减少理论推导，突出技能和工程应用能力的培养，便于组织教学。

　　全书共分两部分，第一部分是电气控制部分，共包括两章，主要介绍常用低压电器和基本控制电路，建议学时数为 18 学时。主要要求学生熟悉常用低压电器的原理、用途，合理选用控制电器，掌握主要由继电器、接触器控制的电动机启动、正反转、制动等线路的基本环节，学会阅读、分析典型的常规电气控制线路，并具有初步的设计能力。第二部分是 PLC 技术部分，共包括 9 章。这部分内容以三菱 FX$_{2N}$ PLC 为代表，讲述 PLC 的构成原理及梯形图和指令表编程方法，涵盖了基本指令、顺序控制指令、功能指令等编程基础知识，总结编程的方法，介绍编程工具，综合讲述 PLC 控制系统设计中涉及的问题及解决方法，最后简单介绍 PLC 的通信及西门子和欧姆龙系列 PLC，建议学时数为 70 学时。

　　本书每章开头都附有教学目标、教学重点及教学难点，结尾附有本章小结及练习题，可以帮助学生归纳每章的知识点并进一步巩固基础知识，促进学生对课程内容的理解和掌握，提高学生的实践能力。本书总的学时数为 88 学时，各章的参考学时参见下面的学时分配表。

	课 程 内 容	学 时 分 配
第 1 章	常用低压电器	6
第 2 章	电气控制系统的基本控制电路	12
第 3 章	可编程控制器概述	6
第 4 章	三菱 FX 系列 PLC 及其基本指令	12
第 5 章	步进梯形指令及状态编程法	12
第 6 章	功能指令及其应用	10
第 7 章	编程工具	4
第 8 章	PLC 的编程及应用	8
第 9 章	可编程控制器控制系统的设计	8
第 10 章	PLC 网络通信	6
第 11 章	其他常用 PLC 及指令系统	4
	课时总计	88

　　本书由王霞、杨打生、蒋蒙安任主编，王旭元、温玉春、王景学、张松宇、李满亮、袁文博任副主编。本书在编写中，得到了有关院校的大力支持与帮助，在此表示感谢！

　　由于编者水平有限，书中难免存在不妥之处，敬请广大读者批评指正。

编　者

2011 年 6 月

目　录

第1章

常用低压电器

教学目标与要求

- 了解电器的概念、分类及作用。
- 熟悉常用低压电器的结构、原理、用途、型号、图形符号及文字符号，具有合理选择、使用的能力。

教学重点

- 掌握交流接触器的结构、原理、用途、图形符号及文字符号。
- 掌握电磁式继电器和热继电器的结构、原理、用途、图形符号及文字符号。
- 掌握熔断器的结构、原理、用途、图形符号及文字符号。
- 掌握刀开关、组合开关和自动空气开关的结构、原理、用途、图形符号及文字符号。
- 掌握按钮和行程开关的结构、原理、用途、图形符号及文字符号。

教学难点

- 常用低压电器的选用。

电器是指根据电信号或非电信号的要求，手动或自动地接通、断开电路，以实现对电路或非电路的切换、控制、保护、检测、变换和调节用的电工设备的总称。

电器设备的种类很多，按工作电压可分为低压电器和高压电器。低压电器是指工作电压在交流 1 000V 或直流 1 200V 以下的电器。高压电器是指工作电压在交流 1 000V 或直流 1 200V 以上的电器。

电器按其动作方式可分为自动电器和手动电器。自动电器是指依靠电器本身参数变化而自动动作的电器，如接触器、继电器等；手动电器是指由人工直接操纵而动作的电器，如按钮、开关等。

电器按其所起的作用可分为控制电器、主令电器、执行电器和保护电器。控制电器主要用来控制电路的通断，如开关、继电器、接触器等；主令电器主要发出控制指令以控制其他电器的动作，如按钮、主令开关、行程开关等；执行电器主要用来完成某种动作或传送功率，如电磁铁、电磁离合器等；保护电器主要用来保护电源、电路及用电设备，使它不致在短路、过载状态下运行，免遭损坏，如熔断器、热继电器等。

电器按其工作原理可分为电磁式电器和非电量控制电器。电磁式电器是指根据电磁感应原理来工作的电器，如继电器、接触器等；非电量控制电器是指依靠外力或非电量的变化而动作的电器，如按钮、温度继电器等。

1.1 接触器

接触器适用于远距离频繁接通或断开交、直流电路的一种自动控制电器。主要控制对象是电动机，也可以用于控制其他电力负载，如电热器、电照明、电焊机、电容器组等。接触器具有操作频率高、使用寿命长、工作可靠、性能稳定、维护方便等优点，同时，还具有低压释放保护功能，因此，在电力拖动和自动控制系统中，接触器是运用最广泛的控制电器之一。

1.1.1 接触器的结构及工作原理

1. 接触器的结构

接触器是用来自动地接通或断开大电流电路的电器。按控制电流性质不同，接触器分为交流接触器和直流接触器两大类。在继电接触器控制电路中，交流接触器用得较多，交流接触器主要由电磁机构、触点系统及灭弧装置组成。图 1.1（a）和图 1.1（b）所示分别为 CJX1 系列交流接触器的外形图及结构示意图。

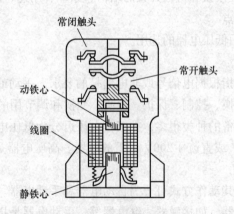

常闭触头
常开触头
动铁心
线圈
静铁心

（a）CJX1 系列交流接触器外形图　　　（b）CJX1 系列交流接触器结构示意图

图 1.1　CJX1 系列交流接触器的外形及结构示意图

（1）电磁机构

交流接触器的电磁机构由线圈、铁心（又称静铁心）和衔铁（又称动铁心）组成，如图 1.2 所示。

（2）触点系统

① 触点的接触形式。触点是电器的执行机构，它在衔铁的带动下起接通和分断电路的作用。

触点形式有桥式和指形两种，而桥式触点又可分为点接触式和面接触式两种。其中，点接触式适用于小电流；面接触式适用于大电流。图 1.3 所示为触点的结构形式。

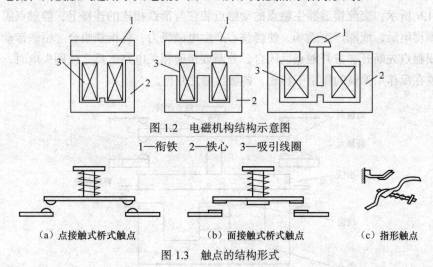

图 1.2　电磁机构结构示意图

1—衔铁　2—铁心　3—吸引线圈

（a）点接触式桥式触点　　　（b）面接触式桥式触点　　　（c）指形触点

图 1.3　触点的结构形式

② 触点的分类。触点按运动情况可分为静触点和动触点，固定不动的称为静触点，由连杆带着移动的称为动触点。按状态可分为常开触点和常闭触点，电器触点在电器未通电或没有受到外力作用时处于闭合位置的触点称为常闭（又称动断）触点；常态时相互分开的动、静触点称为常开（又称动合）触点。按职能可分为主触点和辅助触点，常用来控制主电路的称为主触点，常用来接通和断开控制电路的称为辅助触点。触点的分类如图 1.4 所示。

（3）灭弧系统

在触点由闭合状态过渡到断开状态的瞬间，在触头间隙中由电子流产生弧状的火花，称电弧。炽热的电弧会烧坏触头，造成短路、火灾或其他事故，故应采取适当的措施熄灭电弧。容量在 10A 以上的接触器都有灭弧装置，在低压控制电器中，常用的灭弧方法和装置有栅片灭弧、电动力灭弧、磁吹灭弧、灭弧罩灭弧几种。图 1.5 所示为栅片灭弧示意图，灭弧栅是由数片钢片制成的栅状装置，当触点断开发生电弧时，电弧进入栅片内，被分割为数段，从而迅速熄灭。

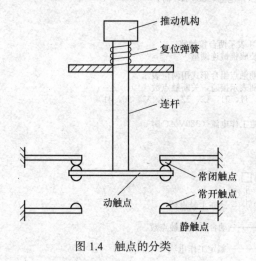

图 1.4　触点的分类

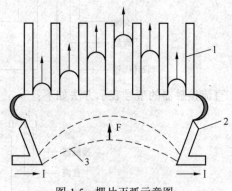

图 1.5　栅片灭弧示意图

1—灭弧栅片　2—触点　3—电弧

2. 工作原理

如图 1.6 所示，交流接触器主触点的动触点装在与衔铁相连的连杆上，静触点固定在壳体上。当线圈得电后，线圈产生磁场，使静铁心产生电磁吸力，将衔铁吸合。衔铁带动动触点动作，使常闭触点先断开，常开触点后闭合，分断或接通相关电路。反之线圈失电时，电磁吸力消失，衔铁在反作用弹簧的作用下释放，各触点随之复位。

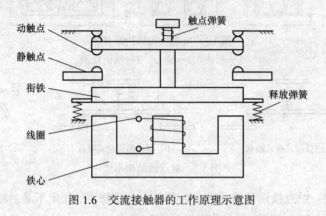

图 1.6 交流接触器的工作原理示意图

1.1.2 接触器的表示方法

接触器主要用型号及电气符号来表示。

交流接触器的型号表示方法如下：

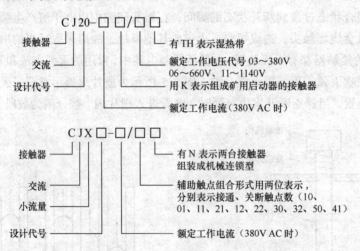

直流接触器的型号表示方法如下：

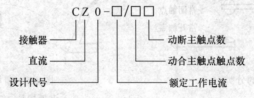

接触器的电气符号如图 1.7 所示。

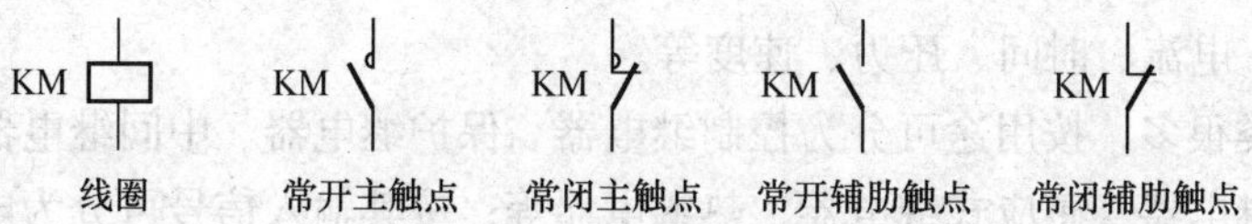

线圈　　常开主触点　　常闭主触点　　常开辅助触点　　常闭辅助触点

图 1.7　接触器电气符号

1.1.3　接触器的主要技术参数及选用

1．接触器的主要技术参数

① 额定电压。额定电压是指接触器铭牌上主触头的电压。交流接触器的额定电压一般为 220V、380V、660V 及 1 140V；直流接触器的额定电压一般为 220V、440V 及 660V。辅助触点的常用额定电压交流接触器为 380V，直流接触器为 220V。

② 额定电流。接触器的额定电流是指接触器铭牌上主触头的电流。接触器电流等级为 6A、10A、16A、25A、40A、60A、100A、160A、250A、400A、600A、1 000A、1 600A、2 500A 及 4 000A。

③ 线圈额定电压。接触器吸引线圈的额定电压交流接触器有 36V、110V、117V、220V、380V 等；直流接触器有 24V、48V、110V、220V、440V 等。

④ 额定操作频率。交流接触器的额定操作频率是指接触器在额定工作状态下每小时通、断电路的次数。交流接触器一般为每小时 300～600 次，直流接触器的额定操作频率比交流接触器的高，可达到每小时 1 200 次。

2．接触器的选用

① 额定电压的选择：接触器的额定电压不小于负载回路的电压。

② 额定电流的选择：一般接触器的额定电流不小于被控回路的额定电流。对于电动机负载额定电流可按经验公式计算，即

$$I_C = \frac{P_N \times 10^3}{kU_N}$$

式中，k 为经验系数，通常取 $k=2.5$，若电动机启动频繁，则取 $k=2$。

③ 吸引线圈的额定电压：吸引线圈的额定电压与所接控制电路的电压相一致。

此外，接触器的选用还应考虑接触器所控制负载的轻重和负载电流的类型。

1.2

继电器

继电器是根据电量或非电量输入信号的变化，来接通或断开控制电路，实现对电路的自动控制和对电力装置实行保护的自动控制电器。继电器特点如下：继电器用于控制电信线路、仪表线路、自控装置等小电流电路及控制电路，没有灭弧装置；继电器的输入信号可以是电量或

非电量，如电压、电流、时间、压力、速度等。

继电器的种类很多，按用途可分为控制继电器、保护继电器、中间继电器等；按其工作原理可分为电磁式继电器、感应式继电器、热继电器等；按其输入信号可分为电流继电器、电压继电器、速度继电器、压力继电器，温度继电器等；按其动作时间可分为瞬时继电器、延时继电器；按其输出形式可分为有触点继电器、无触点继电器。

1.2.1　电磁式继电器

1. 电磁式继电器结构及工作原理

电磁式继电器是以电磁力为驱动力产生电信号的电器控制元件，其结构及工作原理与接触器基本相同。主要区别在于：继电器用于控制小电流电路，没有灭弧装置，也无主触点和辅助触点之分；而接触器用来控制大电流电路，有灭弧装置，有主触点和辅助触点之分。

电磁式继电器由电磁机构和触点系统组成。按吸引线圈在电路中的连接方式不同，可分为电流继电器、电压继电器、中间继电器等。图1.8所示为几种常用电磁式继电器的外形图。

（a）电流继电器　　　　　　（b）电压继电器　　　　　　（c）中间继电器

图1.8　电磁式继电器外形图

（1）电流继电器

依据线圈中通入电流大小使电路实现通断的继电器称为电流继电器。电流继电器反映的是电流信号。使用时，电流继电器的线圈常与被测电路串联，其线圈匝数少、导线粗、阻抗小。电流继电器除用于电流型保护的场合外，还可用于按电流原则实现控制的场合。电流继电器有欠电流继电器和过电流继电器两种。

电流继电器的型号表示方法如下：

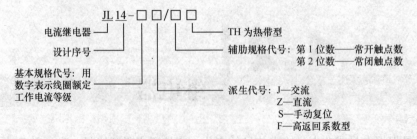

电流继电器的电气符号如图1.9所示。

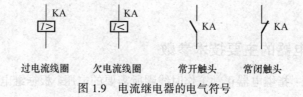

过电流线圈　　欠电流线圈　　常开触头　　常闭触头

图1.9　电流继电器的电气符号

（2）电压继电器

依据线圈两端电压的大小使电路实现通断的继电器称为电压继电器。电压继电器反映的是电压信号。使用时，电压继电器的线圈并联在被测电路中，其线圈的匝数多、导线细、阻抗大。根据动作电压值不同，电压继电器可分为欠电压继电器和过电压继电器两种。

电压继电器的型号表示方法如下：

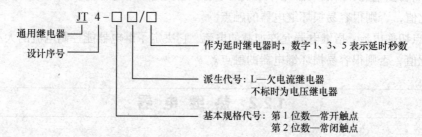

电压继电器的电气符号如图1.10所示。

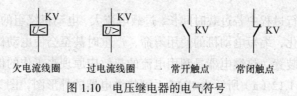

欠电流线圈　　过电流线圈　　常开触点　　常闭触点

图1.10　电压继电器的电气符号

（3）中间继电器

在继电接触器控制电路中，为解决接触器触点较少的矛盾，常采用触点较多的中间继电器，其作用是作为中间环节传递与转换信号，或同时控制多个电路。中间继电器体积小，动作灵敏度高，其基本结构及工作原理与交流接触器相似，在10A以下电路中可代替接触器起控制作用。中间继电器的型号表示方法如下：

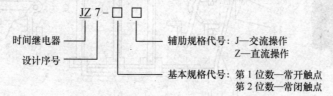

中间继电器的电气符号如图1.11所示。

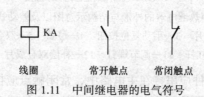

线圈　　　常开触点　　常闭触点

图1.11　中间继电器的电气符号

选用中间继电器时，主要是根据控制电路的电压和对触点数量的需要来选择线圈额定电压等级及触点数目。

2. 电磁式继电器的主要技术参数

① 额定工作电压：指继电器正常工作时线圈所需要的电压。根据继电器的型号不同，可以是交流电压，也可以是直流电压。

② 吸合电流：指继电器能够产生吸合动作的最小电流。在正常使用时，给定的电流必须略大于吸合电流，这样继电器才能稳定地工作。

③ 释放电流：指继电器产生释放动作的最大电流。当继电器吸合状态的电流减小到一定程度时，继电器恢复到释放状态。此时的电流会远远小于吸合电流。

④ 触点切换电压：指继电器允许加载的电压。它决定了继电器能控制电压的大小，使用时不能超过此值，否则很容易损坏继电器的触点。

⑤ 触点切换电流：指继电器允许加载的电流。它决定了继电器能控制电流的大小，使用时不能超过此值，否则很容易损坏继电器的触点。

1.2.2 热继电器

1. 热继电器的结构及工作原理

电动机在长期运行过程中若过载时间长，过载电流大，电动机绕组的温升就会超过允许值，使电动机绕组绝缘老化，缩短电动机的使用寿命，严重时甚至会使电动机绕组烧毁。因此，需要对其过载提供保护装置。热继电器是利用电流的热效应原理来工作的保护电器，主要用于电动机的过载保护。图 1.12（a）所示为 JR16 系列热继电器的外形图，图 1.12（b）、（c）所示分别为 JR16 系列热继电器的结构示意图和差动式断相保护示意图。

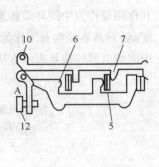

（a）JR16 系列热继电器外形图　（b）JR16 系列热继电器结构示意图　（c）差动式断相保护示意图

图 1.12　JR16 系列热继电器的外形与结构示意图以及差动式断相保护示意图

1—电流调节凸轮　2—2a、2b 簧片　3—手动复位按钮　4—弓簧　5—双金属片　6—外导板　7—内导板　8—常闭静触点　9—动触点　10—杠杆　11—调节螺钉　12—补偿双金属片　13—推杆　14—连杆　15—压簧

使用时，热继电器的热元件应串接在主电路中，常闭触点应接在控制电路中。热继电器中的双金属片是由热膨胀系数不同的两片合金辗压而成的，受热后双金属片将弯曲。当电动机正常工作时，双金属片受热而膨胀弯曲的幅度不大，常闭触点闭合。当电动机过载后，通过热元

件的电流增加，经过一定的时间，热元件温度升高，双金属片受热而弯曲的幅度增大，热继电器脱扣，即常闭触点断开，通过有关控制电路和控制电器的动作，切断电动机的电源而起到保护作用。

热继电器动作后的复位，须待双金属片冷却后。手动复位的继电器必须用手按压复位按钮使热继电器复位，自动复位的热继电器其触点能自动复位。

2. 热继电器的表示方法

热继电器的型号表示方法如下：

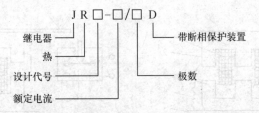

热继电器的电气符号如图 1.13 所示。

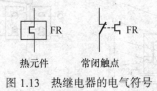

图 1.13 热继电器的电气符号

3. 热继电器的主要技术参数及选用

热继电器的主要技术参数是整定电流（动作电流），是指热继电器的热元件允许长期通过又不致引起继电器动作的最大电流值。热继电器是根据整定电流来选用的，整定电流稍大于所保护电动机的额定电流。

1.2.3 时间继电器

时间继电器是指从接收控制信号开始，经过一定的延时后，触点才能动作的继电器。主要用在需要时间顺序进行控制的电路中。时间继电器的种类主要有电磁式、电动式、空气阻尼式、电子式等。在继电接触控制电路中用得较多的是空气阻尼式时间继电器，其延时方式有通电延时和断电延时两种。通电延时继电器在线圈通电一段时间后常开触点闭合，常闭触点断开。断电延时继电器在线圈通电后常开触点立即闭合，常闭触点立即断开。在线圈断电一段时间后常开触点断开，常闭触点闭合。

1. 空气阻尼式时间继电器的结构及工作原理

空气阻尼式时间继电器是利用空气阻尼原理获得动作延时的，它主要由电磁系统、延时机构和触点 3 部分组成，触头系统采用微动开关。图 1.14（a）所示为 JS7-A 系列空气阻尼式时间继电器的外形图，图 1.14（b）、（c）所示为结构原理图。

（a）JS7-A 系列空气阻尼式时间继电器的外形图

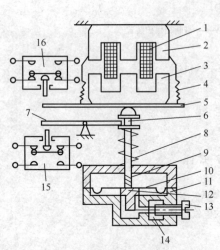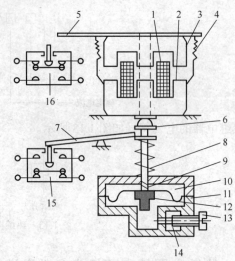

（b）通电延时型时间继电器结构原理图　　　　（c）断电延时型时间继电器结构原理图

图 1.14　JS7-A 系列空气阻尼式时间继电器的外形及结构原理图

1—线圈　2—铁心　3—衔铁　4—复位弹簧　5—推板　6—活塞杆　7—杠杆　8—塔形弹簧　9—弱弹簧
10—橡皮膜　11—空气室壁　12—活塞　13—调节螺钉　14—进气孔　15、16—微动开关

当吸引线圈 1 通电产生电磁吸力，静铁心 2 将衔铁 3 向上吸合，带动推板 5 上移，在推板的作用下微动开关 16 立即动作，其常闭触点断开（称瞬间动作的常闭触点），常开触点闭合（称瞬间动作的常开触点）。活塞杆 6 在塔形弹簧 8 的作用下，带动活塞 12 及橡皮膜 10 向上移动，由于橡皮膜下方空气室中空气稀薄而形成负压，因此活塞杆 6 不能迅速上移。当空气由进气孔 14 进入时，活塞杆 6 才逐渐上移。经过一定时间后，活塞杆移到最上端时，在杠杆 7 的作用下微动开关 15 才动作，其常闭触点断开（称延时断开的常闭触点），常开触点闭合（称延时闭合的常开触点）。从线圈通电开始到延时动作的触点动作后为止，这段时间间隔就是时间继电器的延时时间。延时时间的长短可通过调节螺杆 13 调节进气孔的大小来改变。JS7 和 JS16 系列空气式时间继电器的延时调节范围有 0.4～60s 和 0.4～180s 两种。

当吸引线圈 1 断电后，衔铁 3 在复位弹簧 4 作用下迅速复位，同时在衔铁的挤压下，活塞杆 6、橡皮膜 10 等迅速下移复位，空气室的空气从排气孔口立即排出，微动开关 15、16 都迅速回复到线圈失电时的状态。

上述为通电延时的时间继电器，另一种是断电延时的空气式时间继电器，它们的结构略有不同。只要改变电磁机构的安装方向，便可实现不同的延时方式：当衔铁位于铁心和延时机构之间时为通电延时，如图 1.14（b）所示；当铁心位于衔铁和延时机构之间时为断电延时，如

图 1.14（c）所示。空气阻尼式时间继电器的延时范围较大（0.4～180s），结构简单，寿命长，价格低。但其延时误差较大，无调节刻度指示，难以确定整定延时值。在对延时精度要求较高的场合，不宜使用这种时间继电器。

2. 时间继电器的表示方法

时间继电器的型号表示方法如下：

时间继电器的电气符号如图 1.15 所示。

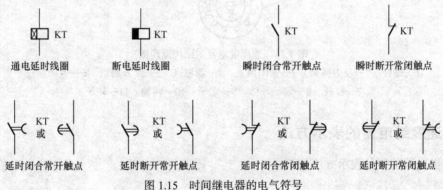

图 1.15 时间继电器的电气符号

3. 时间继电器的主要技术参数及选用

时间继电器的主要技术参数有额定电压、额定电流、额定控制容量、吸引线圈电压、延时范围等。时间继电器的选用应考虑电流的种类、电压等级以及控制线路对触点延时方式的要求。此外，还应考虑时间继电器的延时范围、精度要求等。

1.2.4 速度继电器

1. 速度继电器的结构及工作原理

速度继电器是当转速达到规定值时动作的继电器，其作用是与接触器配合实现对电动机的反接制动，所以又称为反制动继电器。速度继电器主要由转子、定子和触点 3 部分组成。图 1.16 所示为速度继电器的结构原理图。

速度继电器的转轴与电动机的轴相连，当电动机转动时，速度继电器的转子随着一起转动，产生旋转磁场，定子绕组便切割磁感线产生感应电动势，而后产生感应电流，载流导体在转子磁场作用下产生电磁转矩，使定子开始转动。当定子转过一定角度，带动杠杆推动触点，使常闭触点断开，常开触点闭合，在杠杆推动触点的同时也压缩反力弹簧，其反作用力阻止定子继续转动。当电动机转速下降时，转子速度也下降，定子导体内感应电流减小，转矩减小。当转速下降到一定值时，电磁转矩小于反力弹簧的反作用力矩，定子返回到原来位置，对应的触点复位。调节螺钉可以调节反力弹簧的反作用力大小，从而调节触点动作时所需转子的转速。

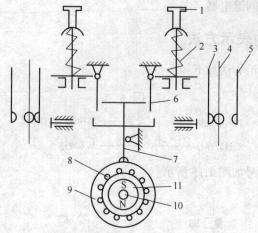

图 1.16 速度继电器的结构原理图

1—螺钉 2—反力弹簧 3—常闭触点 4—动触点 5—常开触点 6—返回杠杆

7—杠杆 8—定子导体 9—定子 10—转轴 11—转子

2. 速度继电器的表示方法

速度继电器的型号表示方法如下：

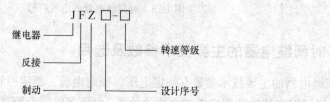

速度继电器的电气符号如图 1.17 所示。

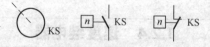

转子 常开触点 常闭触点

图 1.17 速度继电器的电气符号

1.3

熔断器

熔断器是低压电路和电动机控制电路中最常用的短路保护电器。熔断器可分为插入式熔断器、螺旋式熔断器、无填料封闭管式熔断器和有填料封闭管式熔断器。

1.3.1　熔断器的结构及工作原理

熔断器是最常用的保护电器，它主要由熔管（熔座）、熔体等部分组成。熔断器是根据电流的热效应原理来工作的，熔体一般由熔点较低的合金制成，使用时串接在被保护线路中，当线路发生过载或短路时，熔体中流过极大的短路电流，熔体产生的热量使自身熔化而切断电路，从而达到了保护线路及电气设备的目的。图 1.18 所示为插入式熔断器的外形和结构示意图。图 1.19 所示为螺旋式熔断器的外形图和结构示意图。

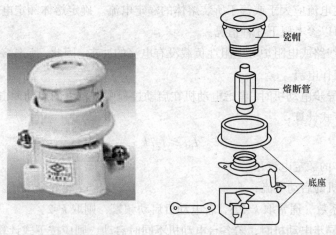

（a）插入式熔断器外形图　　　　（b）插入式熔断器结构示意图

图 1.18　插入式熔断器的外形图和结构示意图

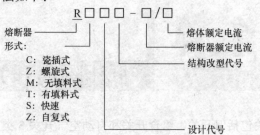

（a）螺旋式熔断器外形图　　　　（b）螺旋式熔断器结构示意图

图 1.19　螺旋式熔断器的外形图和结构示意图

1.3.2　熔断器的表示方法

熔断器的型号表示方法如下：

R□□□-□/□

熔断器
形式：
　C：瓷插式
　Z：螺旋式
　M：无填料式
　T：有填料式
　S：快速
　Z：自复式

设计代号

结构改型代号

熔断器额定电流

熔体额定电流

熔断器的电气符号如图 1.20 所示。

图 1.20　熔断器的电气符号

1.3.3　熔断器的主要技术参数及选用

1．熔断器的主要技术参数

① 额定电压：指保证熔断器能长期正常工作的电压。

② 额定电流：指保证熔断器能长期正常工作的电流。

③ 极限分段电流：指熔断器在额定电压下所能断开的最大短路电流。

2．熔断器的选用

熔断器的选用，主要是选择熔断器类型、额定电压、额定电流及熔体额定电流。熔断器的类型主要根据应用场合选择适当的结构形式；熔断器的额定电压应大于或等于实际电路的工作电压；熔断器额定电流应大于或等于所装熔体的额定电流。确定熔体额定电流是选择熔断器的关键，具体来说可以参考以下 3 种情况。

① 对于照明线路或电阻炉等电阻性负载没有电流的冲击，因此，所选熔体的额定电流应大于或等于电路的工作电流。

② 保护一台异步电动机时，考虑电动机在启动过程中有较大的启动冲击电流的影响，熔体的额定电流可按下式计算：

$$I_{fN} \geq I_s / k \tag{1-1}$$

式中：I_{fN}——熔体的额定电流；

$\quad I_s$——电动机的启动电流；

$\quad k$——经验系数，通常取 $k=2.5$，若电动机启动频繁，则取 $k=2$。

③ 保护多台异步电动机时，若各台电动机不同时启动，则应按下式计算：

$$I_{fN} \geq (1.5 \sim 2.5)I_{Nmax} + \sum I_N \tag{1-2}$$

式中：I_{fN}——熔体的额定电流；

$\quad I_{Nmax}$——容量最大的一台电动机的额定电流；

$\quad \sum I_N$——其余电动机额定电流的总和。

1.4

低压隔离开关

常用的低压隔离开关包括刀开关、组合开关和自动空气开关 3 类，下面分别对其结构、原理等进行介绍。

1.4.1 刀 开 关

1. 刀开关的结构及工作原理

刀开关是最简单的手动控制电器，主要由操作手柄、触刀、触刀座和底座组成。在继电接触器控制电路中，它主要起不频繁地手动接通和断开交直流电路或起隔离电源的作用。图1.21所示为HK系列刀开关外形图和结构示意图。

刀开关在安装时，手柄要向上，不得倒装或平装，避免由于重力自动下落，引起误动合闸。接线时，电源线应接在刀座上，负载线应接在可动触刀的下侧，这样当切断电源时，刀开关的触刀与熔断丝就不带电。

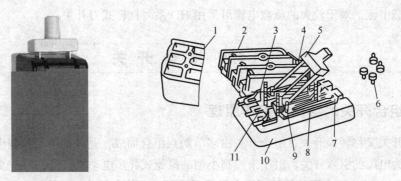

（a）HK系列刀开关外形图　　　　（b）HK系列刀开关结构示意图

图1.21　HK系列刀开关的外形图和结构示意图

1—上胶盖　2—下胶盖　3—插座　4—触刀　5—瓷柄　6—胶盖紧固螺钉　7—出线座
8—熔丝　9—触刀座　10—瓷底座　11—进线座

2. 刀开关的表示方法

刀开关的型号表示方法如下：

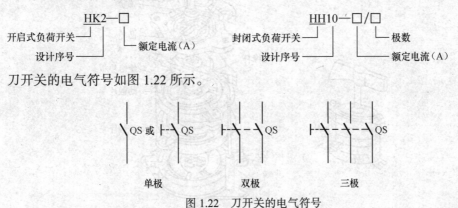

刀开关的电气符号如图1.22所示。

图1.22　刀开关的电气符号

刀开关按刀数的不同分为单极、双极、三极等几种。

3. 刀开关的主要技术参数及选用

（1）刀开关的主要技术参数

① 额定电压：指保证刀开关能长期正常工作的电压。

② 额定电流：指保证刀开关能长期正常工作的电流。

③ 通断能力：指在规定条件下，能在额定电压下接通和分断的电流值。

④ 动稳定电流：指电路发生短路故障时，刀开关并不因短路电流产生的电动力作用而发生变形、损坏或触刀自动弹出之类的现象。

⑤ 热稳定电流：指电路发生短路故障时，刀开关在一定时间内（通常为 1s）通过某一短路电流，并不会因温度急剧升高而发生熔焊现象。

（2）刀开关的选用

根据使用场合，选择刀开关的类型、极数及操作方式。刀开关的额定电流应大于它所控制的最大负载电流。对于较大的负载电流可采用 HD 系列杠杆式刀开关。

1.4.2　组　合　开　关

1. 组合开关的结构及工作原理

组合开关又称转换开关，组合开关由多节触点组合而成，是一种手动控制电器。组合开关常用来作为电源的引入开关，也用来控制小型的鼠笼式异步电动机启动、停止及正反转。

图 1.23 所示为组合开关的外形图和结构示意图。它的内部有 3 对静触点，分别用 3 层绝缘板相隔，各自附有连接线路的接线柱。3 个动触点（刀片）相互绝缘，与各自的静触点相对应，套在共同的绝缘杆上。绝缘杆的一端装有操作手柄，转动手柄，变换 3 组触点的通断位置。组合开关内装有速断弹簧，以提高触点的分断速度。

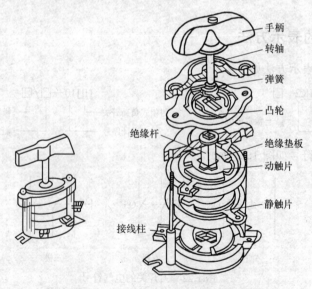

手柄
转轴
弹簧
凸轮
绝缘杆
绝缘垫板
动触片
静触片
接线柱

（a）组合开关的外形图　　　（b）组合开关的结构示意图

图 1.23　组合开关的外形图和结构示意图

组合开关的种类很多，常用的是 HZ10 系列，额定电压为交流 380V，直流 220V，额定电流有 10A、25A、60A、100A 等。不同规格型号的组合开关，各对触片的通断时间不一定相同，可以是同时通断，也可以是交替通断，应根据具体情况选用。

2. 组合开关的表示方法

组合开关的型号表示方法如下：

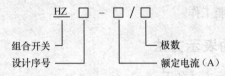

组合开关的电气符号如图 1.24 所示。

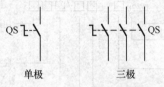

单极　　　　　　三极

图 1.24　组合开关的电气符号

1.4.3　自动空气开关

1. 自动空气开关的结构及工作原理

自动空气开关又称低压断路器，在电气线路中起接通、断开和承载额定工作电流的作用，并能在线路和电动机发生过载、短路、欠电压的情况下进行可靠的保护。自动空气开关主要由触点系统、机械传动机构和保护装置组成。图 1.25 所示为自动空气开关的外形图和结构示意图。

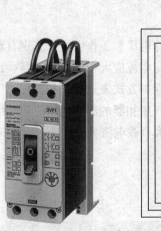

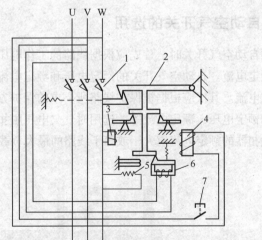

（a）自动空气开关的外形图　　　（b）自动空气开关的结构示意图

图 1.25　自动空气开关的外形图和结构示意图

1—主触点　2—自由脱扣结构　3—过电流脱扣器　4—分磁脱扣器

5—热脱扣器　6—欠电压脱扣器　7—按钮

主触点靠操作机构（手动或电动）来闭合。开关的自由脱扣机构是一套连杆装置，有过流脱扣器、欠压脱扣器等，它们都是电磁铁。当主触点闭合后就被锁钩锁住。过流脱扣器在正常运行时其衔铁是释放的，一旦发生严重过载或短路故障时，与主电路串联的线圈流过大电流而产生较强的电磁吸力把衔铁往下吸而顶开锁钩，使主触点断开，起到过流保护的作用。欠压脱扣器的工作情况则相反，当电源电压正常时，对应电磁铁产生电磁吸力将衔铁吸住，当电压低于一定值时，电磁吸力减小，衔铁释放而使主触点断开，起到失压保护的作用。当电源电压恢复正常时，必须重新合闸才能工作。

2. 自动空气开关的表示方法

自动空气开关的型号表示方法如下：

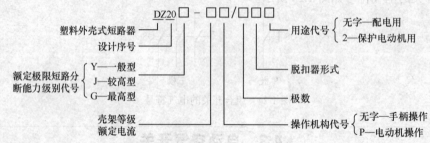

自动空气开关的电气符号如图 1.26 所示。

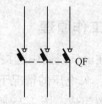

图 1.26　自动空气开关的电气符号

3. 自动空气开关的选用

选用自动空气开关时，首先应根据线路的工作电压和工作电流来选定自动空气开关的额定电压和额定电流。自动空气开关的额定电压和额定电流应大于或等于线路、设备的正常工作电压和工作电流。其次应根据被保护线路所要求的保护方式来选择脱扣器种类，同时，还需考虑脱扣器的额定电压、额定电流等。选用时，欠电压脱扣器的额定电压应等于线路的额定电压，过电流脱扣器的额定电流应大于或等于线路的最大负载电流。

1.5 主令电器

主令电器是主要用来发出指令，使接触器和继电器动作，从而接通或断开控制电路。主令电器按其作用可分为按钮、行程开关和接近开关。

1.5.1　按　　钮

1．按钮的结构及工作原理

按钮是一种手动且可以自动复位的主令电器，主要由按钮帽、复位弹簧、常闭触点、常开触点、外壳等组成。图 1.27 所示为按钮的外形图和结构示意图。当按下按钮帽时，常闭触点先断开，常开触点后闭合；当松开按钮帽时，触点在复位弹簧作用下恢复到原来位置，常开触点先断开，常闭触点后闭合。按用途和结构的不同，按钮可分为启动按钮、停止按钮、组合按钮等。

（a）按钮的外形图　　　　　　　　（b）按钮的结构示意图

图 1.27　按钮的外形图和结构示意图

1、2—常闭触点　3、4—常开触点　5—桥式触点　6—复位弹簧　7—按钮帽

2．按钮的表示方法

按钮的型号表示方法如下：

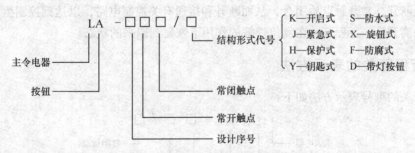

按钮的电气符号如图 1.28 所示。

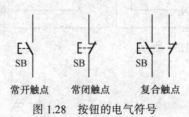

图 1.28　按钮的电气符号

1.5.2　行程开关

1.　行程开关的结构及工作原理

行程开关也称位置开关或限位开关，它是根据生产机械运行部件的位置进行动作的主令电器。在继电接触控制系统中，行程开关被广泛用来实现自动往复运动控制、终端保护控制等。行程开关的结构和工作原理与按钮相同，所不同的是行程开关不靠手的按压，而是利用生产机械运动部件的撞块碰压而使触点动作。图 1.29 所示为行程开关的外形图和结构示意图。行程开关的种类很多，可分为直动式（如 LX1、JLXK1 系列）、滚轮式（如 LX2、JLXK2 系列）和微动式（如 LXW.11、JLXK1.11 系列）3 种。

 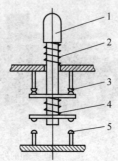

（a）行程开关的外形图　　　　（b）行程开关的结构示意图

图 1.29　行程开关的外形图和结构示意图

1—顶杆　2—弹簧　3—常闭触点　4—触点弹簧　5—常开触点

行程开关常装设在基座的某个预定位置，其触点接到有关的控制电路中。当被控对象运动部件上安装的撞块碰压到行程开关的推杆（或滚轮）时，推杆（或滚轮）被压下，行程开关的常闭触点先断开，常开触点后闭合，从而断开和接通有关控制电路，以达到控制生产机械的目的。当撞块离开后，行程开关在复位弹簧的作用下恢复到原来的状态。

2.　行程开关的表示方法

行程开关的型号表示方法如下：

行程开关的电气符号如图 1.30 所示。

图 1.30　行程开关的电气符号

本章小结

本章介绍了交流接触器、继电器、熔断器、低压隔离开关、主令电器等常用低压电器的用途、结构、工作原理、主要技术参数、型号含义、图形符号与文字符号和选用等。使用这些电器组成的电动机继电接触器控制系统是目前广泛采用的自动控制方式。掌握电器元件的动作原理和表示符号是分析控制电路的基础。

练习题

1.1 交流接触器有何用途？主要由哪几部分组成？各起什么作用？

1.2 简述热继电器的主要结构及工作原理。

1.3 简述空气阻尼式时间继电器的延时动作原理。

1.4 熔断器有何用途？如何选用？

1.5 按钮和刀开关的作用有何区别？

1.6 简述按钮和行程开关的相同之处及不同之处。

第2章
电气控制系统的基本控制电路

教学目标与要求

- 掌握电气原理图的识读方法。
- 掌握直流电动机的启动、正反转控制线路工作原理。
- 掌握三相异步电动机的启动、制动控制线路工作原理。
- 识读 C650 普通车床和 Z3040 摇臂钻床的电气原理图。

教学重点

- 三相异步电动机的启动、制动控制线路工作原理。

教学难点

- 三相异步电动机星三角降压启动线路的工作原理。
- 三相异步电动机反接制动线路的工作原理。

电气控制是指继电器、接触器和其他低压电器组成的控制方式。电气控制线路是用导线将继电器、接触器等电器元件按一定的要求和方法联系起来，并能实现某种功能的电气线路，它能实现对电力拖动系统的启动、制动、调速和保护，从而满足生产工艺要求，实现生产过程的自动控制。不同的电气控制系统具有不同的电气控制线路，但是不论是简单或是复杂的控制线路都是由基本的控制电路组成的。因此，掌握这些基本控制电路是学习整个电气控制系统工作原理的重要基础。

电气控制系统的基本控制电路包括电动机（直流，交流）的启动、制动等。本章主要介绍这些基本控制电路的组成、工作原理以及必要的保护措施。

2.1 电气控制系统图及绘制原则

为了清晰地表达电气控制线路的组成和工作原理，便于系统的安装、调试、使用和维修，将电气控制系统中的各电气元件用一定的图形符号和文字符号表示，再将连接情况用一定的图形表达出来，这种图形就是电气控制系统图。

电气控制系统图一般有 3 种：电气原理图、电气布置图和安装接线图。

2.1.1 图形符号和文字符号

1. 图形符号

图形符号通常用于图样或其他文件，用以表示一个设备或概念的图形、标记或字符。图形符号通常有基本符号（例如"—"表示直流）、一般符号（如一般电阻、电容符号）和明细符号（表示某一具体的电器符号，如可变电阻、电解电容符号）。

2. 文字符号

文字符号用于电气技术领域中技术文件的编制，表示电气设备、装置和元件的名称、功能、状态和特征。它分为基本文字符号和辅助文字符号。基本文字符号又分为单字母符号和双字母符号，单字母符号表示电气设备、装置和元器件的大类，如 K 为继电器类元件；双字母符号由一个表示大类的单字母与另一个表示期间某些特性的字母组成，如 KA 表示中间继电器，KM 表示接触器。辅助文字符号表示电气设备、装置和元器件以及电路的功能、状态和特征，如"RD"表示红色，"L"表示限制等。

2.1.2 绘 制 规 则

1. 电气原理图

电气原理图是用图形符号和项目代号表示电路各个电器元件连接关系和工作原理图。绘制电气原理图时不必考虑电器元件的大小及安装位置。电气原理图结构简单，层次分明，关系明确，适用于分析研究电路的工作原理，而且还可作为其他电气图的依据，在设计部门和生产现场得到了广泛应用。

下面以图 2.1 所示的电动机正反转电气原理图为例，来阐明绘制电气原理图的规则。

绘制电气原理图的规则如下。

① 电气原理图一般分为主电路和辅助电路。主电路是从电源到电动机的电路，其中有刀开关、熔断器、接触器主触头、热继电器发热元件与电动机等。主电路用粗线绘制在电气原理图的左侧或上方。辅助电路包括控制电路、照明电路、信号电路、保护电路等，它们由继电器、接触器的线圈、继电器、接触器的辅助触头、控制按钮、其他控制元器件触头、熔断器、信号灯、控制变压器及控制开关组成。辅助电路用细实线绘制在电气原理图的右侧或下方。

② 电路图中的所有电气元件采用国家标准规定的图形符号和文字符号表示，属于同一电器的各个部件和触点可以出现在不同的地方，但必须用相同的文字符号标注。电气原理图中各元器件触头状态均按没有外力作用时或未通电时触头的自然状态画出。

③ 电气原理图中直流电源用水平线画出，一般正极画在原理图的上方，负极画在原理图的下方。三相交流电源线集中水平画在原理图的上方，相序自上而下按 L1、L2、L3 排列，中性

线（N线）和接地线（PE线）排在相线之下。

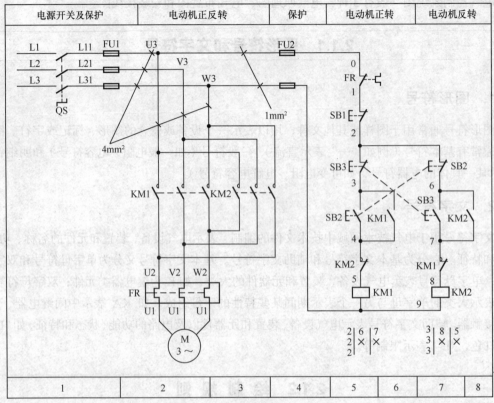

图 2.1　电动机正反转电气原理图

④ 在电路图中，对于需要测试和拆接的外部引线的端子，采用"空心圆"表示；有直接电联系的导线连接点，用"实心圆"表示；无直接电联系的导线交叉点不画黑圆点，但在电气图中应尽量避免线条的交叉。

⑤ 在电气原理图中，继电器、接触器线圈的下方注有其触头在图中位置的索引代号，索引代号用图面区域号表示。其含义如下：

KM				KM		
2	6	7		主触头所	辅助常开触	辅助常闭触
2	X	X		在图区	头所在图区	头所在图区
2						

对于未使用的触头用"X"表示。

⑥ 电路图中元器件的数据和型号（如热继电器动作电流和整定值的标注、导线截面积等）可用小号字体标注在电器文字符号的下面。

2．电器元件布置图

电器元件布置图主要表明机械设备上和电气控制柜上所有电气设备和电器元件的实际位置，是电气控制设备制造、安装和维修必不可少的技术文件。各电器元件的安装位置是由设备的结构和工作要求决定的。例如，行程开关放在要获取信号的地方，电动机要和被拖动的机械部件在一起，一般电气元件应放在电气控制柜内。

3. 安装接线图

接线图主要用于安装接线、线路检查、线路维修和故障处理。它表示了设备电控系统各单元和各元器件间的接线关系，并标出所需数据，如接线端子号、连接导线参数等，实际应用中通常与电气原理图、电气布置图一起使用。

2.2 直流电动机基本控制电路

直流电动机具有良好的启动、制动及调速性能，易实现自动控制。虽然直流电动机有串励、并励、复励和他励 4 种，但是它们的控制电路基本相同。本节将重点介绍他励直流电动机的启动电路。

2.2.1 电枢串电阻启动控制电路

直流电动机的电枢绕组电阻值一般很小，若采用直接启动，则会产生很大的启动电流，同时也会产生较大的启动转矩，过大的转矩很容易损坏电动机的电枢绕组和换向器，因此，启动时在电枢中串入电阻以减小启动电流。

直流电动机电枢串电阻启动的方法比较多，有速度原则启动、电流原则启动和时间原则启动，本节仅介绍基于时间原则启动的控制电路。图 2.2 所示为直流电动机电枢回路串电阻 2 级启动控制线路。

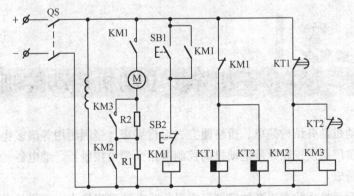

图 2.2 直流电动机电枢回路串电阻 2 级启动控制线路

工作原理如下。

闭合电源开关 QS，时间继电器 KT1 和 KT2 通电，它们的常闭触点断开使 KM2 和 KM3 线圈断电，使得电动机在启动时电阻 R1 和 R2 全部串入电枢电路。然后按下启动按钮 SB1，KM1线圈得电，电动机串电阻启动。同时，时间继电器 KT1 和 KT2 断电，并按延时时间大小顺序，使 KM2 和 KM3 线圈依次通电，则启动电阻 R1 和 R2 依次被短接，电动机实现逐级启动。当电动机转速上升到接近额定转速时，切除所有电阻，电动机进入正常运行状态。

2.2.2　正反转控制电路

实际生产中，只需要改变直流电动机电枢或励磁绕组的极性，就可以改变电动机的旋转方向。图 2.3 所示为直流电动机正反转控制线路。

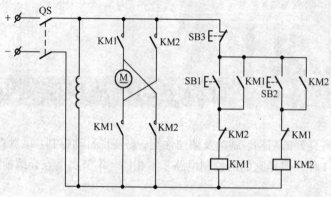

图 2.3　直流电动机正反转控制线路

工作原理如下。

闭合电源开关 QS，励磁绕组得电，电动机具备启动条件。

正转：按下启动按钮 SB1，KM1 线圈通过 KM2 的常闭触点得电自锁，同时 KM1 常开触点闭合，电动机电枢绕组接通正向电源，电动机正转。

反转：先按下停止按钮 SB3，使 KM1 线圈断电，KM1 主触点断开，电动机停转。再按下 SB2，KM2 线圈得电自锁，其常开主触点闭合，接通电动机的反向电源相序，电动机反转。

当然，在反转过程中也可以按下 SB3 使电动机停止，再按下 SB1 使电动机正转。

2.3

三相异步电动机启动控制电路

三相异步电动机具有结构简单、价格便宜、运行可靠、坚固耐用等诸多优点，在工矿企业中，它的应用非常广泛。三相异步电动机的控制电路大都由接触器、继电器、按钮、开关等有触头的电器组合而成。

电动机通电后由静止状态逐渐加速到稳定运行状态的过程称为电动机的启动过程。三相异步电动机的启动方法有全压启动和降压启动两种。

2.3.1　全 压 启 动

所谓全压启动，就是通过开关或接触器将额定电压全部加到电动机定子绕组上使电动机启动的方式，也称直接启动。全压启动所用的电气设备少，操作控制简单、可靠，但启动电流较大，会造成电网电压降低而影响其他用电设备的稳定运行。因此，容量小的电动机才允许采取全压启动。

1. 手动开关控制电路

手动开关控制电路（见图2.4）是指用刀闸开关或转换开关控制电动机启停的电路。

工作原理如下。

闭合刀开关QS，电动机通电运转；断开QS，电动机断电停转。这种启动电路只有主电路，没有控制电路，所以无法实现自动控制。同时，由于直接对主电路进行操作，安全性能也较差，操作频率低，只适合电动机容量较小、启动和换向不频繁的场合。

2. 点动控制电路

电动机的点动控制电路如图2.5所示。

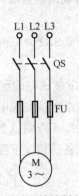

图2.4 手动开关控制电路

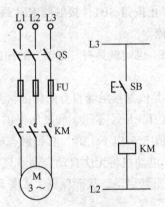

图2.5 点动控制电路

电路中，QS为刀开关，不能直接给电动机M供电，只起到电源引入的作用。熔断器FU起短路保护作用，如发生三相电路的任两相电路短路，短路电流将使熔断器迅速熔断，从而切断主电路电源，实现对电动机的短路保护。

工作原理如下。

闭合刀开关QS，按下点动按钮SB，接触器KM线圈得电，其主电路中的常开主触点闭合，电动机得电运转。

松开按钮SB，接触器KM线圈失电，主电路中KM常开触点恢复原来断开状态，电动机断电直至停止转动。

这种只有按下按钮电动机才会转动，松开按钮电动机便停转的控制方法，称为点动控制。点动控制常用来控制电动机的短时运行，如控制起重机械中吊钩的精确定位操作过程、机械加工过程中的"对刀"操作过程等。

3. 长动控制电路

长动控制是指按下按钮后，电动机通电运行，松开按钮后，电动机仍继续运行，只有按下停止按钮，电动机才失电直至停转的控制方法。长动与点动的主要区别在于松开启动按钮后，

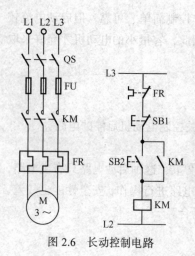

图 2.6　长动控制电路

电动机能否继续保持得电运转的状态。如果所设计的控制线路能满足松开启动按钮后，电动机仍然保持运转，即完成了长动控制，否则就是点动控制。长动控制电路如图 2.6 所示。

比较图 2.5 与图 2.6 可见，长动控制线路是在点动控制线路的启动按钮两端并联一个接触器 KM 的辅助常开触点 KM，再串联一个常闭（停止）按钮 SB1。

工作原理如下。

闭合刀开关 QS。

启动：按下启动按钮 SB2，接触器 KM 线圈得电，KM 常开辅助触点闭合（进行自锁），KM 常开主触点闭合，电动机 M 运转。此时松开 SB2，接触器 KM 线圈因能通过与它并联的已处于闭合状态的自锁触点而继续通电，使电动机 M 保持连续运转。

停止：按下停止按钮 SB1，接触器 KM 线圈断电，KM 常开辅助触点断开，KM 主触点断开，电动机 M 停转。

长动控制电路，也叫做具有"自锁"的控制电路。与启动按钮 SB2 并联的常开触点叫做自锁触点。

所谓"自锁"是依靠接触器自身的辅助常开触点来保证线圈继续通电的现象。带有"自锁"功能的控制线路具有失压（零压）和欠压保护作用，即一旦发生断电或电源电压下降到一定值（一般降低到额定值 85% 以下）时，自锁触点就会断开，接触器 KM 线圈就会断电，不重新按下启动按钮 SB2，电动机将无法自动启动。只有在操作人员有准备的情况下再次按下启动按钮 SB2，电动机才能重新启动，从而保证了人身和设备的安全。

4. 长动及点动控制电路

在生产实践过程中，常常要求一些生产机械既有能持续不断的连续运行方式（长动），又有可在人工干预下实现手动控制的点动运行方式。下面分别介绍几种不同的既可长动又可点动的控制线路。

（1）利用复合按钮控制的长动及点动控制线路

利用复合按钮控制的既能长动又能点动的控制线路如图 2.7 所示。图中，SB2 为长动按钮，SB3 为点动按钮，但需注意，SB3 是一个复合按钮，使用了一个常开触点和一个常闭触点。

工作原理如下。

闭合刀开关 QS。

长动：按下按钮 SB2，接触器 KM 得电并自锁，KM 主触点闭合，电动机 M 运转。松开 SB2，电动机仍连续运转。只有按下 SB1，KM 线圈失电，电动机才停转。

点动：按下点动复合按钮 SB3，按钮常开触

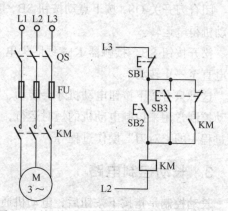

图 2.7　利用复合按钮控制长动及点动控制线路

点闭合，常闭触点断开，接触器 KM 得电，KM 主触点闭合，电动机 M 运转。松开按钮 SB3，KM 接触器失电，KM 主触点断开，电动机 M 停转。

（2）利用中间继电器控制的长动及点动控制线路

利用中间继电器控制的既能长动又能点动的控制线路如图 2.8 所示。图中的 KA 为中间继电器。

工作原理如下。

闭合刀开关 QS。

长动：按下按钮 SB2，中间继电器 KA 得电，KA 的常开触点闭合，接触器 KM 线圈得电，KM 主触点闭合，电动机 M 运转。松开 SB2，由于 KA 线圈一直得电自锁，所以 KM 线圈保持连续通电，电动机仍连续运转。只有按下 SB1，KA 失电使得 KM 线圈失电，电动机才停转。

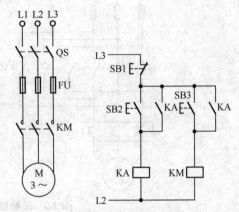

图 2.8　利用中间继电器控制长动及点动控制线路

点动：按下按钮 SB3，接触器 KM 线圈得电，KM 主触点闭合，电动机 M 运转。松开 SB3，KM 接触器失电，KM 主触点断开，电动机 M 停转。

综上所述，上述线路能够实现长动和点动控制的根本原因，在于能否保证 KM 线圈得电后，自锁支路被接通。能够接通自锁支路就可以实现长动，否则只能实现点动。

5．正反转控制电路

在生产实践中，有很多情况需要电动机能进行正反两个方向的运动，如夹具的夹紧与松开，升降机的提升与下降等。要改变电动机的转向，只需改变三相电动机的相序，将三相电动机的绕组任意两相调换，即可实现反转。通常有两种控制方式：一种是利用倒顺开关（或组合开关）改变相序，另一种是利用接触器的主触点改变相序。前者主要适用于不需要频繁正反转的电动机，而后者则主要适用于需要频繁正反转的电动机。这里主要介绍后一种控制方式。

（1）接触器互锁正反转控制线路

图 2.9 所示为接触器互锁正反转控制线路。图中采用了两个接触器，KM1 是正转接触器，KM2 是反转接触器。显然 KM1 和 KM2 两组主触点不能同时闭合，即 KM1 和 KM2 两接触器线圈不能同时通电，否则会引起电源短路。

工作原理如下。

闭合刀开关 QS。

正转：按下正转启动按钮 SB2，接触器 KM1 线圈得电并自锁。KM1 主触点闭合接通主电路，输入电源相序为 L1、L2、L3，使电动机 M 正转。同时，KM1 常闭触点断开，保证 KM2 线圈不会得电。

停转：按下停止按钮 SB1，接触器 KM1 线圈失电，KM1 主触点断开，电动机 M 停转。

反转：按下反转启动按钮 SB3，接触器 KM2 线圈得电并自锁。KM2 主触点闭合接通主电路，输入电源相序为 L1、L3、L2，使电动机 M 反转。同时，KM2 常闭触点断开，保证 KM1 线圈不会得电。

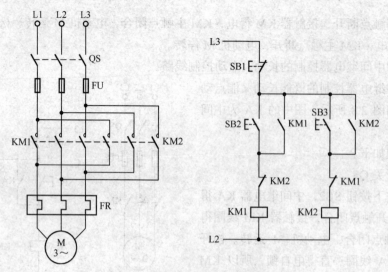

图 2.9　接触器互锁正反转控制线路

在控制电路中，正转接触器 KM1 的线圈电路中串联了一个反转接触器 KM2 的常闭触点，反转接触器 KM2 的线圈电路中串联了一个正转接触器 KM1 的常闭触点。这样，每一接触器线圈电路是否被接通，将取决于另一接触器是否处于释放状态。例如，正转接触器 KM1 线圈被接通得电，它的辅助常闭触点被断开，将反转接触器 KM2 线圈支路切断，KM2 线圈在 KM1 接触器得电的情况下是无法接通得电的。两个接触器之间的这种相互关系称为"互锁"（连锁）。在图 2.9 所示线路中，互锁是依靠电气元件来实现的，所以也称为电气互锁。实现电气互锁的触点称为互锁触点。互锁也避免了同时按下正反转按钮时造成的短路。

接触器互锁正反转控制线路存在的主要问题是从一个转向过渡到另一个转向时，要先按停止按钮 SB1，不能直接过渡，显然这是十分不方便的。

（2）按钮互锁正反转控制线路

图 2.10 所示为按钮互锁正反转控制线路。图中，SB2、SB3 为复合按钮，各有一对常闭触点和常开触点，其中常闭触点分别串联在对方接触器线圈支路中，这样只要按下按钮，就自然切断了对方接触器线圈支路，实现互锁。这种互锁是利用按钮来实现的，所以称为按钮互锁。

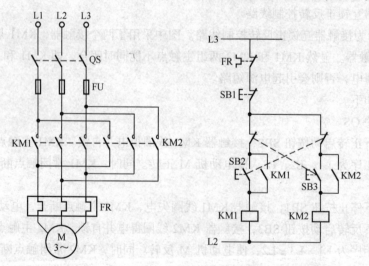

图 2.10　按钮互锁正反转控制线路

工作原理如下。

闭合刀开关 QS。

正转：按下正转启动按钮 SB2，接触器 KM1 线圈得电并自锁。KM1 主触点闭合接通主电路，输入电源相序为 L1、L2、L3，电动机 M 正转。同时，复合按钮 SB2 的常闭触点断开，切断 KM2 线圈支路。

反转：按下反转启动按钮 SB3，SB3 的常闭触点断开，接触器 KM1 线圈失电，KM1 主触点断开，电动机 M 停转。同时，KM2 线圈得电并自锁，KM2 主触点闭合接通主电路，输入电源相序为 L1、L3、L2，电动机 M 反转。

由此可见，按钮互锁正反转控制电路可以从正转直接过渡到反转，即可实现"正—反—停"控制。但其存在的主要问题是容易产生短路事故。例如，电动机正转接触器 KM1 主触点因弹簧老化或剩磁的原因而延迟释放时，或者被卡住而不能释放时，如按下 SB3 反转按钮，KM2 接触器又得电使其主触点闭合，电源会在主电路短路。

（3）双重互锁正反转控制线路

双重互锁正反转控制线路如图 2.11 所示。该线路既有接触器的电气互锁，又有复合按钮的机械互锁，是一种比较完善的既能实现正反转直接启动的要求，又具有较高安全可靠性的线路。

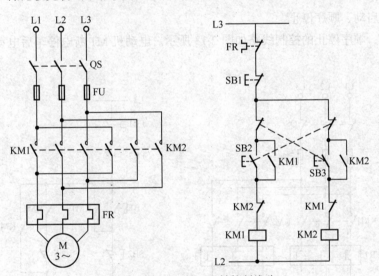

图 2.11　双重互锁正反转控制线路

6. 顺序控制

顺序控制是指生产机械中多台电动机按预先设计好的次序先后启动或停止的控制。例如，车床主轴转动时，要求油泵先输送润滑油，主轴停止运转后油泵方可停止润滑，这就是一种典型的顺序控制。

（1）顺序启动、同时停止

顺序启动、同时停止的控制线路如图 2.12 所示。电动机 M1 启动运行之后 M2 才允许启动。

其中，图 2.12（a）所示控制线路是通过接触器 KM1 的"自锁"触点来制约接触器 KM2 的线圈。只有在 KM1 动作后，KM2 才允许动作。

图 2.12（b）所示控制线路是通过接触器 KM1 的"互锁"触点来制约接触器 KM2 的线圈，

也只有 KM1 动作后，KM2 才允许动作。

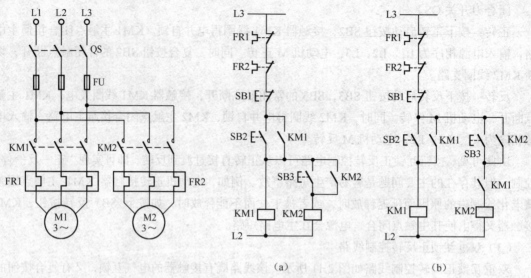

图 2.12　顺序启动、同时停止控制线路

（2）同时启动、顺序停止

同时启动、顺序停止的控制线路如图 2.13 所示。电动机 M1 断电停车后电动机 M2 才允许断电停车。

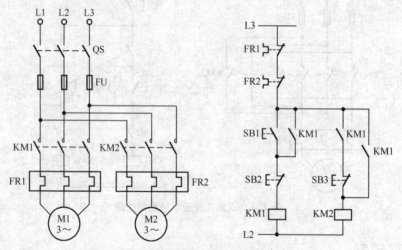

图 2.13　同时启动、顺序停止控制线路

7. 行程控制

在生产过程中，会遇到有些生产机械，如龙门刨床、铣床、组合机床等要求工作台在一定距离内能自动往返循环运动的情况。而自动往返都是由运动部件运动的位置或行程来控制的，这种控制称为行程控制。行程控制是以行程开关代替按钮用以实现对电动机的启停控制，若在预定位置电动机需要停止，则将行程开关安装在相应位置处，其常闭触点串接在相应的控制电路中。当机械装置运动到预定位置时行程开关动作，其常闭触点断开相应的控制电路，电动机停转，机械运动也停止。若要实现机械装置停止后立即反向运动，则应将此行程开关的常开触

点并联在另一个控制回路的启动按钮上，这样，当行程开关动作时，常闭触点断开了正向运动控制的电路，同时常开触点又接通了反向运动的控制电路，从而实现了机械装置的自动往返循环运动。图 2.14（a）所示为小车自动往返运动的示意图，图 2.14（b）所示为小车自动往返循环的电气控制线路图。

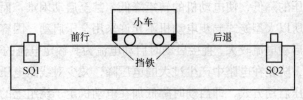

（a）小车自动往返运动示意图

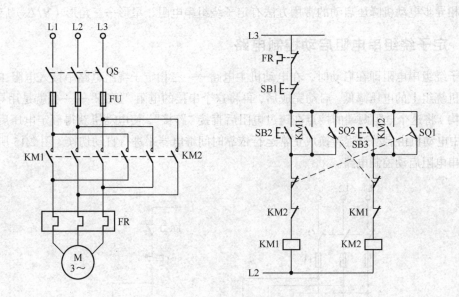

（b）小车自动往返运动控制线路图

图 2.14 小车自动往返运动

工作原理如下。

合上电源开关 QS。

前行：按下前向运动启动按钮 SB2，接触器 KM1 线圈得电并自锁，KM1 主触点闭合，电动机正转，小车向前运行。当小车运行到左端的终端位置时，由于小车上的挡铁碰撞行程开关 SQ1，使 SQ1 的常闭触点断开，KM1 线圈断电，主触点释放，电动机也将断电，使小车停止前进。此时即使再按下 SB1，KM1 线圈也不会得电，保证了小车不会超出 SQ1 所限的位置。

后退：当行程开关 SQ1 的常闭触点断开时，SQ1 的复合常开触点闭合，使得接触器 KM2 得电并自锁，KM2 主触点闭合使电动机的电源相序改变，电动机由正转改变为反转，使得小车向右运动。当小车上的挡铁离开 SQ1 时，SQ1 复位，为下一次 KM1 动作做好准备。当小车运行到右端的终端位置时，小车上的挡铁碰撞行程开关 SQ2，使 SQ2 的常闭触点断开，KM2 线圈断电，主触点释放，电动机断电。同时，SQ2 的常开触点闭合使得 KM1 得电，KM1 主触点闭合使电动机正转。如此周而复始的自动往返运动，当按下停止按钮 SB1 时，电动机停止转动，小车也停止运动。

2.3.2 降压启动

对于容量小的电动机可以采用直接启动，但对于容量较大的电动机假如也采用全压启动，则会引起电网电压的降低，使电动机的转矩降低，甚至启动困难，而且还会影响电网中其他设备的正常工作，所以大型笼式异步电动机不允许采用全压启动。因容量较大（一般大于 4kW）的异步电动机的启动电流较大，直接启动时启动电流为其额定电流的 4～8 倍，所以为了降低电动机的启动电流，防止在电路中产生过大的电压降，减少对线路电压的影响，容量较大的电动机一般都采用降压启动方式，即启动时降低加在电动机定子绕组上的电压，启动后再恢复到正常电压运行。

三相异步电动机降压启动的常用方法有定子绕组串电阻、星形—三角形（Y/△）启动等。

1. 定子绕组串电阻启动控制电路

定子绕组串电阻即在启动时，在电动机主电路——三相定子绕组电路串接入电阻 R，使加在电动机绕组上的电压降低。启动完成后，再将这个串接的电阻"短路"——也就是用导线（或触点机构）将这个电阻两端的接点在跨过电阻后直接"跨接"，使电动机获得额定电压后正常运行。其中电动机由启动过程转换成正常运行依靠时间继电器来进行自动切换。图 2.15 所示为定子绕组串电阻启动控制电路。

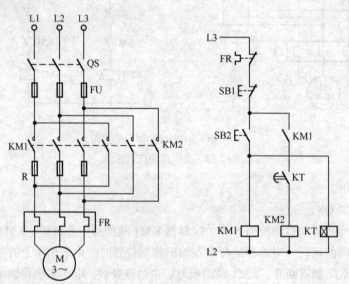

图 2.15　定子绕组串电阻启动控制电路

工作原理如下。

启动时，按下启动按钮 SB2，接触器 KM1 线圈得电并自锁，KM1 主触点闭合，电动机串入电阻 R 进行降压启动，同时时间继电器 KT 得电开始计时。

当启动结束后，KT 延时时间到，KT 常开触点闭合，使得 KM2 线圈得电，KM2 主触点闭合将电阻 R 短接，电动机进入全压运行。

电路中所应用的"启动电阻"一般采用"铸铁电阻"或者用电阻丝绕制而成的"板式电阻"。

而且要求各相电源中所串接电阻的阻值要相等。

定子绕组串电阻降压启动电路使用的设备简单并且不受定子绕组形式的限制，但是它在启动过程中，电阻上消耗的能量很大，所以该启动方法不适用于需要经常启动的电动机。

2. 星形—三角形（Y/△）启动控制电路

Y/△降压启动控制线路也是"按时间原则控制"的对电动机进行降压启动的一种控制方法。它是指电动机启动时，将定子绕组接成 Y 形，此时加在电动机每相绕组上的电压为额定值的 $1/\sqrt{3}$，电流为额定值的 1/3，从而降低了启动电压和启动电流，待启动过程结束后，再将定子绕组换接成三角形接法，使电动机在额定电压下正常运行。需要注意的是，Y/△降压启动方法只适用于正常工作时电动机定子绕组为"三角形"连接的电动机。因为 Y 形启动时电动机的启动电压和电流都降低了，致使启动转矩也降低了，所以该方法只适用于电动机启动状态为空载或轻微负载的启动环境。图 2.16 所示为（Y/△）降压启动控制电路。

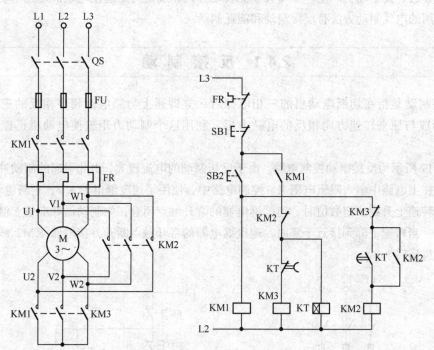

图 2.16　Y/△降压启动控制电路

工作原理如下。

启动时，按下启动按钮 SB2，接触器 KM1 线圈得电自锁，KM3 线圈和时间继电器 KT 也得电，主电路中 KM1 和 KM3 主触点闭合，电动机绕组接成星形进行降压启动。

当 KT 延时时间到，KT 的延时常开触点闭合，延时常闭触点断开，使得接触器 KM2 线圈得电自锁，接触器 KM3 线圈失电，主电路中 KM2 主触点闭合，KM3 主触点断开，电动机绕组由星形连接换接为三角形连接，电动机进入全压运行状态。

在主电路中，如果 KM1～KM3 同时通电，则会引起三相电源短路而烧坏接触器的主触点和熔断器，所以在控制电路中，KM3 支路和 KM2 支路分别串联在对方的常闭互锁触点，以保证 KM2 和 KM3 不会同时得电。

2.4 | 三相异步电动机制动控制电路

三相异步电动机断电后,由于惯性作用,自由停车时间较长。而某些生产工艺、过程则要求电动机在某一个时间段内能迅速而准确地停车。例如,镗床、车床的主电动机需快速停车;起重机为使重物停位准确及现场安全要求,这时,就要对电动机采用快速、可靠的制动控制,使之迅速停车。

制动的方法主要有机械制动和电气制动两种。机械制动是采用机械抱闸制动;电气制动是用电气的办法,使电动机产生一个与转子原转动方向相反的力矩迫使电动机迅速制动而停转的方法。常用的电气制动方法有反接制动和能耗制动。

2.4.1 反 接 制 动

反接制动是指在切断电动机的三相电源后,立即通上与原电源相序相反的三相交流电源,以形成与原来转速方向相反的电磁力矩,利用这个制动力矩迫使电动机迅速停止转动的方法。

图 2.17 所示为反接制动控制电路。由于反接制动的电流较大,由此引起的制动冲击力也较大,所以在主电路中串入限流电阻 R。控制电路中,使用了速度继电器 KV,它与电动机同轴。当电动机转速上升到一定数值时,速度继电器的常开触点闭合,为制动做好准备。制动时转速迅速下降,当转速下降到接近于零时,速度继电器的常开触点断开,接触器 KM2 线圈断电,防止电动机反转。

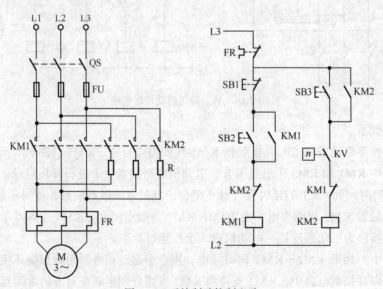

图 2.17 反接制动控制电路

工作原理如下。

启动：按下启动按钮 SB2，接触器 KM1 线圈得电并自锁，KM1 主触点闭合，电动机进行全压启动。当电动机转速上升到 100r/min 时（此数值可调），KV 的常开触点闭合。但是由于接触器 KM2 线圈支路的互锁触点 KM1 断开，所以 KM2 线圈不会得电。

制动：按下停止按钮 SB1，接触器 KM1 线圈失电，KM1 主触点断开，电动机失电惯性运转。同时，KM1 常闭触点闭合，KM2 线圈得电，KM2 主触点闭合将电动机电源反接。当转速下降到接近于零时，KV 常开触点断开，使 KM2 线圈失电，从而切断电动机的反接电源，电动机停止运转。

2.4.2 能 耗 制 动

能耗制动是将正在运转的电动机脱离三相交流电源后，给定子绕组加一直流电源，以产生一个静止磁场，利用转子感应电流与静止磁场的作用，产生反向电磁力矩而迫使电动机制动停转的过程。

图 2.18 所示为能耗制动控制电路。它是利用时间继电器的延时作用实现能耗制动的。UF 为单相桥式整流器，TR 为整流变压器。

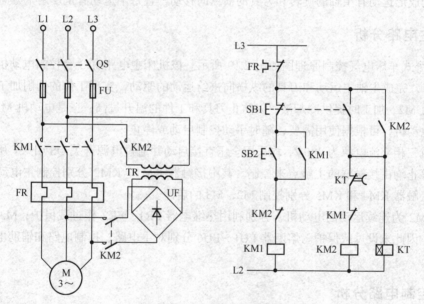

图 2.18　能耗制动控制电路

工作原理如下。

启动：按下启动按钮 SB2，接触器 KM1 线圈得电自锁，KM2 常闭触点互锁，电动机运转。

制动：按下停止按钮 SB1，使接触器 KM1 线圈失电切断交流电源，接触器 KM2 线圈得电，KM2 常开辅助触点接通直流电源，同时时间继电器 KT 得电，经过一定延时后，时间继电器 KT 常闭触点断开，使 KM2 线圈失电，断开直流电源，制动结束。

2.5 典型机床电气控制线路分析

在实际生产中，要使用各种类型的机械设备，它们的控制线路各不相同。本节通过分析典型机械设备 C650 卧式车床的电气控制系统，一方面熟悉并掌握机床中电气控制线路的分析方法，培养读图能力；另一方面了解电气控制系统中机械、电气控制配合的原理，为电气控制系统的设计、安装、调试及维护打下基础。

2.5.1 C650 卧式车床电气控制线路

C650 卧式车床是一种通用性很好的普通车床，它主要用于加工各内外圆锥面、圆柱面、成型回转面等和回转体的端面。

机床的成形运动有主轴的旋转和刀具的横纵向移动，且每个运动有正反两个方向。

1. 主电路分析

C650 卧式车床电气控制原理图如图 2.19 所示。该机床主电路有 3 台控制电动机。一是主电动机 M1，完成主轴主运动和刀具的纵横向进给运动的驱动，实现工件的切削加工；二是冷却泵电动机 M2，加工时提供冷却液，以防止刀具和工件的温升过高；三是电动机 M3，为刀架快速移动电动机，可根据使用需要，随时手动控制启动或停止。

电动机三相交流电源为 380V，均采用全压直接启动并通过电源开关 QS 引入。所有电动机的运行与停止均由接触器的主触点来控制。其中接触器 KM1、KM2 分别控制主电动机 M1 的正反转，接触器 KM4 和 KM5 分别控制 M2、M3 的启停。

M1、M2 为连续运动的电动机，分别利用热继电器 FR1、FR2 作过载保护；M3 为短时工作电动机，因此未设过载保护。熔断器 FU1～FU6 分别对主电路、控制电路和辅助电路实行短路保护。

2. 控制电路分析

（1）主电动机的点动控制

图 2.19 中 SB4 为主电动机的点动控制按钮。按下 SB4，KM1 线圈得电，其主触点闭合，主电路中，电动机 M1 串入限流电阻 R 得电运行。由于此时 KA、KM2 都没有得电，它们的辅助触点不能闭合，因此 KM1 不能被锁住，所以松开 SB4 后，KM1 失电，电动机只能点动运行。

（2）主电动机正反转控制

按下 SB2 复合按钮，接触器 KM3、KA、KM1 先后得电，KA 的常开触点将 KM1、KM3 锁住，确保 SB2 松开后 KM1 和 KM3 仍保持得电状态。KM1、KM3 主触点闭合，主电动机 M1 正转。

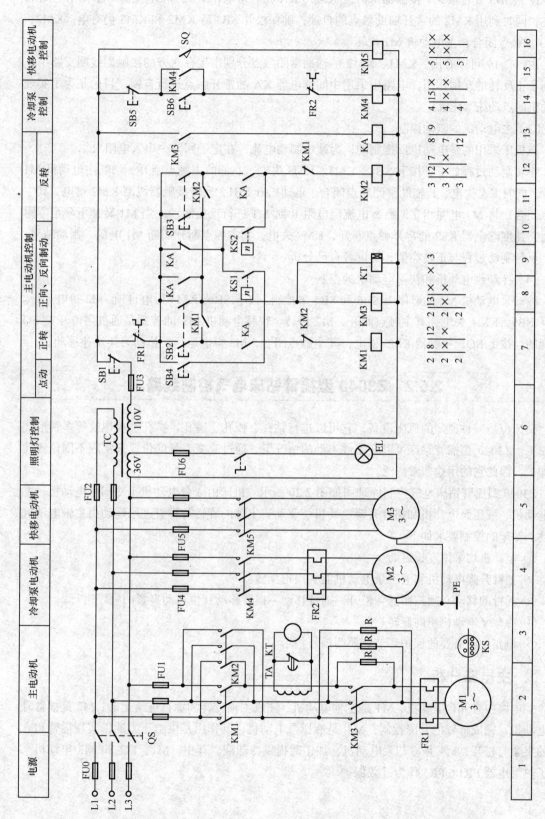

图 2.19 C650 卧式车床电气控制原理图

按下 SB3 复合按钮，接触器 KM2、KM3、KA 先后得电，KA 的常开触点又将 KM2、KM3 锁住，同时利用 KM2 的常开辅助触点的自锁，确保松开 SB3 后 KM2 和 KM3 仍有电。KM2、KM3 主触点闭合，主电动机 M1 反转。

由图 2.19 可以看出，KM1、KM2 的辅助常闭触点分别串接在对方的接触器线圈支路中，起到了正反转的互锁作用。电路中采用中间继电器 KA 的常开触点进行自锁，目的是为了实现电动机的点动/长动控制。

（3）主电动机的制动控制

该机床采用的是电动机反接制动，为减小制动电流，在定子回路中串入电阻 R。

正转制动过程如下：按下 SB1，KM1、KM3 失电，它们的主触点断开，切断主电动机 M1 电源，同时 KA 失电，其辅助常闭触点闭合。迅速松开 SB1，反转接触器线圈 KM2 得电，其主触点闭合，将 M1 电源相序调换，电流经电阻 R 对 M1 进行反接制动。当 M1 转速下降至零附近时，速度继电器 KS2 的常开触点断开，KM2 失电，其主触点断开切断 M1 电源，制动结束。

反转制动过程与正转类似，请读者自己分析。

（4）冷却泵电动机和快移电动机的控制

冷却泵电动机 M2 的启停由 SB6 和 SB5 来控制。按下 SB6，KM4 得电自锁，M2 得电运行。按下 SB5，KM4 失电，其主触点断开，M2 停转。快移电动机 M3 的控制是通过限位开关 SQ 实现的。按下 SQ，接触器 KM5 得电，其主触点闭合，M3 得电运行，拖动刀架快速移动。

2.5.2　Z3040 型摇臂钻床电气控制线路

钻床也是一种典型的机床设备，它可以进行钻孔、铰孔、镗孔、扩孔、攻螺纹等多种形式的加工。Z3040 型摇臂钻床可以在工件不动的情况下，通过改变刀具的位置来实现不同位置孔的加工，因此它的用途非常广泛。

Z3040 型摇臂钻床电气控制原理图如图 2.20 所示。机床由 4 台电动机（冷却泵电动机、主轴电动机、液压泵电动机和摇臂升降电动机）驱动。主轴的旋转及垂直进给运动由主轴电动机驱动。钻床的控制要求如下。

① 电动机均采用直接启动。

② 摇臂升降电动机和液压泵电动机能实现正反转。

③ 摇臂的移动必须按照摇臂松开→摇臂移动→摇臂移动到位自动夹紧的程序进行。

④ 冷却泵电动机单向旋转。

⑤ 电路中有必要的保护环节和照明信号指示。

1. 主电路分析

主电路中有 4 台电动机，M1 是主轴电动机，完成主轴旋转和垂直进给运动；M2 是摇臂升降电动机，完成摇臂的升降控制；M3 是液压泵电动机，其作用是供给压力油，实现摇臂和立柱的夹紧与松开；M4 是冷却泵电动机，加工时提供冷却液。其中，M1、M2 和 M3 电动机采用了热继电器 FR1～FR3 作为过载保护。

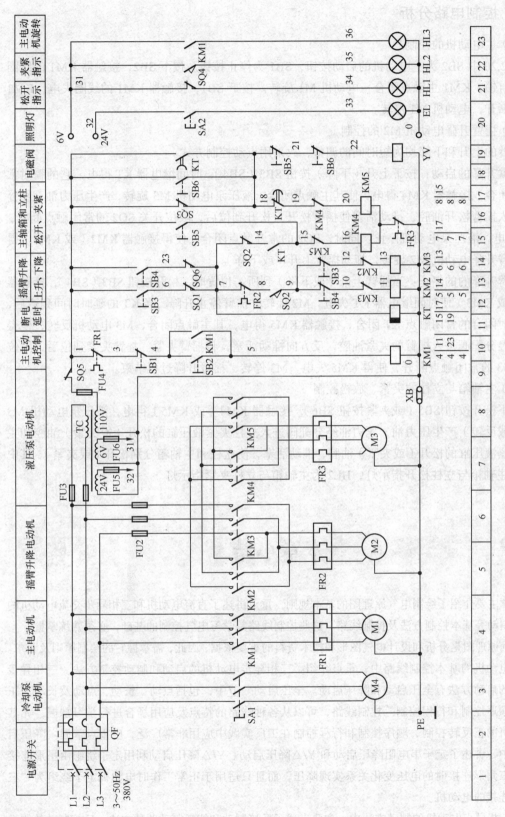

图 2.20 Z3040 型摇臂钻床电气控制原理图

2．控制电路分析

（1）主电动机的控制

图 2.20 中 SB2 为主电动机的启动按钮，SB1 为停止按钮。按下 SB2，接触器 KM1 的线圈得电并自锁，KM1 主触点闭合，电动机 M1 旋转。按下 SB1，接触器 KM1 的线圈失电，KM1 主触点断开，电动机 M1 停转。

（2）摇臂升降电动机 M2 的控制

摇臂的上升和下降均为短时间的调整，故采用点动控制方式。

摇臂升降的启动：按下上升（下降）按钮 SB3（SB4），时间继电器 KT 得电，它的瞬时常开触点闭合，接触器 KM4 得电，使其主触点闭合，液压泵电动机 M3 旋转，产生压力油，经分配阀进入摇臂松开油腔，推动活塞使摇臂松开。松开到位后，限位开关 SQ2 的常闭触点断开，KM4 失电，液压泵电动机停止。同时，SQ2 的常开触点闭合，使得接触器 KM2（或 KM3）得电，摇臂升降电动机 M2 旋转，拖动摇臂上升（或下降）。

摇臂升降的的停止：当摇臂上升（或下降）到所需位置时，松开按钮 SB3（SB4），接触器 KM2（或 KM3）使时间继电器 KT 失电，M2 停转，摇臂停止升降。当 KT 的延时时间到达后，它的延时闭合的常闭触点 KT 闭合，接触器 KM5 得电，其主触点闭合，M3 电动机反转，使得压力油经分配阀进入摇臂的夹紧油腔，反方向推动活塞，将摇臂夹紧。摇臂夹紧到位后，限位开关 SQ3 的常闭触点断开，使得 KM5 失电，M3 停转，摇臂升降过程结束。

（3）主轴箱与立柱的夹紧、放松控制

按下松开按钮 SB5（或夹紧按钮 SB6），接触器 KM4（或 KM5）得电，液压泵电动机 M3 正转（或反转）产生压力油，压力油经分配阀进入立柱夹紧液压缸的松开（或夹紧）油腔和主轴箱夹紧液压缸的松开（或夹紧）油腔，推动活塞，使立柱和主轴箱分别松开（或夹紧）。其中 HL1 为主轴箱与立柱松开指示灯，HL2 为主轴箱与立柱夹紧指示灯。

本章小结

本章主要介绍了绘制电气原理图的基本规则，重点讲述了直流电动机和三相异步交流电动机的启动、制动等基本控制方法及控制线路。这些控制线路是学习电气控制的基础，必须熟练掌握。

电气原理图是分析和设计电气图形和技术资料的重要依据，因此，需掌握它的绘制原则及要求。

在电动机的基本控制线路中，重点介绍了三相异步电动机的启动和制动控制方法。三相异步电动机的启动方法有全压启动和降压启动。全压启动一节中，包括点动、长动、点动及长动、正反转、顺序控制和行程控制等控制线路，可以从各种线路的特点及应用场合进行学习掌握，尤其是电动机的正反转控制、顺序控制和行程控制在工厂实践中应用非常广泛，应重点掌握。降压启动一节中，讲述了定子串电阻降压启动和 Y/△ 降压启动。Y/△ 降压启动利用定子绕组由星形连接转换为三角形连接时的电压变化关系实现降压，而且只适用于正常工作时电动机定子绕组为"三角形"连接的电动机。

在三相异步电动机的制动方法中，主要讲述了反接制动和能耗制动两种方法。反接制动的制动电流较大，对电动机的冲击较大，所以它只适用于小容量的电动机的制动。能耗制动方法制动准确、平稳，但需附加直流电源，制动力小，所以只适用于制动要求平稳准确的场合。

最后还分析了两种机床——C650 普通车床和 Z3040 摇臂钻床的电气控制原理图。这两种机床的电气控制系统比较典型，应熟练识读原理图并掌握其工作过程。

练习题

2.1 简述电气原理图的设计原则。

2.2 叙述"自锁"、"互锁"的定义，它们在电气控制系统中起什么作用？

2.3 直流电动机在启动时为何要在电枢中串入电阻？

2.4 在接触器正反转控制电路中，若正反向控制的接触器同时通电，会发生什么现象？

2.5 在电气控制线路中采用低压断路器作电源引入开关，电源电路是否还要用熔断器作短路保护？控制电路是否还要用熔断器作短路保护？

2.6 三相异步交流电动机降压启动的原理和常用方法是什么？

2.7 定子绕组为 Y 形接法的三相异步电动机能否用 Y—△降压启动？为什么？

2.8 三相异步交流电动机的制动方法有哪些？它们一般用在什么场合？

2.9 画出一台电动机启动后经过一段时间，另一台电动机就能自行启动的控制电路。

2.10 某生产机械要求由 M1、M2 两台电动机拖动，M2 能在 M1 启动一段时间后自行启动，但 M1、M2 可单独控制启动和停止。

2.11 试设计两台笼型异步电动机的顺序起、停控制线路和主电路，其要求如下：

（1）M1 先启动，M2 后启动。

（2）停车时，按先 M2 后 M1 的顺序停止。

（3）M1 可点动。

第3章

可编程控制器概述

教学目标与要求

- 掌握 PLC 定义，了解 PLC 的特点、分类，PLC 的产生和发展过程及主要性能指标。
- 掌握 PLC 系统的组成和基本工作原理。
- 掌握可编程控制器的编程语言。

教学重点

- PLC 系统的组成和基本工作原理。
- 可编程控制器的编程语言。

教学难点

- PLC 系统的基本工作原理。

3.1

概述

3.1.1 PLC 的产生和发展

在现代化的生产过程中，许多自动控制设备、自动化生产线，均需要配备电气化自动控制装置。例如，电动机的启动与停止控制、液压系统进给控制、机床的自动控制等，以往这些控制系统中的电气控制装置主要采用继电器、接触器或电子元件来实现，这种继电接触器控制的电气装置大多体积大、接线复杂、故障率高、可靠性差，并且生产周期长、费工费时、需要经常或定时进行检修维护。一旦控制功能略加变动，就需要重新进行硬件组合、增减元器件、改变接线，因此，迫切需要一种更通用、更灵活、更经济和更可靠的新型自动控制装置取代继电接触器控制系统，以适应生产的快速发展。

1968 年，美国通用汽车（GM）公司为了适应生产工艺不断更新的需求，提出了一种设想：把计算机的功能完善、通用、灵活等优点和继电接触器控制系统的简单易懂、操作方便、价格便宜等优点结合起来，制成一种新型的通用控制装置取代继电接触器控制系统。这种控制装置不仅能够把计算机的编程方法和程序输入方式加以简化，并且采用面向控制过程、面向对象的语言编程，使不熟悉计算机的人也能方便地使用。

美国数字设备公司（DEC）根据这一设想，于 1969 年研制成功了世界上的第一台 PDP.14 可编程控制器，并在汽车自动装配生产线上试用获得成功。该设备用计算机作为核心设备，用存储的程序控制代替了原来的继电接触器控制。控制功能通过存储在计算机中的程序来实现，也就是人们常说的存储程序控制。由于当时主要用于顺序控制，只能进行逻辑运算，故称为可编程序逻辑控制器（Programmable Logical Controller，PLC）。

这项新技术的成功使用，在工业界产生了巨大的影响。从此，PLC 在世界各地得到迅速发展。1971 年，日本从美国引进了这项新技术，并很快成功研制了日本国第一台 DCS.8 可编程控制器。1973—1974 年法国和德国也相继研制出了自己的可编程控制器。我国于 1977 年研制成功了以 MC14500 微处理器为核心的可编程控制器，并且开始应用于工业生产过程。

进入 20 世纪 80 年代，随着计算机技术和微电子技术的迅猛发展，也使得可编程序逻辑控制器逐步形成了具有特色的多种系列产品。系统中不仅能够大量使用开关量，而且也可以引入模拟量，其功能也不在仅仅局限于逻辑控制、顺序控制的应用范围，故称为可编程序控制器（Programmable Controller，PC）。但由于 PC 容易和个人计算机（Personal Computer，PC）混淆，所以人们还沿用 PLC 作为可编程控制器的英文缩写。

同计算机的发展类似，目前 PLC 正朝着两个方向发展，一是朝着小型、简易、价格低廉的方向发展。这种类型的 PLC 可以广泛地取代继电接触器控制系统，用于单机控制和规模比较小的自动化生产线控制，如日本 OMRON 公司的 COM1、德国 SIEMENS 公司的 S7-200 等系列 PLC。二是朝着大型、高速、多功能和多层分布式全自动网络化方向发展。这类 PLC 一般为多处理器系统，有较大的存储能力和功能很强的输入/输出接口模块。系统不仅具备逻辑运算、定时、计数等功能，还具备了数值运算、模拟调节、实时监控、记录显示、计算机接口、数据传输等功能，而且还能用于中断控制、智能控制、过程控制、远程控制等。通过网络连接这类 PLC 可以与上位机通信，并且配备了数据采集系统、数据分析系统、彩色图像处理系统等，可以用于管理，控制生产线、生产流程、生产车间甚至是整个工厂，完成工厂的自动化生产需求，如日本 OMRON 公司的 CV2000，SIEMENS 公司的 S5.115U、S7.400 等系列的 PLC。

3.1.2 PLC 的定义

国际电工委员会（IEC）在 1987 年 2 月颁布了 PLC 的标准草案（第三稿），草案对 PLC 做了如下定义："可编程控制器是一种数字运算操作的电子系统，专为在工业环境下应用而设计。它采用可编程的存储器，用来在其内部存储执行逻辑运算、顺序控制、定时、计数、算术运算等操作指令，并通过数字式或模拟式的输入和输出，控制各种类型的机械动作过程。可编程控制器及其相关设备，都应按易于与工业控制系统形成一个整体，易于扩展其功能的原则设计。"

3.1.3 PLC 的特点

1. 可靠性高

为了满足工业生产对控制设备安全、可靠性高的要求，PLC 采用了微电子技术，大量的开关动作由无触点的半导体电路来完成。而且在电路结构及工艺上采取了一些独特的方式。例如，在输入/输出（I/O）电路中采用了光电隔离措施，做到电浮空，既方便接地，又提高了抗干扰能力。这些电子器件的选用和特殊结构的处理都增加了 PLC 的平均无故障时间。例如，三菱公司的 F1 和 F2 系列 PLC 平均无故障时间可以达到 30 万小时（约 34 年）。随着微电子元器件的使用，PLC 的可靠性还在继续提高，尤其是近年来开发出的多机冗余系统和表决系统更进一步增加了 PLC 的可靠性。

2. 环境适应性强

PLC 具有良好的环境适应性。每个 I/O 端口除了采用常规模拟滤波以外，还加上了数字滤波，内部电源电路还采用了较先进的电磁屏蔽措施，防止辐射干扰，同时防止由电源回路串入干扰信号。这些措施的采用，使得 PLC 可以应用于环境十分恶劣的工业现场。

3. 灵活通用性好

首先，PLC 产品已经系列化，结构形式已经多种多样，在机型上有了很大的选择余地。其次，同一机型的 PLC 其硬件构成具有很大的灵活性，相同硬件构成的 PLC 用不同的软件可以完成不同的控制任务。用户也可以根据不同人物的要求，选择不同类型的 I/O 模块或特殊功能模块组成不同硬件结构的控制装置。另外，PLC 是利用应用程序来实现控制的，一旦被控对象的控制逻辑需要改变时，利用 PLC 可以很方便地实现新的控制要求，在应用程序编制上也有较大的灵活性。在实现不同的控制任务时，PLC 具有了良好的通用性。

4. 操作简单、维护方便

PLC 控制的 I/O 模块、特殊功能模块都具备即插即卸功能，连接十分简单方便。对于逻辑信号，输入和输出均采用开关信号方式，不需要进行电平转换和驱动放大；对于模拟量信号，输入和输出均采用传感器、仪表和驱动设备的标准信号。各个 I/O 模块与外部设备的连接也十分简单，整个连接过程仅需要一把螺丝刀即可完成。

PLC 既要面向用户又要面向现场，考虑到大多数电气技术人员熟悉继电接触器控制线路的特点，在 PLC 的程序设计上，没有采用微机控制中常用的汇编语言，而是采用了一种面向控制过程的梯形图语言。梯形图语言与继电接触器原理图十分类似，其形象直观、简单易懂，具有一定电工和工艺知识的人都可以在很短的时间内学会。

PLC 具有完善的故障检测、自诊断等功能。一旦发生故障，能及时地查出自身故障并通过 PLC 机上各种发光二极管报警显示，使操作人员能迅速地检查、判断、排除故障。PLC 还具有较强的在线编程能力，使用维护非常方便。

5. 体积小、重量轻、功耗低

由于 PLC 采用了大规模集成电路，因此整个产品结构紧凑、体积小、重量轻、功耗低，可以很方便地将其装入机械设备内部，是一种实现机电一体化较理想的控制设备。

<h2 style="text-align:center">3.1.4　PLC 的分类及应用</h2>

PLC 是应现代化大生产的需要而产生的，PLC 的分类也必然要符合现代化生产的需求。一般来说，可以从 3 个方面对 PLC 进行分类，一是按 PLC 的控制规模大小来分，二是按 PLC 的性能高低来分，三是按 PLC 的结构特点来分。

1. 按 PLC 的控制规模分类

PLC 可以分为小型机、中型机和大型机。

（1）小型机

其 I/O 点数一般少于 256，用户程序存储器容量为 2KB 以下，典型小型机的部分性能指标如表 3.1 所示。

表 3.1　　　　　　　　　　　典型小型机的部分性能指标

公　　司	机　　型	1KB 处理速度/ms	存储器容量/KB	I/O 点数
日本 OMRON	C60P	4～95	1.19	120
	C120	3～83	2.2	256
	CQM1	0.5～10	3.2～7.2	256
日本三菱	FX$_2$	0.74	2～8	256
德国 SIEMENS	S5.100U	70	2	128
	S7-200	0.8～1.2	2	256

这类 PLC 虽然控制点数不多，控制功能有一定的局限性，但它小巧、灵活，可以直接安装在电气控制柜内，特别适用于单机控制或小型系统的控制。

（2）中型机

其 I/O 点数为 256～2 048，用户程序存储器容量为 2～8KB，典型中型机的部分性能指标如表 3.2 所示。

表 3.2　　　　　　　　　　　典型中型机的部分性能指标

公　　司	机　　型	1KB 处理速度/ms	存储器容量/KB	I/O 点数
日本 OMRON	C200H	0.75～2.25	6.6	1 024
	C1000H	0.4～2.4	3.8	1 024
	CV1000	0.125～0.375	62	1 024
日本富士	F200	2.5	48	1 792
德国 SIEMENS	S5.150U	2.5	42	1 024
	S7.400	0.3～0.6	12～192	1 024

这类 PLC 由于控制点数较多，控制功能强，有些 PLC 甚至还具有较强的计算能力。不仅可以用于对设备进行直接控制，还可以对多个下一级的 PLC 进行监控，适合中、大型控制系统

的控制。

（3）大型机

其 I/O 点数多于 2 048，用户程序存储器容量在 8KB 以上，典型大型机的部分性能指标如表 3.3 所示。

表 3.3 典型大型机的部分性能指标

公 司	机 型	1KB 处理速度/ms	存储器容量/KB	I/O 点数
日本 OMRON	C2000H	0.4～2.4	30.8	2 048
	CV2000	0.125～0.175	62	2 048
日本富士	F200	2.5	32	3 200
德国 SIEMENS	S5.150U	2	480	4 096
	S7.400	0.3～0.6	512	131 072

这类 PLC 控制点数多，控制功能很强，具有很强的计算能力。这类 PLC 的运行速度也很高，不仅能完成较复杂的算术运算，还能进行复杂的矩阵运算。不仅可以用于对设备进行直接控制，也可以对多个下一级的 PLC 进行监控。

2. 按 PLC 的控制性能分类

PLC 可以分为低档机、中档机和高档机。

（1）低档机

低档 PLC 具有基本的控制能力和一般的运算能力，工作速度比较低，能带的 I/O 模块的数量也比较少，同时 I/O 模块的种类也不多。这类 PLC 只适用于单机或小规模简单控制系统，在联网中一般适合做从站使用。例如，德国 SIEMENS 公司生产的 S7-200 系列 PLC、日本三菱公司的 FX 系列 PLC、美国 AB 公司的 SLC500 系列 PLC 等都是典型的小型 PLC 产品。

（2）中档机

中档 PLC 具有较强的控制功能和较强的运算能力。它不仅能完成一般的逻辑运算，也能完成比较复杂的三角函数、指数和 PID 运算，工作速度比较快，能带的 I/O 模块的数量较多，I/O 模块的种类也比较多。这类 PLC 不仅能完成小型系统的控制，也可以完成较大规模的控制任务。在联网中可做从站，也可做主站。例如，德国 SIEMENS 公司生产的 S7.300 系列 PLC、日本 OMRON 公司的 C200H 系列 PLC 等都是典型的中档 PLC 产品。

（3）高档机

高档 PLC 具有强大的控制功能和强大的运算能力。它不仅能完成逻辑运算、三角函数运算、指数运算和 PID 运算，还能进行复杂的矩阵运算，工作速度很快，能带的 I/O 模块的数量很多，并且 I/O 模块的种类也很全面。这类 PLC 不仅能完成中等规模的控制工程，也可以完成规模很大的控制任务，在联网中一般都做主站使用。例如，德国 SIEMENS 公司生产的 S7.400 系列 PLC、美国 AB 公司生产的 SLC5/05 系列 PLC 等都是典型的大型 PLC 产品。

3. 按 PLC 的结构分类

按 PLC 的结构可分为整体式、组合式和叠装式 3 类。

（1）整体式

整体式结构的 PLC 把电源、CPU、存储器、I/O 系统都集成放在一个单元内，通常把这个单元叫做基本单元。一个基本单元实质就是一台完整的 PLC，可以实现各种控制功能。如果控制点数不符合需要时，可再接扩展单元，但扩展单元不带 CPU。整体式结构 PLC 的特点是结构紧凑、体积小、成本低、安装方便，易于安装在工业生产过程控制中，适合于单机控制系统。但输入与输出点数有限定的比例是其缺点。小型机多为整体式结构，如 OMRON 公司的 C60P 就为整体式结构。

（2）组合式

组合结构的 PLC 就是把 PLC 系统的各个组成部分按功能分成若干个独立模块，主要有 CPU 模块、I/O 模块、电源模块等。虽然各模块功能比较单一，但模块的种类却日趋丰富。例如，一些 PLC 除了具有一些基本的 I/O 模块外，还有一些特殊功能模块，像温度检测模块、位置检测模块、PID 控制模块、通信模块等。组合式结构的 PLC 采用搭积木的方式，在一块基板上插上所需要的各种模块组成控制系统。其特点是 CPU、输入/输出均为独立的模块，模块尺寸统一，安装整齐，装配和维修方便，功能易于扩展。缺点是结构复杂、价格较高。中、大型机一般为组合式结构，如 SIEMENS 公司 S7.400 型 PLC 就属于这一类结构。

（3）叠装式

叠装式结构的 PLC 由各个单元组合构成。特点是 CPU 自成独立的基本单元，其他 I/O 模块为扩展单元。在安装时不使用基板，仅用电缆进行单元间的连接，各个单元通过叠装，使系统达到配置灵活、体积小巧。叠装式结构的 PLC 集整体式结构 PLC 的紧凑、体积小、安装方便和组合式结构 PLC 的 I/O 点搭配灵活、模块尺寸统一、安装整齐的优点于一身，如 SIEMENS 公司的 S7.300 型、S7-200 型 PLC 就采用叠装式结构。

3.1.5 PLC 的性能指标

PLC 的性能指标主要包括一般指标和技术指标两种。PLC 的结构和功能情况指的是一般性能指标，也是用户在选用 PLC 之时必须要了解的。而技术指标包括了一般的性能规格和具体的性能规格。具体的性能规格又包括了 I/O 点数、扫描速度、存储容量、指令系统、内部寄存器和特殊功能模块等指标，是学习 PLC 过程中应该重点了解的。

1. I/O 点数

I/O 点数是 PLC 可以接收的输入信号和输出信号的总和，是衡量 PLC 性能的重要指标。I/O 点数越多，外部可接的输入设备和输出设备就越多，控制规模就越大。

2. 扫描速度

扫描速度是指 PLC 执行用户程序的速度，是衡量 PLC 性能的重要指标。一般以扫描 1KB 用户程序所需的时间来衡量扫描速度，通常以 KB/ms 为单位。

3. 存储容量

存储容量是指用户程序存储器的容量。用户程序存储器的容量大，可以编制出复杂的程序。一般来说，小型 PLC 的用户存储器容量为几千字，而大型机的用户存储器容量为几万字。通常用 PLC 所存放用户程序的多少作为衡量其性能的指标之一。

4. 指令系统

指令的功能与数量，指令功能的强弱、数量的多少也是衡量 PLC 性能的重要指标。编程指令功能越强、数量越多，PLC 的处理能力和控制能力也越强，用户编程也越简单和方便，越容易完成复杂的控制任务。

5. 内部寄存器

寄存器的配置及容量情况是衡量 PLC 硬件功能的一个指标。在编制 PLC 程序时，需要用到大量的内部元件来存放变量、中间结果、保持数据、定时计数、模块设置、各种标志位等信息。这些元件的种类与数量越多，表示 PLC 的存储和处理各种信息的能力越强。

6. 特殊功能模块

特殊功能模块种类的多少与功能的强弱是衡量 PLC 产品的一个重要指标。近年来，各 PLC 厂商非常重视特殊功能单元的开发，特殊功能单元种类日益增多，功能越来越强，使 PLC 的控制功能日益扩大。常用的特色功能模块有：A/D 模块、D/A 模块、高速计数模块、位置控制模块、定位模块、温度控制模块、远程通信模块以及各种物理量转换模块等。

3.2 PLC 系统的组成和基本工作原理

3.2.1 PLC 系统的组成

PLC 生产厂家很多，产品的结构也各不相同，但系统的组成是相同的，是由硬件系统和软件系统两大部分组成的，如图 3.1 所示。

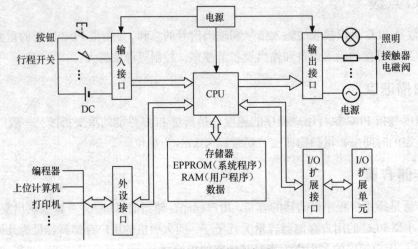

图 3.1　PLC 结构示意图

1. PLC 的硬件系统

（1）中央处理单元

与普通计算机一样，中央处理单元（CPU）是系统的核心部件，是由大规模或超大规模的集成电路微处理芯片构成的，按照 PLC 系统程序赋予的功能，一方面接收并存储用户程序和数据，另一方面，检查电源、存储器、输入/输出以及警戒定时器的状态，并且诊断用户程序中的语法错误。CPU 完成上述功能的过程为：当 PLC 投入运行时，它以扫描的方式采集现场各输入装置的状态和数据，并分别存入输入/输出映像寄存器，然后从用户程序存储器中逐条读取用户程序，经过命令解释后按指令的规定执行逻辑或算术运算，将计算结果送入输入/输出映像寄存区或数据寄存器内，等所有的用户程序执行完毕之后，将输入/输出映像寄存区的各输出状态或输出寄存器内的数据传送到相应的输出装置，如此循环直到停止运行。

（2）存储器单元

可编程控制器的存储器分为系统程序存储器和用户程序存储器。存放系统软件的存储器称为系统程序存储器，监控程序、模块化应用功能子程序、命令解释程序、故障诊断程序及其各种管理程序等均存放在系统程序存储器中。存放用户程序的存储器称为用户程序存储器，用户程序包括用户程序存储和数据存储两部分，所以用户程序存储器又分为用户存储器和数据存储器两部分。

PLC 常用的存储器类型如下。

① RAM（Random Assess Memory）是一种读/写存储器（随机存储器），其存取速度最快，由锂电池支持。

② EPROM（Erasable Programmable Read Only Memory）是一种可擦除的只读存储器。在断电情况下，存储器内的所有内容保持不变。但在紫外线连续照射下可擦除存储器内容。

③ EEPROM（Electrical Erasable Programmable Read Only Memory）是一种电可擦除的只读存储器。只要使用编程器就能很容易地对其所存储的内容进行修改。

（3）电源单元

电源是整机的能源供给中心。PLC 系统的电源分内部电源和外部电源。PLC 内部配有开关式稳压电源模块，用来将 220V 交流电源转换成 PLC 内部各模块所需直流电压的直流稳压电源。小型 PLC 的内部电源往往和 CPU 单元合为一体，大中型 PLC 都有专用的电源模块。

外部电源又称为用户电源，用于传送现场信号或驱动现场负载，通常由用户另备。

内部电源具有很高的抗干扰能力，性能稳定、安全可靠。有些 PLC 的内部电源还能向外提供 24V 直流稳压电源，用于外部传感器供电。

（4）输入/输出单元

输入/输出单元是 PLC 与现场输入/输出设备或其他外部设备之间的连接部件，由 I/O 模块和功能模块构成。PLC 通过输入模块把工业设备或生产过程的状态或信息读入中央处理单元，通过用户程序的运算与操作，把结果通过输出模块输出给执行单元。常用的输入/输出单元有以下几种类型。

① 开关量输入单元：采用光电耦合电路，将限位开关、手动开关等现场输入设备的各种开关量控制信号转换成 CPU 所能接收的信号。开关量输入单元按照输入端电源类型的不同，又分为直流输入单元、交流输入单元和交直流输入单元。

② 开关量输出单元：是把 PLC 的输出信号转换成现场执行机构动作的各种开关量信号。按输出开关器件的种类不同，开关量输出电路可分为 3 类：晶体管输出型、双向晶闸管输出型和继电器输出型。其中晶体管输出型的接口只能接直流负载，为直流输出接口；双向晶闸管输出型的接口只能接交流负载，为交流输出接口；继电器输出型的接口即可以接直流负载，也可以接交流负载，为交直流输出接口。

③ 模拟量输入单元：模拟量输入在过程控制中的应用很广，模拟量输入信号多是通过传感器变换后得到的，模拟量的输入信号为电流信号或者是电压信号。输入模块接收到这种模拟信号之后，把它转换成二进制数字信号，送给中央处理器进行处理，因此，模拟量输入模块又称为 A/D 转换输入模块。

④ 模拟量输出单元：将 PLC 运算处理后的若干位数字量信号转换成相应的模拟量信号输出，以满足生产过程中现场设备对连续信号的控制要求。模拟量输出单元一般由光电耦合电路、D/A 转换器和信号转换等环节组成。

⑤ 智能输入/输出单元：为了使 PLC 在复杂工业生产过程中的应用更广泛，PLC 除了提供上述基本的开关量和模拟量输入输出单元外，还提供了智能输入/输出单元，以便适应生产过程控制的要求。智能输入/输出单元通过内部系统总线将其中央处理单元、存储器、输入/输出单元和外部设备接口单元等部分连接起来。在自身系统程序的管理下，对工业生产过程中现场的信号进行检测、处理和控制，并通过外部设备接口单元与 PLC 主机的输入/输出扩展模块的连接来实现与主机的通信。在运行的每个扫描周期，PLC 主机与智能输入/输出单元进行一次信息交换，以便能对现场信号进行综合处理。智能输入/输出单元能够独立运行，一方面使 PLC 能够处理快速变换的现场信号，另一方面也使 PLC 能够处理完成更多的任务。

为了适应不同的控制要求，智能输入/输出单元也有不同的类型。例如，高速脉冲计数器智能单元，专门对工业现场的高速脉冲信号进行计数，并把累计值传送给 PLC 主机进行处理；PID 智能调节单元，能独立完成工业生产过程控制中一个或几个闭环控制回路；另外，还有位置控制智能单元、阀门控制智能单元等类型。随着智能输入输出单元品种的增加，PLC 的应用领域也将越来越广泛，PLC 的主机最终能够实现对与之相连的各种智能输入/输出单元的信息进行综合处理，变为一台中央信息处理机。智能输入/输出单元为 PLC 的功能扩展和性能提高提供了极为有利的条件。

（5）接口单元

接口单元包括扩展接口、编程器接口、存储器接口和通信接口。

① 扩展接口：用于扩展输入/输出单元，使 PLC 的控制规模配置更加灵活。这种扩展接口实际上为总线形式，可以配置开关量的输入/输出单元，也可以配置模拟量、高速计数等特殊输入/输出单元及通信适配器等。

② 编程器接口：用于连接编程器与 PLC 的接口，PLC 本机通常是不带编程器的。为了能对 PLC 进行编程和监控，PLC 上专门设置了编程器接口。通过这个接口可以接入各种形式的编程设备，此接口还可以用作通信、监控工作。

③ 存储器接口：用于扩展用户程序存储区和用户数据存储区，可以根据使用的需要对存储器进行扩展。

④ 通信接口：用于在微机与 PLC、PLC 与 PLC 之间建立通信网络而设立的接口。

（6）外部设备

PLC 的外部设备主要有编程器、文本显示器、操作面板、打印机等。编程器是编制、调试 PLC 用户程序的外部设备，是人机对话的窗口，用编程器可以将用户程序输入到 PLC 的 RAM 中，或对 RAM 中的已有程序进行修改，还可以对 PLC 的工作状态进行监视和跟踪。常用的编程器有两种，一种是专用编程器，另一种是个人计算机。操作面板和文本显示器不仅可以显示系统信息，还可以在执行程序的过程中修改某个量的数值，从而直接设置输入或输出量，便于立即启动或停止一台正在运行的外部设备。打印机用于将过程参数和运行结果以文字形式输出。

2. PLC 的软件系统

PLC 的软件包括系统软件和用户程序两大部分。系统软件是由 PLC 生产厂家固化在机内，用于控制 PLC 本身运行的软件。用户程序是使用者通过 PLC 的编程语言来编制的，用于控制外部对象的运行。

（1）系统软件

系统软件包括系统管理程序、用户指令解释程序、供系统调用的标准程序模块等。系统管理程序完成机内运行时间分配、存储空间分配管理、系统自检等工作。用户指令解释程序将用户指令变化为机器码，完成对指令的解释工作。在用户使用 PLC 之前，系统软件就已被装入机内，并永久保存，在各种控制工作中不需要再做调整。

（2）用户程序

用户程序是用户针对具体控制对象，应用 PLC 生产厂家提供的编程语言编制的程序。它是一定控制功能的表达，同一台 PLC 用于不同的控制目的时，需编制不同的应用程序，相当于改变 PLC 的用途。

3.2.2　PLC 的工作原理

由于 PLC 以微处理器为核心，故具有微机的许多特点，但它的工作方式却与微机有很大不同。微机一般采用等待命令的工作方式，如常见的键盘扫描方式或 I/O 扫描方式，若有键按下或有 I/O 变化，则转入相应的子程序，若无则继续扫描等待。

PLC 是采用循环扫描的工作方式。用户根据控制要求将编制好的程序输入并存于 PLC 的用户程序存储器中，用户程序由若干条指令组成，指令在存储器中按步序号顺序排列。PLC 开始运行时，CPU 对用户程序作周期性循环扫描，在无跳转指令或中断的情况下，CPU 从第一条指令开始顺序逐条地执行用户程序，直到用户程序结束，然后又返回第一条指令开始新的一轮扫描，并周而复始地重复。在每次扫描过程中，还要完成对输入信号的采集、对输出状态的刷新等工作。

1. PLC 的输入/输出过程

PLC 的工作方式是循环扫描方式，所以其输入/输出过程是定时进行的，即在每个扫描周期内只进行一次输入和输出处理的操作。在输入处理时，首先启动输入单元，把现场信号转换成数字信号后全部读入，然后进行数字滤波处理，最后把有效值放入输入信号映像寄存器；在输出处理时，首先把输出信号映像寄存器中的信号全部送给输出单元，然后进行传送正确性检查，最后启动输出单元把数字信号转换成现场信号输出给执行机构。这种输入/输出信号的传送方式被称为集中采样输入/输出方式。集中采样输入/输出方式对用户程序而言，要处理的输入信号是输入信号映像寄存器的信号，而不是实际的信号。运算处理后的输出信号是被放入输出信号映像寄存器中，而不是直接输出到现场的。所以在用户程序执行的这一周期内，其处理的输入信号不再随现场信号的变化而变化；与此同时，虽然输出信号映像寄存器中信号随程序执行的结果不同而不断变化，但是实际的输出信号是不变的，在输出过程中，只有最后一次操作结果对输出信号才起作用。

PLC 的输入/输出过程除了上面的集中采样输入/输出方式外还有立即输入/输出方式。所谓立即输入/输出方式，程序的执行需要某个输入信息直接从输入端或输入模块取用这个输入状态，此时输入信号映像寄存器的内容不变，到下一次集中采样输入时才变化。而在输入端则是执行用户程序时将该输出结果立即向输出端或输出模块输出。

PLC 对输入/输出信号一般采用集中输入/输出的传送方式，在有特殊要求的地方执行立即输入/输出指令，此时全部或部分的输入点信号读入一次，以刷新输入映像寄存器的内容或将此时的输出结果立即向输出端或输出模块输出。

2．PLC 信号传递过程

PLC 正常工作时，它将采用循环扫描的工作方式，一个扫描周期主要可分为 3 个阶段。

（1）输入刷新阶段

在输入刷新阶段，CPU 扫描全部输入端口，读取输入端口的状态并写入输入状态寄存器。完成输入端刷新工作后，将关闭输入端口，转入程序执行阶段。在程序执行期间即使输入端状态发生变化，输入状态寄存器的内容也不会改变，而这些变化必须等到下一个工作周期的输入刷新阶段才能被读入。

（2）程序执行阶段

在程序执行阶段，根据用户输入的控制程序，从第一条开始逐步执行，并将相应的逻辑运算结果存入对应的内部辅助寄存器和输出状态寄存器。当最后一条控制程序执行完毕后，即转入输入刷新阶段。

（3）输出刷新阶段

当所有指令执行完毕后，将输出状态寄存器中的内容，依次送到输出映像寄存器，并通过一定的输出方式输出，驱动外部相应执行元件工作，这才形成 PLC 的实际输出。

由此可见，输入刷新、程序执行和输出刷新 3 个阶段构成 PLC 的一个工作周期，由此循环往复，因此称为循环扫描工作方式。由于输入刷新阶段是紧接输出刷新阶段后马上进行的，所以亦将这两个阶段统称为输入/输出刷新阶段。实际上，除了执行程序和输入/输出刷新外，PLC 还要进行各种错误检测（自诊断功能）并与编程工具通信，这些操作统称为"监视服务"，一般在程序执行之后进行。综上所述，PLC 的扫描工作过程如图 3.2 所示。

显然扫描周期的长短主要取决于程序的长短。扫描周期越长，响应速度越慢。由于每个扫描周期只进行一次输入/输出刷新，即每一个扫描周期 PLC 只对输入/输出状态寄存器更新一次，所以系统存在输入/输出滞后现象，这在一定程度上降低了系统的响应速度。但是，由于其对输入/输出的变化每个周期只输出刷新一次，并且只对有变化的进行刷新，这对一般的开关量控制系统来说是完全允许的，不但不会造成影响，还会提高抗干扰能力。这是因为输入采样阶段仅在输入刷新阶段进行，PLC 在一个工作周期的大部分时间是与外设隔离的，而工业现场的干扰常常是脉冲、短时间的，误动作将大大减小。但是，在快速响应系统中就会造成响应滞后现象，针对这一现象，PLC 一般都会采取高速模块。

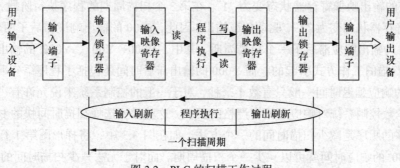

图 3.2　PLC 的扫描工作过程

3．输入/输出滞后时间

输入/输出滞后时间又称为系统响应时间，是指可编程控制器外部输入信号发生变化的时刻起至它控制的有关外部输出信号发生变化的时刻之间的间隔。它与输入滤波器的时间常数、输出模块的机械滞后、程序语句的安排和 PLC 循环操作时，进行公共处理、输入/输出刷新、执行用户程序等产生的扫描周期等因素有关。

输入模块中的滤波器电路用来滤除由输入端引入的干扰噪声，消除因外界输入触点动作时产生抖动引起的不良影响。滤波时间常数决定了输入滤波时间的长短。

输出模块的机械滞后与输出所用的开关元件类型有关。若是继电器输出电路，负载被接通时的滞后时间约为 1ms，负载由导通到断开的最大滞后时间为 10ms；晶体管型输出电路的滞后时间一般在 1ms 左右。

由程序语句的安排和扫描工作方式引起输入/输出滞后时间，如图 3.3 所示。在图中 X000 是输入继电器，用于接收外部输入信号。Y000、Y001、Y002 是输出继电器，用来将输出信号传递给外部负载。"1"表示高电平，"0"表示低电平。

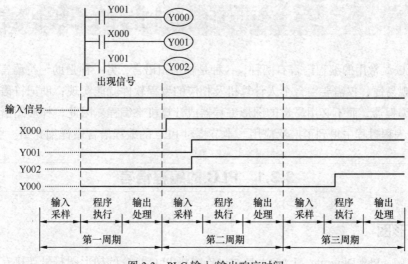

图 3.3　PLC 输入/输出响应时间

波形图中，输入信号在第 1 个扫描周期的输入采样阶段完成之后才出现，所以在第 1 个扫描周期内各个寄存器状态均为"0"。在第 2 个扫描周期的输入采样阶段，输入继电器 X000 的输入映像寄存器已变为高电平"1"状态。在程序执行阶段，按梯形图顺序，Y001、Y002 依次被接通，相应的输出映像寄存器状态变为"1"。在第 3 个扫描周期的程序执行阶段，Y0 被接通，其输出映像寄存器状态变为"1"，驱动负载输出。因此，Y000 的输出响应滞后了两个扫描周期，Y001、Y002 的输出响应滞后了一个扫描周期。其中，Y000、Y001、Y002 的输出滞后时间是由 PLC 循环扫描的工作方式引起的，而 Y000 的输出滞后时间还包括了程序语句顺序的安排。

PLC 总的响应延迟时间一般只有数十毫秒，对于一般的控制系统来说允许有一定的滞后响应。但也有少数控制系统对响应时间有严格的要求，这就需要选择扫描时间快的 PLC，而调整梯形图中程序的顺序是减少扫描时间的一个方法。如在图 3.3 中，将梯形图第 1 行和第 2 行位置交换，Y000 的响应时间就可以减少一个扫描周期。而对于无法减少扫描时间的 PLC，通常采取使输出与扫描周期脱离的中断控制方式来解决。

4．PLC 的中断处理过程

PLC 的中断输入处理方法同一般计算机控制系统基本相同，即当有中断申请信号输入后，系统要立即中断正在执行的相关程序而转向执行中断子程序；而当有多个中断源时，它们将按中断的优先级有一个先后顺序的排队处理。系统可以通过程序设定允许中断或禁止中断。PLC 对中断的响应不是在每条指令结束后才进行的，而是在扫描周期内某一个任务完成后进行的，PLC 的中断源信息是通过输入单元进入系统的。由于 PLC 扫描输入点是按顺序进行的，因此，中断源的先后顺序是根据其占用的输入点位置而自动排序，当系统接到中断申请后，顺序扫描中断源。

PLC 的中断源有优先顺序，一般无嵌套关系，只有在原中断处理程序结束后再进行新的中断处理。

3.3

可编程控制器的编程语言

目前 PLC 最常用的编程语言有两种，一种是梯形图语言，另一种是助记符语言。梯形图语言编程，直观易懂，仅需要一台个人计算机及相应的编程软件就能实现；助记符语言编程只需要一台简易编程器，而不必用昂贵的图形编程器或计算机来编程。因此，梯形图语言和助记符语言在 PLC 编程过程中得到了广泛应用。本节将对 PLC 的编程语言做详细介绍。

3.3.1　PLC 的编程语言

1．梯形图

梯形图（Ladder Diagram，LAD）是通过连线将 PLC 指令的梯形图符号连接在一起的连通图，用以表达所使用的 PLC 指令及前后顺序，它与电气原理图很相似，具有直观易懂的特点，熟悉继电器控制的电气人员很容易掌握，特别适合于数字量逻辑控制。梯形图由触点、线圈或用方框表示的功能指令构成，如图 3.4 所示。

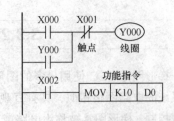

图中"触点"代表逻辑输入条件，如按钮、行程开关等外部开关量和传感器等；"线圈"代表逻辑运算结果，

图 3.4　梯形图的触点、线圈示意图

常用来控制的指示灯，开关和内部的标志位等。"指令框"用来表示定时器、计数器或数学运算等附加指令。在梯形图中按行从上至下编写，每一行从左往右顺序编写。

2．顺序功能图

顺序功能图（Seauential Fuction Chart，SFC）又叫做流程图，它是用来描述控制系统的控制过程、功能和特性的一种图形。流程图用约定的几何图形、有向线和简单的文字说明来描述 PLC 的处理过程和程序的执行步骤。其特点是：描述控制过程详尽具体，包括每框前的输入信号，框内的工作内容，框后的输出状态，框与框之间的转换条件等，是设计 PLC 顺序控制程序的一种很好的工具。本书将在第 5 章中做详细介绍。

3．语句表

语句表（Statement List，STL）是一种类似于微机汇编语言的文本编程语言，由多条语句组成一个程序段。每条语句由操作码和操作数两部分组成。操作码用助记符表示，它表明 CPU 要执行某种操作，是不可缺少的部分；操作数包括执行某种操作所需要的信息，一般由常数和软元件组成，大多数指令只有 1 个操作数，但有的没有操作数，而有的有 2 个或更多。例如，LDM8002 这条指令，其中 LD 为助记符（即操作码），M8002 为软元件（即操作数），其中的 M 为元件符号，8002 为元件 M 的编号；又如，MOVK0D0 这条指令，其中 MOV 为助记符，K0 为常数（第 1 个操作数），D0 为软元件（第 2 个操作数），D0 中的 D 为元件符号，0 为元件编号。语言表程序一般较难阅读，其中的逻辑关系也很难一眼看出，所以适合于经验丰富的程序员使用，但却可以实现某些梯形图不能实现的功能。

4．功能块图

功能块图（Function Block Diagram，FBD）用类似于与门、或门的框图来表示逻辑运算关系，方框的左侧为逻辑运算的输入变量，右侧为输出变量，输入/输出端的小圆圈表示"非"运算，方框用"导线"连在一起，信号自左向右。功能块图语言适合有数字电路基础的编程人员使用。

5．结构化文本

结构化文本（Structured Text，ST）是为 IEC61131.3 标准创建的一种专用的高级编程语言。与梯形图相比，它实现复杂的数学运算，编写的程序非常简洁和紧凑。

3.3.2 梯形图语言编程的特点

梯形图是 PLC 使用最多的图形编程语言，被称为 PLC 的第一编程语言。梯形图与电器控制系统的电路图很相似，具有直观易懂的优点，工厂电气人员很容易掌握，尤其适用于开关量逻辑控制。梯形图常被称为电路或程序，梯形图的设计称为编程。梯形图语言编程的特点如下。

1. 软继电器

PLC 梯形图中的某些编程元件沿用了继电器这一名称，如输入继电器、输出继电器、内部辅助继电器、状态继电器等，但是它们不是真实的物理继电器，而是软继电器，其实质是存储单元。每一软继电器与 PLC 存储器中映像寄存器的一个存储单元相对应。由于软继电器的实质为存储单元，所以取用软继电器常开、常闭点的实质为读取存储单元的状态，所以可以认为，一个软继电器带有无数个常开、常闭触点。存储单元如果为"1"状态，则表示梯形图中对应软继电器的线圈"通电"，其常开触点接通，常闭触点断开，称这种状态是该软继电器的"1"或"ON"状态。如果该存储单元为"0"状态，对应软继电器的线圈和触点的状态与上述的相反，称该软继电器为"0"或"OFF"状态。使用中也常将这些"软继电器"称为编程元件。

2. 能流

若将 PLC 梯形图的左母线假想为电源"相线"，右母线假想为电源"零线"。在触点接通时，可以认为在梯形图中存在一个假想"能流"。如图 3.5（a）所示，电路不能用触点的串、并联来表示，能流可能从两个方向流过触点（经过触点 1、5、4 或经过触点 3、5、2），无法将该图转换为指令表，应将它改画为图 3.5（b）所示的等效电路。能流的概念可以帮助我们更好地理解和分析梯形图。

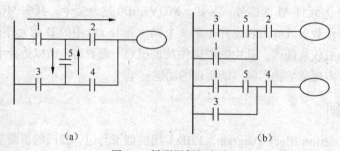

图 3.5　梯形图假想电流

3. 母线

梯形图两侧的垂直公共线称为母线（Busbar）。在分析梯形图的逻辑关系时，为了借用继电器电路图的分析方法，可以想象左右两侧母线（左母线和右母线）之间有一个左正右负的直流电源电压，母线之间有"能流"从左向右流动，右母线可以不画出。

4. 梯形图的逻辑解算

根据梯形图中各触点的状态和逻辑关系，求出与图中各线圈对应的编程元件的状态，称为梯形图的逻辑解算。梯形图的逻辑解算是按从左至右、从上到下的顺序进行的。解算的结果马上可以被后面的逻辑解算所利用。逻辑运算是根据元件映像寄存器中的状态，而不是根据运算瞬间外部输入信号的状态来进行的。

本章小结

本章为 PLC 的基础知识。在介绍 PLC 产生和发展的基础上，介绍了 PLC 的定义、特点、分类和 PLC 的性能指标。重点讲述了 PLC 系统的组成和基本工作原理以及 PLC 的编程语言。这些内容都是学习 PLC 的基础，其中 PLC 系统的组成和基本工作原理以及 PLC 的编程语言是本章的重点。

在 PLC 系统的组成和基本工作原理一节中，将 PLC 系统分为硬件系统和软件系统两大部分。硬件系统包括中央处理单元、存储器单元、电源单元、输入/输出单元、接口单元和外部设备。软件系统包括系统软件和用户程序。其中硬件系统各个单元的功能和作用需要重点理解。另外，还从 PLC 输入/输出过程、PLC 信号传递过程、输入/输出滞后时间和 PLC 中断处理过程 4 个方面对 PLC 的工作原理进行了介绍，详细讲述了 PLC 从接收到外部现场输入信号到输出信号给执行机构的过程。

PLC 软件系统包括系统软件和用户程序，用户程序是用户针对具体控制对象，应用 PLC 生产厂家提供的编程语言编制的程序。因此，PLC 的编程语言是必须要掌握的。在可编程控制器编程语言一节中，介绍了梯形图、顺序功能图、语句表、功能块图、结构化文本语言。其中梯形图语言是编程中最常用的语言，针对这一特点，本节还介绍了梯形图语言编程的特点，方便大家更好的掌握。

练习题

3.1 简述 PLC 的发展过程。

3.2 PLC 的特点有哪些？

3.3 PLC 的硬件由哪几部分组成？各有何作用？

3.4 简述 PLC 的工作原理。

3.5 什么是 PLC 的扫描周期？其扫描过程分为几个阶段？各阶段完成什么任务？

3.6 PLC 输入/输出滞后时间指的是什么？如何减小？

3.7 PLC 主要的编程语言有哪几种？各有什么特点？

第4章

三菱 FX 系列 PLC 及其基本指令

教学目标与要求

- 了解 FX 系列 PLC 的基本构成、型号名称的含义及一般技术指标。
- 掌握 FX 系列 PLC 编程元件的地址编号及功能。
- 掌握基本逻辑指令的用法。
- 理解并掌握编制梯形图的基本规则。

教学重点

- FX 系列 PLC 各编程元件的地址编号及功能。
- FX 系列 PLC 的基本逻辑指令的用法。
- 编制梯形图的基本规则。

教学难点

- 定时器、计数器的工作原理。
- 栈指令、主控指令、边沿检测触点指令及 PLS、PLF 的用法。

三菱 FX 系列 PLC 是我国广泛应用的 PLC 系列产品之一,尤其是日本三菱公司在 20 世纪 90 年代推出的 FX_{2N} 系列 PLC 产品,该系列产品采用整体式结构,具有小型化,速度快,性能好的特点。同时还具有很强的网络通信功能,最多可扩展到 256 个 I/O 点,可满足大多数用户的需要。本章以 FX_{2N} 系列 PLC 小型机为主,主要介绍其系统结构、基本编程元件、基本指令及应用。

4.1
三菱 FX 系列 PLC 系统结构

三菱 FX 系列 PLC 分为 FX_2、FX_0、FX_{2N}、FX_{0N}、FX_{2C} 等。FX_0 是在 FX_2 之后推出的超小型 PLC,后又推出 FX_{0N} 超小型的标准 PLC,继承了超小型 FX_0 的特点和 FX_2 的硬件、软件的概念。FX_{2C} 系列 PLC 配置灵活、结构紧凑,其基本单元连接采用接插口的输入/输出方式,,维护性能良好。

FX$_{2N}$ 系列的 PLC 在小型化、高速度、高性能等各方面都优于 FX 系列中其他 PLC。本节主要从 FX 系列 PLC 型号名称的含义、基本构成及一般技术指标做简单介绍。

4.1.1　FX 系列 PLC 型号名称的含义

图 4.1 所示为 FX 系列 PLC 型号命名的基本格式。

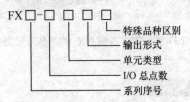

图 4.1　FX 系列 PLC 型号命名格式

① 系列序号：包括 0S，0N，1N，1S，2N，2NC 等。

② I/O 总点数：输入/输出总点数。

③ 单元类型：M——基本单元；

　　　　　　　E——输入/输出混合扩展单元及扩展模块；

　　　　　　　EX——无输出的输入专用扩展模块；

　　　　　　　EY——无输入的输出专用扩展模块；

　　　　　　　EYR——继电器输出专用扩展模块；

　　　　　　　EYT——晶体管输出专用扩展模块。

④ 输出形式：R——继电器输出；

　　　　　　　T——晶体管输出；

　　　　　　　S——晶闸管输出。

⑤ 特殊品种区别：D——DC24V 电源，24V 直流输入；

　　　　　　　　　无标记——AC 电源，24V 直流输入，横式端子排；

　　　　　　　　　H——大电流输出扩展模块（1A/点）；

　　　　　　　　　V——立式端子排的扩展模块；

　　　　　　　　　C——接插口输入/输出方式；

　　　　　　　　　F——输入滤波器为 1ms 的扩展模块；

　　　　　　　　　L——TTL 输入型扩展模块；

　　　　　　　　　S——独立端子扩展模块，无公共端。

4.1.2　FX 系列 PLC 的基本构成

FX 系列 PLC 由基本单元、扩展单元、扩展模块及特殊功能模块构成。图 4.2 所示为 FX$_{2N}$ 系列 PLC 的外形图，图 4.3 所示为 FX$_{2N}$ 系列 PLC 的外部结构图，图 4.4 所示为三菱 FX$_{2N}$ 系列小型 PLC 产品示意图。

图 4.2　FX_2N 系列 PLC 的产品外形图

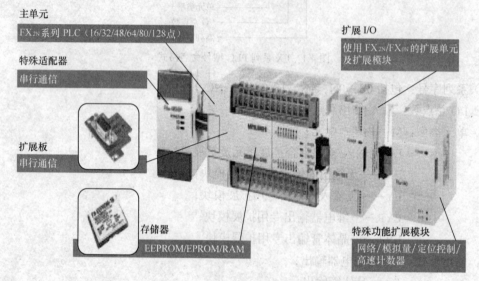

图 4.3　FX 系列 PLC 的硬件配置图

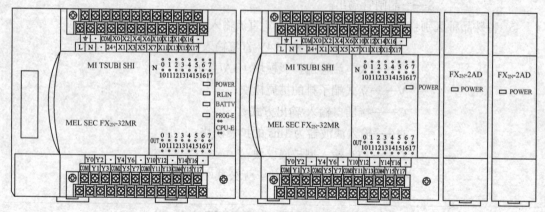

图 4.4　三菱 FX_2N 小型 PLC 产品示意图

1．基本单元

基本单元也称为主机，包括 CPU、存储器、输入/输出口及电源，是 PLC 的核心部分。基本单元既能独立使用，又可与扩展单元、扩展模块组合使用。

FX_2N 系列 PLC 的基本单元有 16 种，如表 4.1 所示。每个基本单元最多可扩展 1 个功能扩展板，8 个特殊单元和特殊模块。基本单元或扩展单元可对连接的特殊模块提供 DC 5V 电源，特殊单元因有内置电源，则不用供电。FX$_{2N}$ 系列 PLC 的基本单元可扩展连接的最大输入/输出点数为 256 点以内（输入点数为 184 点以内，输出点数为 184 点以内）。

表 4.1   FX$_{2N}$ 系列基本单元种类

AC 电源，24V 直流输入			DC 电源，24V 直流输入		输入点数	输出点数
继电器输出	晶体管输出	晶闸管输出	继电器输出	晶体管输出		
FX$_{2N}$_16MR_001	FX$_{2N}$_16MT_001	FX$_{2N}$_16MS_001			8	8
FX$_{2N}$_32MR_001	FX$_{2N}$_32MT_001	FX$_{2N}$_32MS_001	FX$_{2N}$_32MR_D	FX$_{2N}$_32MT_D	16	16
FX$_{2N}$_48MR_001	FX$_{2N}$_48MT_001	FX$_{2N}$_48MS_001	FX$_{2N}$_48MR_D	FX$_{2N}$_48MT_D	24	24
FX$_{2N}$_64MR_001	FX$_{2N}$_64MT_001	FX$_{2N}$_64MS_001	FX$_{2N}$_64MR_D	FX$_{2N}$_64MT_D	32	32
FX$_{2N}$_80MR_001	FX$_{2N}$_80MT_001	FX$_{2N}$_80MS_001	FX$_{2N}$_80MR_D	FX$_{2N}$_80MT_D	40	40
FX$_{2N}$_128MR_001	FX$_{2N}$_128MT_001				64	64

2. 扩展单元和扩展模块

扩展单元是用于增加 I/O 点数的装置，内部设置有电源。

扩展模块用于增加 I/O 点数及改变 I/O 比例，内部无电源，由基本单元或扩展单元供电。

扩展单元及扩展模块内部均无 CPU，因此必须与基本单元一起使用。

表 4.2 和表 4.3 分别所示为 FX$_{2N}$ 系列 PLC 的扩展单元和扩展模块。

FX$_{2N}$ 系列 PLC 的基本单元可直接连接 FX$_{2N}$ 系列的扩展单元和扩展模块，也可直接连接 FX$_{0N}$ 系列的多种扩展模块，但不能直接连接 FX$_{0N}$ 系列用的扩展单元，必须把 FX$_{0N}$ 系列连接在 FX$_{2N}$ 系列扩展单元和扩展模块之后。

表 4.2   FX$_{2N}$ 系列扩展单元型号种类

AC 电源，24V 直流输入			DC 电源，24V 直流输入		输入点数	输出点数
继电器输出	晶体管输出	晶闸管输出	继电器输出	晶体管输出		
FX$_{2N}$_32ER	FX$_{2N}$_32ET	FX$_{2N}$_32ES	...	...	16	16
FX$_{2N}$_48ER	FX$_{2N}$_48ET	...	FX$_{2N}$_48ER_D	FX$_{2N}$_48ET_D	24	24

表 4.3   FX$_{0N}$、FX$_{2N}$ 系列扩展模块种类

输入模块	继电器输出	晶体管输出	晶闸管输出	输入点数	输出点数
FX$_{0N}$.8ER				4	4
FX$_{0N}$_8EX				8	
FX$_{0N}$_16EX				16	
FX$_{2N}$_16EX				16	
FX$_{2N}$_16EX_C				16	
FX$_{2N}$_16EXL_C				16	
	FX$_{0N}$_8EYR	FX$_{0N}$_8EYT			8
		FX$_{0N}$_8EYT_H			8
	FX$_{0N}$_16EYR	FX$_{0N}$_16EYT			16
	FX$_{2N}$_16EYR	FX$_{2N}$_16EYT	FX$_{2N}$_16EYS		16
		FX$_{2N}$_16EYT_C			16

3. 特殊功能模块

特殊功能模块是一些专用的装置，如扩展适配器、脉冲输出单元、模拟量输入/输出模块、

运动控制模块、通信模块等。

FX$_{2N}$ 系列 PLC 备有各种特殊功能的模块，如表 4.4 所示的特殊功能模块都要用 5V 直流电源来驱动。

表 4.4　　　　　　　　　　FX$_{2N}$ 系列使用的特殊功能模块种类

分　类	型　号	名　称	占有点数	耗电量（DC5V, mA）
模拟量控制模块	FX$_{2N}$_4AD	4CH 模拟量输入	8	30
	FX$_{2N}$_4DA	4CH 模拟量输出	8	30
	FX$_{2N}$_4AD_PT	4CH 温度传感器输入	8	30
	FX$_{2N}$_4AD_TC	4CH 热电偶温度传感器输入	8	
位置控制模块	FX$_{2N}$_1HC	50kHz 2 相高速计数器	8	90
	FX$_{2N}$_1PG	100kpps 高速脉冲输出	8	55
计算机通信模块	FX$_{2N}$_232_IF	RS232 通信接口	8	40
	FX$_{2N}$_232_BD	RS232 通信接板		20
	FX$_{2N}$_422_BD	RS422 通信接板		60
	FX$_{2N}$_485_BD	RS485 通信接板		60
特殊功能板	FX$_{2N}$_CNV_BD	与 FX$_{0N}$ 用适配器接板		
	FX$_{2N}$_8AV_BD	容量适配器接板		20
	FX$_{2N}$_CNV_IF	与 FX$_{0N}$ 用接口板	8	15

4.1.3　FX 系列 PLC 的一般技术指标

FX 系列 PLC 的技术指标包括基本性能指标、输入技术指标及输出技术指标。具体规定如表 4.5、表 4.6 及表 4.7 所示。

表 4.5　　　　　　　　FX 系列 PLC 的基本性能指标

项　目		FX$_{1S}$	FX$_W$	FX$_{2N}$ 和 FX$_{2NC}$
运算控制方式		存储程序，反复运算		
I/O 控制方式		批处理方式（在执行 END 指令时），可使用 I/O 刷新指令		
运算处理速度	基本指令	0.55μs/指令～0.7μs/指令		0.08μs/指令
	应用指令	3.7μs/指令～数百μs/指令		1.52μs/指令～数百μs/指令
程序语言		梯形图和指令表		
程序容量（EEPROM）		内置 2KB 步	内置 8KB 步	内置 8KB 步，用存储盒可达 16KB
指令数量	基本、步进	基本指令 27 条，步进指令 2 条		
	应用指令	85 条	89 条	128 条
I/O 设置		最多 30 点	最多 128 点	最多 256 点

表 4.6　　　　　　　　FX 系列 PLC 的输入技术指标

项　目	X0～X7	其他输入点
输入信号电压	DC24V+10%	
输入信号电流	DC24V, 7mA	DC24V, 5mA
输入开关电流 OFF→ON	>4.5mA	>3.5mA
输入开关电流 ON→OFF	<1.5mA	

续表

项　　目	X0～X7	其他输入点
输入响应时间	10ms	
可调节输入响应时间	X0～X17 为 0～60mA(FX$_{2N}$)，其他系列 0～15m	
输入信号形式	无电压触点，或 NPN 集电极开路输出晶体管	
输入状态显示	输入 ON 时 LED 灯亮	

表 4.7　　　　　　　　　　　　FX 系列 PLC 的输出技术指标

项　　目		继电器输出	晶闸管输出	晶体管输出
外部电源		最大 AC240V 或 DC30V	AC85～242V	DC5～30V
最大负载	电阻负载	2A/1 点/，8A/COM	0.3A/1 点　0.8A/COM	0.5A/1 点，0.8A/COM
	感性负载	80VA，120/240V AC	36VA/AC 240V	12W/24V DC
	灯负载	100W	30W	0.9W/DC 24V(FX$_{1S}$)，其他系列 1.5W/DC 24V
最小负载		电压<5V DC 时 2mA 电压 <24V DC 时 5mA （FX$_{2N}$）	2.3VA/240V AC	…
响应时间	OFF→ON	10ms	1ms	<0.2ms;<0.5μs （仅 Y0,Y1）
	ON→OFF	10ms	10ms	<0.2ms;<0.5μs （仅 Y0,Y1）
开路漏电流		…	2.4mA/240V AC	0.1mA/30V DC
电路隔离		继电器隔离	光电晶闸管隔离	光耦合器隔离
输出动作显示		线圈通电时 IED 亮		

4.2

FX 系列 PLC 基本编程元件

　　可编程控制器的程序，必须借助机内器件来表达，这就要求在可编程控制器内部设置能代表控制过程中各种事物的、具有各种各样功能的元器件，即编程元件。

　　编程元件是由电子电路和存储器组成的。例如，输入继电器 X 由输入电路和输入映像寄存器组成；输出继电器 Y 是由输出电路和输出映像寄存器组成；定时器 T、计数器 C、辅助继电器 M、状态继电器 S、数据寄存器 D、变址寄存器 V/Z 等都是由存储器组成的。为了把它们与通常的硬元件区分开，通常把这些元件称为软元件。

　　软元件是等效概念抽象模拟的元件，并非实际的物理元件。在工作过程中，只注重元件的功能，按元件的功能起名称，而且每个元件都有确定的地址编号，对编程十分重要。

4.2.1　FX 系列 PLC 编程元件的地址编号

　　FX 系列 PLC 编程元件的地址编号由字母和数字两大部分组成，如 X101、Y064。字母表示元件的类型，共有输入继电器 X、输出继电器 Y、辅助继电器 M、状态继电器 S、定时器 T、计数器 C、数据寄存器 D 和指针（PI）8 大类。数字表示元件的分配地址，即该类编程元件的序号。输入继电器、输出继电器的序号为八进制，其余器件的序号为十进制。

4.2.2　输入继电器和输出继电器

PLC 的存储器中有一个用来存储 PLC 信号输入/输出（I/O）状态的存储区，称为 I/O 状态表。表上的输入部分表示现场的输入信号，称为输入继电器。表上的输出部分表示所控制的执行单元的状态，称为输出继电器。表 4.8 所示为 FX_{2N} 系列 PLC 的输入/输出继电器元件编号。

1．输入继电器（X）

输入继电器是 PLC 接收外部输入的开关量信号的窗口，与 PLC 的输入端子相连，PLC 通过光电耦合器将外部信号的状态读入并存储在输入映像区中。输入端可外接控制开关、按钮、限位开关、传感器、常开触点或常闭触点，也可接多个触点组成的串并联电路。在梯形图中，可无限次使用输入继电器的常开触点和常闭触点。每个输入继电器线圈与 PLC 的一个输入端子相连。

表 4.8　　　　　　　　　　　　　FX_{2N} 系列 PLC 的输入/输出继电器元件编号

型号	$FX_{2N}.16M$	$FX_{2N}.32M$	$FX_{2N}.48M$	$FX_{2N}.64M$	$FX_{2N}.80M$	$FX_{2N}.128M$	扩展时
输入	X0～X7 8 点	X0～X17 16 点	X0～X27 24 点	X0～X37 32 点	X0～X47 40 点	X0～X77 64 点	X0～X267 184 点
输出	Y0～Y7 8 点	Y0～Y7 16 点	X0～Y27 24 点	Y0～Y37 32 点	Y0～Y47 40 点	Y0～Y77 64 点	Y0～Y267 184 点

图 4.5 所示为 PLC 控制系统示意图。图中 X0 端子外接的输入电路接通时，它对应的输入映像区的状态为"1"，断开时状态为"0"。输入继电器的状态唯一地取决于外部输入信号的状态，不受用户程序的控制，因此，梯形图中只出现输入继电器的触点，不能出现输入继电器的线圈。

值得注意的是，因为 PLC 只在每一扫描周期开始时读取输入信号，所以输入信号为 ON 和 OFF 的持续时间应大于其扫描周期。若不满足这一条件，没有脉冲捕捉功能的 PLC 会丢失此输入信号。

FX_{2N} 系列 PLC 输入继电器编号范围为 X0～X267，共 184 点。

2．输出继电器（Y）

输出继电器是 PLC 向外部负载发送信号的窗口，与 PLC 的输出端子相连，用来将 PLC 的输出信号传送给输出模块，再由后者驱动外部负载。输出继电器的通断状态由程序执行结果决定。在 PLC 内部，它有一个线圈和许多对的常开触点、常闭触点，触点可无限次使用。

如图 4.5 所示的梯形图中，Y4 的线圈"通电"，继电器型输出模块中对应的硬件继电器的常开触点闭合，使外部负载工作。

FX_{2N} 系列 PLC 输出继电器编号范围为 Y0～Y267（184 点）。但输入/输出总点数不能超过 256。

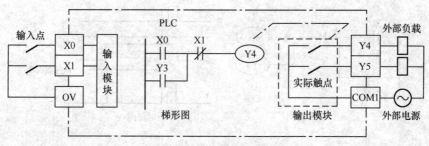

图 4.5　PLC 控制系统示意图

4.2.3　辅助继电器

PLC 中设有许多辅助继电器（M），其作用类似于继电器控制系统中的中间继电器，常用于逻辑运算中间状态的存储及信号类型的变换。它们不能接收外部的输入信号，也不能直接驱动外部负载，只供内部编程使用。其线圈只能由程序驱动：除某些特殊辅助继电器线圈由系统程序驱动外，绝大多数继电器线圈由用户程序驱动。每一个辅助继电器的线圈也有许多常开触点和常闭触点，供用户编程时使用。由于辅助继电器的存在，使 PLC 的功能大为增强，编程变得十分灵活。

FX$_{2N}$ 系列 PLC 的辅助继电器分为通用辅助继电器、断电保持辅助继电器和特殊辅助继电器 3 种。

1．通用型辅助继电器

FX$_{2N}$ 系列 PLC 的通用辅助继电器的元件编号为 M0～M499，共 500 点，没有断电保持功能。

如果在 PLC 运行时电源突然中断，输出继电器和通用辅助继电器将全部变为 OFF。若电源再次接通，除了因外部输入信号而变为 ON 的以外，其余的仍将保持为 OFF 状态。

2．断电保持型辅助继电器

FX$_{2N}$ 系列 PLC 的断电保持辅助继电器的元件编号为 M500～M3071，共 2 572 点，其中的 M500～M1023 可用软件来设定使其成为非断电保持辅助继电器。断电保持辅助继电器具有记忆功能，在系统断电时可保持断电前的状态，当系统重新通电后的第 1 个扫描周期将保持其断电瞬间的状态。

对于某些要求记忆电源中断瞬间状态的控制系统，重新通电后再现其状态，就可使用断电保持辅助继电器。

图 4.6 中所示 X0 和 X1 分别是启动按钮和停止按钮，M600 通过 Y0 控制外部的电动机，如果电源中断时，M600 为"1"状态，由于电路的记忆作用，当 PLC 重新通电后，M600 将保持为"1"状态，使 Y0 继续为 ON，电动机重新开始运行。

应注意，断电保持辅助继电器只在 PLC 重新通电后的第 1 个扫描周期保持断电瞬间的状态。

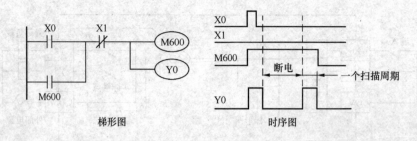

图 4.6　断电保持功能

3. 特殊辅助继电器

FX$_{2N}$ 系列 PLC 的特殊辅助继电器的元件编号为 M8000～M8255，共 256 点。它们用来表示 PLC 的某些状态，起着特殊的专用内部继电器的作用，如提供时钟脉冲和标志（如进位、借位标志），设定 PLC 的运行方式，或者用于步进顺控、禁止中断、计数器的加、减计数设定等。特殊辅助继电器分为触点利用型和线圈驱动器型两类。

（1）触点利用型

触点利用型特殊辅助继电器的线圈由 PLC 的系统程序驱动，用户程序直接使用其触点，不出现它们的线圈。触点利用型特殊辅助继电器的举例如下。

M8000——运行监视继电器，如图 4.7 所示。当 PLC 执行用户程序时，M8000 状态为"ON"；停止执行时，M8000 状态为"OFF"。

M8002——初始化脉冲继电器。M8002 仅在 M8000 由 OFF 变为 ON 状态时的一个扫描周期内为"ON"。可用 M8002 的常开触点对有断电保持功能的元件进行初始化、复位或置初始值。

M8005——锂电池电压降低报警继电器。当锂电池电压下降至规定值时变为"ON"，可用它的触点驱动输出继电器和外部指示灯提醒工作人员更换锂电池。

M8011～M8014——分别为 10ms、100ms、1s 和 1min 时钟脉冲继电器。如图 4.7 所示，以 10ms 时钟脉冲继电器为例说明它们的功能。10ms 时钟脉冲继电器的功能是：其触点以 10ms 为周期重复通/断动作，即 ON：5 ms，OFF：5 ms。

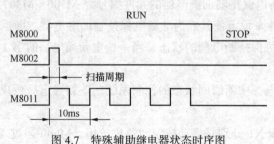

图 4.7　特殊辅助继电器状态时序图

（2）线圈驱动型

线圈驱动型特殊辅助继电器的线圈由用户程序驱动，使 PLC 执行特定操作，用户并不使用它们的触点。线圈驱动型特殊辅助继电器的举例如下。

M8030——锂电池电压指示特殊辅助继电器。线圈"通电"后，"电池电压降低"发光二极管熄灭。

M8033——PLC 停止时输出保持特殊辅助继电器。线圈"通电"时，PLC 进入 STOP 状态后，所有输出继电器的状态保持不变。

M8034——禁止输出特殊辅助继电器。线圈"通电"时，禁止所有的输出，其应用如图 4.8 所示。

M8039——定时扫描特殊辅助继电器。线圈"通电"时，PLC 以 D8039 中指定的扫描时间工作。

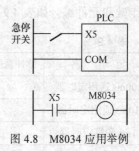

图 4.8　M8034 应用举例

4.2.4　状态继电器

状态继电器（S）是用于编制顺序控制程序的一种编程元件（状态标志），它与 STL 指令（步进梯形指令）一起使用。状态继电器的常开和常闭触点在 PLC 内部可自由使用，且使用次数不限。在不对状态继电器使用步进梯形指令时，也可把它们作为通用的辅助继电器（M）在程序中使用。FX$_{2N}$ 系列 PLC 的状态继电器的元件编号为 S0～S999，共 1 000 点。分为通用状态继电器、锁存状态继电器和报警器用状态继电器 3 种类型。

1. 通用状态继电器

通用状态继电器没有断点保持功能。其元件编号为 S0～S499，共 500 点。在使用 IST（初始化状态功能）指令时，其中的 S0～S9 供初始状态使用；S10～S19 供返回原点使用。

2. 锁存状态继电器

锁存状态继电器具有断电保持功能，在 PLC 断电时用带锂电池的 RAM 或 EEPROM 保存其 ON/OFF 状态。其元件编号为 S500～S899，共 400 点。

3. 报警器用状态继电器

使用应用指令 ANS（信号报警器置位）和 ANR（信号报警器复位）时，状态继电器可用作外部故障诊断的输出，称为信号报警器。报警器用状态继电器的元件编号为 S900～S999，共 100 点。

4.2.5　定　时　器

PLC 的定时器（T）是通过累积时钟脉冲达到延时作用的编程元件，相当于继电控制系统中的通电延时型时间继电器。它包括一个设定值寄存器（一个字长）、一个当前值寄存器（一个字长）和一个用来存储其输出触点状态的映像区（占二进制的一位），这 3 个存储单元使用同一个元件号。

PLC 的定时器内部结构是一个时间寄存器，是根据时钟脉冲累计计时的，时钟脉冲宽度有 1ms、10ms、100ms 3 挡。在编程时，应给出一个时间常数即设定值，时间寄存器预置一个设定值（时间常数）后，在时钟脉冲作用下，进行加一操作。当时间寄存器的内容等于设定值时，表示定时时间到，定时器有输出。常数 K 和数据存储器（D）的内容都可作为定时器的设定值。

FX$_{2N}$ 系列 PLC 的定时器分为通用定时器和积算定时器两种。FX$_{2N}$ 系列 PLC 各系列的定时器个数和元件编号如表 4.9 所示。

表 4.9 FX₂N 系列 PLC 的定时器

定 时 器	脉冲宽度（时间基数）	元 件 编 号	元 件 个 数	定 时 范 围
100ms 通用定时器	100ms	T0～T199	200	0.1s～3 276.7s
10ms 通用定时器	10ms	T200～T245	46	0.01s～327.67s
1ms 积算定时器	1ms	T246～T249	4	0.001s～32.767s
100ms 积算定时器	100ms	T250～T255	6	0.1s～3276.7s

1. 通用定时器

通用定时器没有断电保持功能，在控制条件为断开或停电时将复位。图 4.9 所示为通用定时器的工作原理图。当控制触点 X1 接通时，T120 的当前值寄存器从 0 开始，对 100ms 的时钟脉冲进行累加记数。当计数值等于设定值 268 时，定时器的常开触点接通，常闭触点断开，即 T120 的输出触点在其线圈被驱动 100ms×268=26.8s 后动作。X1 的常开触点断开后，定时器 T120 复位，当前值恢复为 0，它的常开触点断开。

其逻辑功能是控制触点 X1 接通时，T120 开始定时，26.8s 后，Y5 输出为 1。

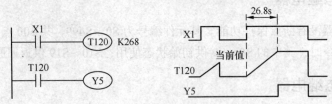

图 4.9 通用定时器的的工作原理及动作时序图

2. 积算定时器

积算型定时器有断电保持功能。图 4.10 所示为积算型定时器的工作原理图。当 X1 的常开触点接通时，T250 的当前值寄存器对 100ms 时钟脉冲进行累加计数，X1 的常开触点断开或停电时停止定时，当前值保持不变。当 X1 的常开触点再次接通或重新上电时继续定时，累计时间为 855×100ms=85.5s 时，T250 的触点动作。因为积算定时器的线圈断电时不复位，需要用 X2 的常开触点使 T250 强制复位。

其逻辑功能是控制触点 X1 接通时，T250 开始定时，85.5s 到后，Y5 输出为 1。当控制触点 X2 接通时，复位指令 RST 使 T250 复位。

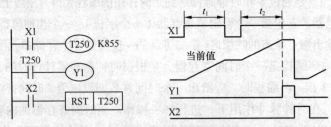

图 4.10 积算定时器工作原理及动作时序图

4.2.6　计　数　器

计数器（C）在程序中用于计数控制，计数的次数由编程时设定的系数 K 决定。包括内部计数器和高速计数器两类。FX_{2N} 系列 PLC 的计数器如表 4.10 所示。

表 4.10　　　　　　　　　　　　FX_{2N} 系列 PLC 的计数器

PLC	名　称	元件编号	元件个数	设定值范围
内部计数器	16 位普通加计数器	C0～C99	100	1～32 767
	16 位保持加计数器	C100～C199	100	
	32 位普通加/减计数器	C200～C219	20	0.214 748 364 8～ +2 147 483 647
	32 位保持加/减计数器	C220～C234	15	
外部高速计数器	高速计数器	C235～C255	21	

1．内部计数器

内部计数器用于对 PLC 的内部映像区 X、Y、M、S 信号进行记数，记数脉冲为 "ON" 或 "OFF" 的持续时间，且持续时间应大于 PLC 的扫描周期，其响应速度通常小于几十赫兹。FX_{2N} 系列 PLC 的内部计数器有 16 位加计数器和 32 位双向计数器两种。

（1）16 位加计数器

16 位加计数器可分为 16 位通用计数器和 16 位保持加计数器。保持加计数器可累计计数，它们在电源中断时可保持其状态信息，重新送电后能立即按断电时的状态恢复工作。

图 4.11 所示为 16 位加计数器的动作过程。图中，X0 的常开触点接通后，C8 复位，对应的位存储单元被置 "0"，它的常开触点断开，常闭触点接通，同时计数当前值被置 "0"。X1 用来提供计数输入信号，当计数器的复位输入电路断开，计数输入电路每由断开变为接通（即记数脉冲的上升沿）时，计数器的当前值加 "1"。在 5 个记数脉冲之后，C8 的当前值等于设定值 5，它对应的位存储单元的内容被置 "1"，其常开触点接通，常闭触点断开。再来记数脉冲时当前值不变，直到复位输入电路接通，计数器的当前值被置为 "0"，其触点才全部复位。计数器也可通过数据寄存器来指定设定值。

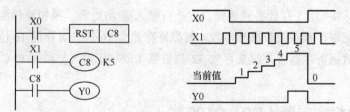

图 4.11　16 位加计数器的梯形图及时序图

（2）32 位双向计数器

32 位双向计数器的加/减计数方式由特殊辅助继电器 M8200～M8234 设定。当对应的特殊辅助继电器为 "ON" 时，为减计数，反之则为加计数。计数器的当前值在最大值 2 147 483 647 时加 1，将变为最小值 0.214 748 364 8，类似地，当前值 0.214 748 364 8 减 1 时，将变为最大值+2 147 483 647,这种计数器称为"环形计数器"。

32 位计数器的设定值设定方法有 2 种,一是由常数 K 设定,二是通过指定数据寄存器设定。通过指定数据寄存器设定时,32 位设定值存放在元件号相连的两个数据寄存器中,如指定的是 D0,则设定值存放在 D1 和 D0 中。

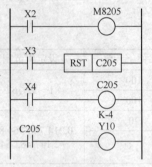

图 4.12 加/减计数器的梯形图

图 4.12 所示为加/减计数器的梯形图。其中 X2 为计数方向设定信号,X3 为计数器复位信号,X4 为计数器输入信号。图中 C205 的设定值为 4,在加计数时(即 X2 断开,M8205为"OFF"时),当计数器的当前值由 3 增加到 4 时,计数器的输出触点为"ON",当前值大于 4 时,输出触点仍为"ON"。在减法计数时,当前值由 4 减少到 3 时,输出触点变为"OFF",当前值小于 3 时输出触点仍为"OFF"。当复位输入 X2 的常开触点接通时,C205 被复位,其常开触点断开,常闭触点接通,当前值被置为 0,计数器输出触点为"OFF"。

2. 高速计数器

高速计数器(HSC)为 C235~C255,共 21 点,均为 32 位加/减计数器。高速计数信号只能从 6 个输入端子 X0~X5 输入,每个输入端子只能作为一个高速计数器的输入,所以最多只能同时用 6 个高速计数器工作。

高速计数器分为单相高速计数器(C235~C240)、两相双向计数器(C246~C250)、A.B 相型双计数输入高速计数器(C251~C255)3 种。单相和两相双向计数器最高计数频率为 10kHz,A.B 相计数器最高计数频率为 5kHz。有关高速计数器的用法详见 FX$_{2N}$ 系列 PLC 的技术手册。

高速计数器的最高计数频率受两个因素限制,一个是输入响应速度,另一个是全部高速计数器的处理速度。由于高速计数器是采用中断处理方式操作,因此,计数器用的越少,计数频率就越高。

4.2.7 数据寄存器

数据寄存器(D)用于存放各种数据。在进行输入/输出处理、模拟量检测与控制以及位置控制时,需要数据寄存器存储数据和参数。数据寄存器为 16 位,可存储 16 位二进制数或一个字,也可用两个数据寄存器合并起来存放 32 位数据(双字)。FX$_{2N}$ 系列 PLC 数据寄存器可分为以下 4 种。

1. 通用数据寄存器(D0~D199)

将数据写入通用数据寄存器后,其值将保持不变,直到下一次被改写。PLC 从"RUN"状态进入"STOP"状态时,所有的通用数据寄存器的值均被改写为"0"。但是,如果特殊辅助继电器 M8033 为"ON",PLC 从"RUN"状态进入"STOP"状态时,通用数据寄存器的值将保持不变。

2. 断电保持数据寄存器（D200~D511）

断电保持数据寄存器具有断电保持功能，PLC 从 "RUN" 状态进入 "STOP" 状态时，断电保持数据寄存器的值保持不变。通过程控参数设定，可改变断电保持数据寄存器的范围。

3. 特殊数据寄存器（D8000~D8255）

特殊寄存器是具有特殊用途的寄存器，用来控制和监视 PLC 内部的各种工作方式和元件，如电池电压、扫描时间、正在动作的状态的元件编号等。PLC 通电时，这些数据寄存器被写入默认值。

4. 文件数据寄存器（D1000~D7999）

文件数据寄存器以 500 点为单位，外部设备可对其进行文件的存取。文件寄存器实际上被设置为 PLC 的参数区。文件数据寄存器与断电保持数据寄存器是重叠的，以保证数据不会丢失。应注意的是，FX1S 的文件寄存器只能用外部设备（如手持式编程器或运行编程软件的计算机）来改写，其他系列的文件寄存器可通过 BMOV（块传送）指令改写。

4.2.8　变址寄存器

FX$_{2N}$ 系列 PLC 有 V0~V7 和 Z0~Z7 共 16 个变址寄存器，在 32 位操作时将 V、Z 合并使用，Z 为低位，V 为高位，变址寄存器用来改变编程元件的元件号、操作数、修改常数等。

例如，当 V0=11 时，数据寄存器的元件号 D5V0 相当于 D16，即 11+5=16。通过修改变址寄存器的值，可改变实际的操作数。变址寄存器也可用来修改常数，如当 Z0=23 时，K35Z0 相当于常数 58，即 23+35=58。

4.2.9　指　　针

指针（P/I）包括分支和子程序用的指针（P）及中断用的指针（I）。在梯形图中，指针放在左侧母线的左边。

分支和子程序用的指针以 P0~P63 共 64 点作为标号，用来指定跳转指令 CJ 的跳步目标或子程序调用指令 CALL 所调用的子程序的标号。

中断用指针以 I0~I8 共 9 点为标号，用于指出某一中断源的中断入口地址，执行到 IRET 指令返回到中断指令的下一条指令。例如，当定时器中断指令 I610 为每隔 10ms 就执行标号为 I610 后面的中断程序，并根据 IRET 指令返回。

4.2.10　常　　数

FX$_{2N}$ 系列 PLC 还具有两个常数（K / H）。

常数 K 用来表示十进制常数，16 位常数的范围为 0.327 68~+32 767，32 位常数的范围为 0.214 748 364 8~+2 147 483 647。

常数 H 用来表示十六进制常数，十六进制包括 0～9 和 A～F 这 16 个数字，16 位常数的范围为 0～FFFF，32 位常数的范围为 0～FFFFFFFF。

4.3 | FX 系列 PLC 的基本逻辑指令

FX$_{2N}$ 系列 PLC 的基本逻辑指令是基于继电器、定时器、计数器类软元件，主要用于逻辑处理，共有 27 种，如表 4.11 所示。

表 4.11　　　　　　　　　　　FX$_{2N}$ 系列 PLC 的基本逻辑指令

名称助记符	功能概要	梯形图表示和可用软元件	程序步数
取 LD	以常开触点逻辑运算开始	─┤ ├──(Y001)─ 操作元件：X，Y，M，T，C，S	1
取反 LDI	以常闭触点逻辑运算起始	─┤/├──(Y001)─ 操作元件：X，Y，M，T，C，S	1
输出 OUT	线圈驱动	─┤ ├──(Y001)─ 操作元件：Y，M，T，C，S	Y、M：1，特 M：2， T：3，C：3～5
与 AND	常开触点串联连接	─┤ ├─┤ ├──(Y005)─ 操作元件：X，Y，M，S，T，C	1
与非 ANI	常闭触点串联连接	─┤ ├─┤/├──(Y005)─ 操作元件：X，Y，M，S，T，C	1
或 OR	常开触点并联连接	─┤ ├──(Y005)─ 操作元件：X，Y，M，S，T，C	1
或非 ORI	常闭触点并联连接	─┤ ├──(Y005)─ 操作元件：X，Y，M，S，T，C	1
取脉冲上升沿 LDP	上升沿脉冲逻辑运算开始	─┤↑├─┤ ├──(M1)─ 操作元件：X，Y，M，S，T，C	2
取脉冲下降沿 LDF	下降沿脉冲逻辑运算开始	─┤↓├──(M1)─ 操作元件：X，Y，M，S，T，C	2
与脉冲上升沿 ANDP	上升沿脉冲串联连接	─┤ ├─┤↑├──(M1)─ 操作元件：X，Y，M，S，T，C	2
与脉冲下降沿 ANDF	下降沿脉冲串联连接	─┤ ├─┤↓├──(M1)─ 操作元件：X，Y，M，S，T，C	2

续表

名称助记符	功能概要	梯形图表示和可用软元件	程序步数
或脉冲上升沿 ORP	上升沿脉冲并联连接	—||— —||— (M1) 操作元件：X，Y，M，S，T，C	2
或脉冲下降沿 ORF	下降沿脉冲并联连接	—||— —||— (M1) 操作元件：X，Y，M，S，T，C	2
电路块与 ANB	串联电路的并联连接	(Y005) 操作元件：无	1
电路块或 ORB	串联电路的并联连接	(Y005) 操作元件：无	1
主控 MC	主控电路块起点	—||— [MC N0 Y 或 M]	3
主控复位 MCR	主控电路块终点	N0 —||— Y 或 M 不允许使用特 M [MCR N0]	2
进栈 MPS	进栈	MPS —||— (Y004)	1
读栈 MRD	读栈	MRD —||— (Y005)	1
出栈 MPP	出栈	MPP —||— (Y006) 操作元件：无	1
置位 SET	令元件自保持 ON	—||— [SET Y000] 操作元件：Y，M，S	Y，M：1 S，特 M：2
复位 RST	令元件自保持 OFF 或清除数据寄存器的内容	—||— [RST Y000] 操作元件：Y，M，S，C，D，V，Z，积 T	Y，M：1； S，特 M，C，积 T：2； D，V，Z，：3
上升沿微分 PLS	上升沿微分输出	—||— [PLS M0] 操作元件：Y，M	2
下降沿微分 PLF	下降沿微分输出	—||— [PLF M1] 操作元件：Y，M	2
取反 INV	逻辑运算结果取反	X000 —||— / (Y000) 操作元件：无	
空操作 NOP	无动作	无	1
结束 END	输入输出处理，程序回到第 0 步	[END] 操作元件：无	1

4.3.1　输入/输出指令 LD/LDI/OUT

1．指令功能

LD（Load）：取指令。逻辑操作开始，将常开触点与左母线相连。

LDI（Load Inverse）：取反指令。逻辑操作开始，将常闭触点与左母线相连。

OUT（Out）：输出指令。将逻辑运算的结果输出，是继电器线圈的驱动指令。

2．指令使用说明

① LD、LDI 指令用于与母线相连的触点，此外还可用于分支电路的起点。

② OUT 指令是线圈的驱动指令，可用于输出继电器、辅助继电器、定时器、计数器、状态寄存器等，但不能用于输入继电器。输出指令用于并行输出，能连续使用多次。若同名线圈重复使用（双线圈），则后面的线圈动作状态有效。

3．用法举例

LD、LDI 和 OUT 指令应用举例如图 4.13 所示。

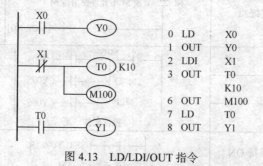

图 4.13　LD/LDI/OUT 指令

4.3.2　触点串联指令 AND/ANI

1．指令功能

AND（And）：与指令。用于一个常开触点同另一个触点或触点组的串联连接。

ANI（And Inverse）：与非指令。用于一个常闭触点同另一个触点或触点组的串联连接。

2．指令使用说明

① AND 和 ANI 指令能够操作的元件为 X，Y，M，T，C 和 S。

② AND 和 ANI 指令用来描述单个触点与别的触点或触点组组成的电路的串联连接关系。单个触点与左边的电路串联时，使用 AND 或 ANI 指令。

③ AND 和 ANI 指令能够连续使用，即几个触点串联在一起，且串联触点的个数没有限制。但考虑图形编程器和打印机的功能，建议尽量每行不超过 10 个触点，连续输出总共不超过 24 行。

3. 用法举例

AND 和 ANI 指令的用法如图 4.14 所示。

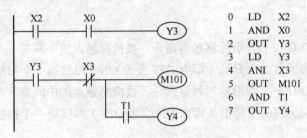

图 4.14　AND 与 ANI 指令

4.3.3　触点并联指令 OR/ORI

1. 指令功能

OR（Or）：或指令。用于一个常开触点同另一个触点或触点组的并联连接。

ORI（Or Inverse）：或非指令。用于一个常闭触点同另一个触点或触点组的并联连接。

2. 指令使用说明

① OR 与 ORI 指令能够操作的元件为 X，Y，M，T，C 和 S。

② OR 和 ORI 指令用来描述单个触点与别的触点或触点组组成电路的并联连接关系。

③ OR 和 ORI 指令能够连续使用，即几个触点并联在一起，且并联触点的个数没有限制。但一般也不超过 24 行。

3. 用法举例

OR 与 ORI 指令的用法如图 4.15 所示。

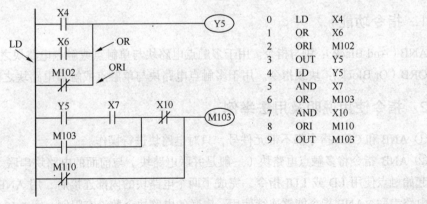

图 4.15　OR 与 ORI 指令

4.3.4　边沿检测触点指令 LDP/LDF、ANDP/ANDF、ORP/ORF

1. 指令功能

LDP、ANDP 和 ORP：上升沿检测触点指令。被检测触点的中间有一个向上的箭头，对应的输出触点仅在指定位元件的上升沿（即由 OFF 变为 ON）时接通一个扫描周期。

LDF、ANDF 和 ORF：下降沿检测触点指令。被检测触点的中间有一个向下的箭头，对应的输出触点仅在指定位元件的下降沿（即由 ON 变为 OFF）时接通一个扫描周期。

2. 指令使用说明

指令能够操作的元件为 X，Y，M，T，C 和 S。

3. 用法举例

如图 4.16 所示，在 X2 的上升沿或 X3 的下降沿，Y0 仅在一个扫描周期为 ON。

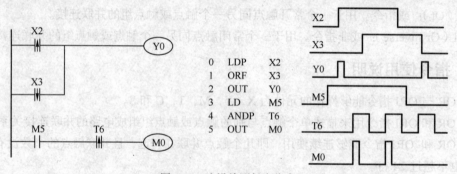

图 4.16　边沿检测触点指令

4.3.5　电路块串联和并联指令 ANB/ORB

1. 指令功能

ANB（And Black）：块与指令。用于多触点电路块与单触点或触点电路块之间的串联连接。
ORB（Or Block）：块或指令。用于多触点电路块与单触点或触点电路块之间的并联连接。

2. 指令使用说明及用法举例

① ANB 和 ORB 指令都不带元件号，只对电路块进行操作。
② ANB 指令将多触点电路块（一般是并联电路块）与前面的电路块串联。要串联的电路块的起始触点使用 LD 或 LDI 指令，完成了两个电路块的内部连接后，用 ANB 指令将它与前面的电路串联。ANB 指令能够连续使用，串联的电路块个数没有限制。图 4.17 所示为 ANB 指令应用示例。

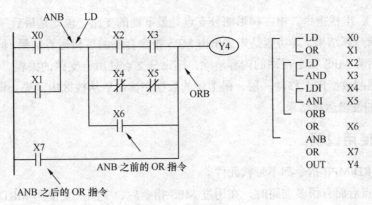

图 4.17　ANB 指令

③ ORB 指令将多触点电路块（一般是串联电路块）与前面的电路块并联。要并联的电路块的起始触点使用 LD 或 LDI 指令，完成电路块的内部连接后，用 ORB 指令将它与前面的电路并联。ORB 指令能够连续使用，并联的电路块个数没有限制。图 4.18 所示为 ORB 指令应用示例。

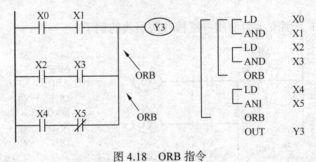

图 4.18　ORB 指令

4.3.6　栈操作指令 MPS/MRD/MPP

MPS、MRD、MPP 是用来解决如何对具有分支的梯形图进行编程的一组指令。用于多重输出电路。FX$_{2N}$ 系列有 11 个存储中间运算结果的堆栈存储器，如图 4.19 所示。堆栈操作采用"先进后出"的数据存取方式。

1. 指令功能

MPS（Push）：进栈指令。用于存储电路中有分支处的逻辑运算结果，其功能是将左母线到分支点之间的逻辑运算结果存储起来，以备下面处理有线圈的支路时可调用该运算结果。使用一次 MPS 指令，当时的逻辑运算压入堆栈的第 1 层，堆栈中原来的数据依次向下一层推移。总之，MPS 的功能是将该指令以前的逻辑运算结果存储起来。

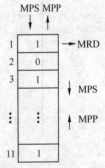

图 4.19　栈存储器

MRD（Read）：读栈指令。用在 MPS 指令支路以下、MPP 指令以上的所有支路。其功能是读取存储在堆栈最上层的电路分支点处的运算结果，将下一个触点强制性地连接在该点。读数后堆栈内的数据不会上移或下移。实际上是将左母线到分支点之间的梯形图同当前使用的 MRD 指令的支路连接起来的一种编程方式。总之，MRD 的功能是读出由 MPS 指令存储的逻辑运算结果，不删除堆栈的内容。

MPP（Pop）：出栈指令。用在梯形图分支点处最下面的支路，也就是最后一次使用由 MPS 指令存储的逻辑运算结果，其功能是先读出由 MPS 指令存储的逻辑运算结果，同当前支路进行逻辑运算，最后将 MPS 指令存储的内容清除，结束分支点处所有支路的编程。使用 MPP 指令时，堆栈中各层的数据向上移动一层，最上层的数据在读出后从栈区内消失，即读出并清除由 MPS 指令存储的逻辑运算结果。

2．指令使用说明

① MPS/MRD/MPP 指令都不带软元件。

② 当分支点后面有很多支路时，在用过 MPS 指令后，中间反复使用 MRD 指令，直到最后一条支路必须用 MPP 指令结束该分支点处所有支路的编程。

③ MPS、MPP 指令必须成对出现。

④ 在一处独立支路中，用进栈指令同时保存在堆栈中的运算结果不能超过 11 个。

3．用法举例

图 4.20 和图 4.21 分别所示为使用一层栈和两层栈的例子。

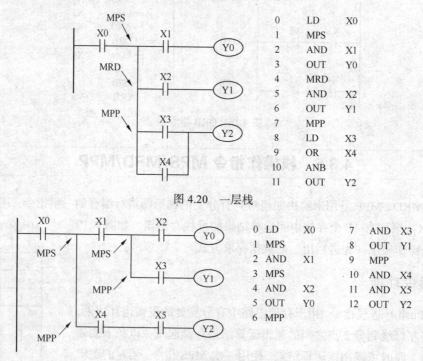

图 4.20　一层栈

图 4.21　两层栈

应注意的是，用编程软件生成梯形图程序后，如果将梯形图转换为指令表程序，编程软件会自动加入 MPS、MRD 和 MPP 指令。而写入指令表程序时，必须由用户来写入。

4.3.7　主控与主控复位指令 MC/MCR

在编程时，经常会出现多个线圈同时受一个或一组触点控制的情况，如果在每个线圈的控制电路中都串入同样的触点，将占用很多存储单元，使用主控指令就以解决这一问题。

1. 指令功能

MC（Master Control）：主控指令，或称公共触点串联连接指令，用于表示主控区的开始。执行 MC 指令后，相当于将左母线移到主控触点的后面去。使用主控指令的触点称为主控触点，它在梯形图中与一般的触点垂直。主控触点是控制一组电路的总开关。

MCR（Master Control Reset）：主控指令 MC 的复位指令，用来表示主控区的结束，即恢复左母线的正常位置。

2. 指令使用说明

① MC 指令能够操作的元件为 Y 和 M（不包括特殊辅助继电器）。

② 与主控触点相连的触点必须用 LD 或 LDI 指令。

③ MC 指令的输入触点断开时，在 MC 与 MCR 之间的积算定时器、计数器、用复位/置位指令驱动的软元件保持其当时的状态，其余的元件被复位，非积算定时器和 OUT 指令驱动的元件变为 OFF。

④ 在 MC 与 MCR 指令区内使用 MC 指令称为嵌套。

⑤ 在程序中 MC 与 MCR 指令必须成对出现。

应注意，在主控指令的控制条件为逻辑 0 时，在 MC 与 MCR 之间的程序只是处于停控状态，PLC 仍然扫描这一段程序，不能简单地认为 PLC 跳过了此段程序。另外，MC 指令不能直接从左母线开始。

3. 用法举例

如图 4.22 所示，M50 为主控触点，X0 为控制条件。

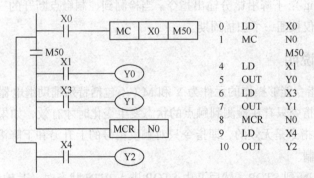

图 4.22 MC 与 MCR 指令

当 X0 的常开触点接通时，执行从 MC 到 MCR 之间的指令。图中利用"MC N0 M50"指令语句，实现左母线右移，使 Y0，Y1 都在 X0 控制之下，其中 N0 表示嵌套等级，在没有嵌套的结构中 N0 的使用次数没有限制。利用 MCR N0 恢复左母线的状态。

当 X0 断开时，则会跳过 MC、MCR 之间的指令向下执行。

图 4.23 所示为 MC 和 MCR 指令的嵌套，包含嵌套的层数为 N0～N7，N0 为最高层，最低层为 N7。每级返回时按 N7～N0 的顺序复位。

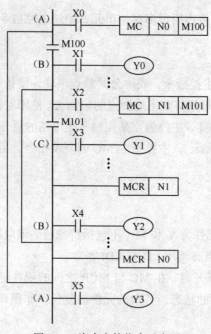

图 4.23　嵌套主控指令示意图

4.3.8　脉冲输出指令 PLS/PLF

1. 指令功能

PLS（Pulse）：上升沿微分输出指令。当检测到控制触点闭合的一瞬间，输出继电器或辅助继电器的触点仅接通一个扫描周期。

PLF（Pulse Falling）：下降沿微分输出指令。当检测到控制触点断开的一瞬间，输出继电器或辅助继电器的触点仅接通一个扫描周期。

2. 指令使用说明

① PLS 和 PLF 指令能够操作的元件为 Y 和 M（不包括特殊辅助继电器）。

② PLS 和 PLF 指令只有在检测到触点的状态发生变化时才有效，如果触点一直是闭合或者断开，PLS 和 PLF 指令是无效的，即指令只对触发信号的上升沿和下降沿有效。PLS 和 PLF 指令无使用次数的限制。

③ 当 PLC 从 RUN 到 STOP，然后又由 STOP 进入 RUN 状态时，其输入信号仍然为 ON，PLS　M0 指令将输出一个脉冲。然而，如果用断电保持型的辅助继电器代替 M0，其 PLS 指令在这种情况下不会输出脉冲。

3. 用法举例

如图 4.24 所示，M0 仅在 X0 的常开触点由断开变为接通（即 X0 的上升沿）时的一个扫描周期内为 ON；M1 仅在 X0 的常开触点由接通变为断开（即 X0 的下降沿）时的一个扫描周期内为 ON。

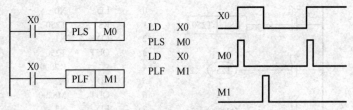

图 4.24　PLS 与 PLF 指令

微分指令在实际编程应用中十分有用，利用微分指令可模拟按钮的动作。

4.3.9　置位与复位指令 SET /RST

1．指令功能

SET：置位指令。其功能是使操作保持 ON 的指令。

RST：复位指令。其功能是使操作保持 OFF 的指令。

2．指令使用说明

① SET 指令能够操作的元件为 Y，M，S；RST 指令能够操作的元件为 Y，M，S，T，C，或将字元件 D，V 和 Z 清 0。

② 对同一编程元件，可多次使用 SET 和 RST 指令，但最后一次执行的指令有效。

③ RST 指令可将数据寄存器 D、变址寄存器 Z 和 V 的内容清 0，还可用来复位积算定时器和计数器。

应注意的是，当控制触点闭合时，执行 SET 与 RST 指令，后来不管控制触点如何变化，逻辑运算结果都保持不变。一直保持到有相反的操作的到来。

在任何情况下，RST 指令都优先执行。

计数器处于复位状态时，输入的计数脉冲不起作用。

3．用法举例

（1）如图 4.25 所示，当 X0 的常开触点接通，Y0 变为 ON 并保持该状态，即使 X0 的常开触点断开，它也仍然保持 ON 状态。当 X1 的常开触点闭合时，Y0 变为 OFF 并保持该状态，即使 X1 的常开触点断开，它也仍然保持 OFF 状态。

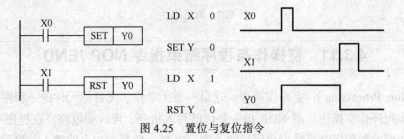

图 4.25　置位与复位指令

（2）如图 4.26 所示，当 X0 的常开触点接通时，100ms 积算定时器 T250 复位，当 X3 的常开触点接通时，计数器 C180 复位，它们的当前值被清 0，常开触点断开，常闭触点闭合。

	0	LD	X0
	1	RST	T250
	2	LD	X1
	3	OUT	T250
	4		K2000
	5	LD	X2
	6	OUT	M8200
	7	LD	X3
	8	RST	C180
	9	LD	X4
	10	OUT	C180
	11		K28

图 4.26 定时器与计数器的复位

4.3.10 取反指令 INV

1. 指令功能

INV 指令的功能是将该指令处的逻辑运算结果取反。

2. 指令使用说明

在梯形图中用一条 45°的短斜线表示 INV 指令。它将执行该指令之前的逻辑运算结果取反，即运算结果如为逻辑 0 将它变为逻辑 1，运算结果如为逻辑 1 则变为逻辑 0。

3. 用法举例

如图 4.27 所示，如果 X0 和 X1 同时为 ON，INV 指令之前的逻辑运算结果为 ON，INV 指令对 ON 取反，则 Y0 为 OFF；如果 X0 和 X1 不同时为 ON，INV 指令之前的逻辑运算结果则为 OFF，INV 对 OFF 取反，则 Y0 为 ON。

INV 指令也可用于 LDP，LDF，ANDP 等脉冲触点指令。

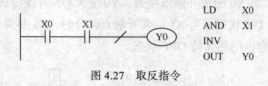

图 4.27 取反指令

4.3.11 空操作与程序结束指令 NOP /END

NOP（Non Processing）：空操作指令。这是一条无动作、无目标元件的一程序步指令。其功能是使该步程序作空操作。用 NOP 指令替代已写入指令，可改变电路。在程序中加入 NOP 指令，在改动或追加程序时可减少步序号的改变。PLC 一般都有指令的插入与删除功能，实际上 NOP 很少使用。

END（End）：程序结束指令。这是一条无目标元件的一程序步指令，其功能是强制结束当前的扫描执行过程。PLC 反复进行输入处理、程序运算、输出处理，若在程序最后写入 END 指令，则 END 以后的程序就不再执行，直接进行输出处理。在程序调试过程中，按段插入 END 指令，可按顺序方便地对各程序段动作进行检查。采用 END 指令将程序划分为若干段，在确认处于前面电路块的动作正确无误之后，依次删去 END 指令。因此，在编程时插入该指令便于程序的检查和修改。

4.4 梯形图的基本规则

上一节介绍了 11 组共 27 条基本逻辑指令，也称为触点指令。利用这些指令绘制梯形图时须遵循以下几条原则。

① 梯形图的触点应画在水平线上，不能画在垂直分支上，如图 4.28 所示。

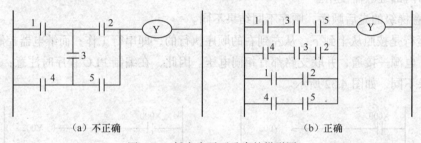

（a）不正确　　　　　　　　　　　　　（b）正确

图 4.28　触点水平不垂直的梯形图

② 在串联电路相并联时，应将触点最多的那个串联回路放在梯形图最上面；有并联电路块串联时，应将并联触点最多的电路块移近母线，这样可使编制的程序简单，指令语句少，如图 4.29 所示。

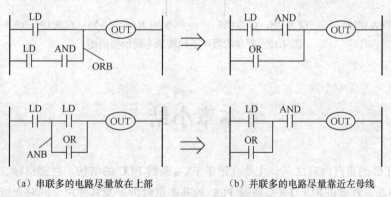

（a）串联多的电路尽量放在上部　　　　　　　　（b）并联多的电路尽量靠近左母线

图 4.29　触点多上并左的梯形图

③ 梯形图中不能将触点画在线圈右边，如图 4.30 所示。

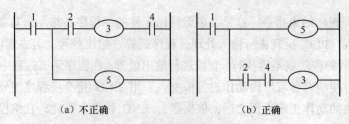

图 4.30　线圈右边无触点的梯形图

④ 一般不应出现双线圈输出，如图 4.31 所示。

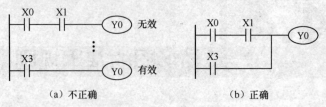

图 4.31　双线圈输出图

⑤ 所有的输出继电器都可用作内部辅助继电器，且触点使用次数也是无限的，但输入继电器不能作为内部继电器使用。

⑥ 注意梯级的先后顺序，顺序不同结果不同。

PLC 运行是按照从上到下、从左到右的顺序执行的，即串行工作；而继电器控制电路是并行工作的，电源一接通，并联支路都有相同电压。因此，在编制 PLC 程序时注意：顺序不同，其执行结果不同，如图 4.32 所示。

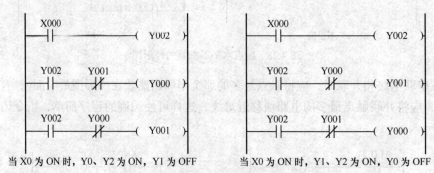

图 4.32　程序的顺序不同结果不同的梯形图

本章小结

本章是 PLC 的重点内容之一，主要介绍了 FX$_{2N}$ 系列 PLC 的结构、性能指标、软元件地址编号及其功能特点，着重讲述了 FX$_{2N}$ 系列 PLC 的基本逻辑指令及其使用。同时介绍了编程梯形图的规则。

FX$_{2N}$ 系列 PLC 的软元件地址编号和功能是学习编程的基础，尤其对输入/输出继电器、定时器、计数器的结构特点要重点学习掌握。

在基本逻辑指令一节中，包括输入/输出指令、触点串并联指令、边沿检测触点指令、电路块的串联和并联指令、堆栈指令、主控及主控复位指令、置位与复位指令、脉冲输出指令、取反指令、空操作与结束指令等 11 类指令。从指令功能、指令使用方面重点掌握，并结合梯形图的编程规则，灵活应用基本指令进行编程。

练习题

4.1 简述 FX_{2N} 系列 PLC 的基本单元、扩展单元及扩展模块的用途。

4.2 简述输入继电器、输出继电器、定时器及计数器的用途。

4.3 定时器和计数器各有哪些使用要素？如果梯形图线圈前的触点是工作条件，定时器和计数器的工作条件有什么不同？

4.4 画出图 4.33 中 Y0、Y1 的时序图。

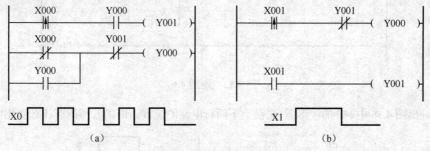

图 4.33 题图 4.4

4.5 写出图 4.34 所示的梯形图对应的指令表。

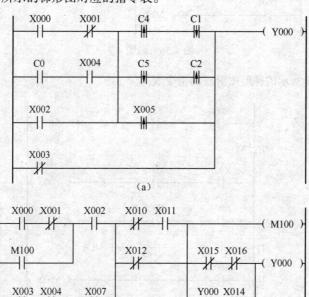

图 4.34 题图 4.5

4.6 写出图 4.35 所示的梯形图对应的指令表。

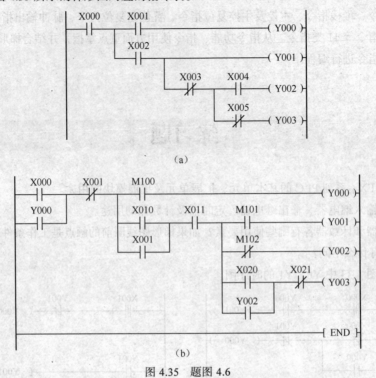

（a）

（b）

图 4.35 题图 4.6

4.7 画出图 4.36 中 M0 的波形图,交换上下两行电路的位置,M0 的波形图有什么变化? 为什么?

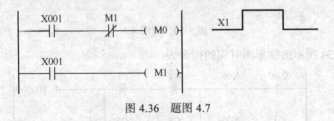

图 4.36 题图 4.7

4.8 写出图 4.37 所示的梯形图对应的指令表。

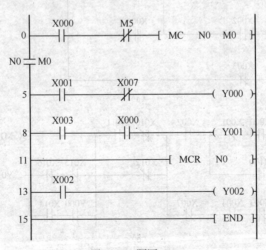

图 4.37 题图 4.8

4.9 画出图 4.38 所示指令对应的梯形图。

0	LD	X000
1	AND	X001
2	LDI	X002
3	ANI	X003
4	ORB	
5	OR	X004
6	LD	X006
7	ORI	X007
8	ANB	
9	OR	X005
10	OUT	Y002

（a）

0	LD	M4
1	ORI	T10
2	LDI	X005
3	ORP	M20
5	ANDF	Y001
7	LDP	C3
9	ANI	Y024
10	ORB	
11	ANB	
12	OUT	Y000
13	END	

（b）

0	LD	X000
1	MPS	
2	LD	X001
3	OR	X002
4	ANB	
5	OUT	Y000
6	MRD	
7	LD	X003
8	ANI	X004
9	LDI	X005
10	AND	X006

11	ORB	
12	ANB	
13	OUT	Y001
14	MPP	
15	AND	X007
16	OUT	Y002
17	LD	X010
18	ORI	X011
19	OUT	Y003
20	END	

（c）

图 4.38　题图 4.9

第5章

步进梯形指令及状态编程法

教学目标与要求

- 掌握绘制顺序功能图的方法。
- 学会将顺序功能图转化为梯形图的方法。

教学重点

- 单序列结构顺序功能图的绘制方法。

教学难点

- 选择序列结构顺序功能图的绘制方法。
- 并行序列结构顺序功能图的绘制方法。

  梯形图或指令表语言虽然已被广大电气技术人员所掌握，但对于复杂的顺序控制程序，由于内部相互关系复杂，在应用梯形图语言编制、修改、阅读程序时都很不方便。因此，近年来，许多 PLC 生产厂家在应用梯形图语言的同时还应用了顺序功能图语言。顺序功能图语言是描述控制系统的控制过程、功能和特性的一种图形语言，是设计 PLC 顺序控制程序的一种强有力的工具。

  所谓顺序控制就是按照生产工艺预先规定的顺序，在各个输入信号的作用下，根据内部状态和时间的顺序，使生产过程中的各个执行机构能自动有顺序地进行操作。

  对于顺序控制系统，应根据工艺流程画出相应的顺序功能图，再按规则将顺序功能图转化为梯形图或助记符语言进行编程。本章将结合具体实例介绍顺序功能图的绘制方法和将顺序功能图转化为梯形图或助记符指令。

5.1
状态转移图

5.1.1　状态转移图构成

  状态转移图又叫做顺序功能图，是通过状态继电器来表达的。状态转移图主要由步、有向连线、转化条件和所驱动的负载 4 个部分组成, 如图 5.1 所示。

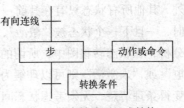

图 5.1　状态转移图组成结构

1. 步

利用顺序功能图设计顺序控制系统时, 可将系统的一个工作周期, 按输出量的状态变化, 划分为若干个顺序相连的阶段, 则每个阶段就称为一步, 可用状态继电器 S 或辅助继电器 M 表示。在顺序功能图中, 步对应状态, 用矩形方框表示。与系统的初始状态对应的步叫 "初始步", 用双线方框表示。若用状态继电器 S 编程时, S0～S9 为初始步专用状态继电器。当系统正处于某一步所在的阶段时, 该步处于活动状态, 称该步处于 "活动步"。步处于活动状态时, 相应的动作就被执行; 反之, 相应的非存储型动作则停止执行。

步是根据 PLC 输出量的状态划分的, 只要系统的输出量状态发生变化, 系统就从原来的步进入新的步。在一步内 PLC 各输出量状态均保持不变, 但是相邻两步输出量的状态是不同的。

2. 有向连线

将各步对应的方框按它们成为活动步的顺序用有向连线连接起来, 图就可成为一个整体。而有向连线的方向代表了系统动作的顺序。在顺序功能图中, 通常方向是由上到下, 由左到右的。代表有向连线方向的箭头一般可省略。

3. 转换条件

转换条件是使系统的某一步由活动步变为停止步, 该步的后一步同时变为活动步的转换信号, 也就是使系统从当前步进入下一步的条件。常见的转换条件有按钮、行程开关、定时器和计数器触点的动作 (通/断) 及传感器信号等。

4. 驱动负载

驱动负载指每一步对应的工作任务, 如图 5.1 所示的动作或命令。根据需要有的步可以不驱动任何负载, 称之为等待步。

5.1.2　状态转移和驱动过程

当某一状态被 "激活" 成为活动状态时, 其右边的电路被处理, 即该状态的负载可以被驱动。当该状态的转移条件满足时, 就执行转移, 即后续状态对应的状态继电器被 SET 或 OUT 指令驱动, 后续状态变为活动状态, 同时原活动状态对应的状态继电器被系统程序自动复位, 原活动状态的负载复位 (SET 指令驱动的负载除外)。每个状态一般具有 3 个功能, 即对负载的驱动处理、指定转移条件和指定转移方向。

5.1.3　状态转移图的理解

当对应状态 "有电" (即 "激活") 时, 状态的负载驱动和转移处理就可能执行; 当对应状态 "无电" (即 "未激活") 时, 状态的负载驱动和转移处理就不可能执行。因此, 除初始状态外，其他所有状态只有在其前一个状态处于"激活"且转移条件成立才可能被"激活"；与此同时，一旦下一个状态被"激活"，上一个状态就自动变为"无电"。从 PLC 程序的循环扫描角度分析，在状态转移图中，所谓的"有电"或"激活"可以理解为该段程序被扫描执行；而"无电"或"未激活"则可以理解为该段程序被跳过，未能扫描执行。这样，状态转移图的分析就变得条理清楚，无须考虑状态间繁杂的连锁关系了。

5.2 步进梯形指令及其编程方法

FX 系列 PLC 的步进梯形指令简称 STL 指令，FX 系列 PLC 还有一条使 STL 指令复位的 RET 指令。利用这两条指令，可以很方便地编制顺序控制梯形图程序。

1. STL 指令

STL 指令是将接点接到左母线，用于"激活"某个工作状态，步进接点只有常开触点。当某一步被"激活"成为活动步时，对应的 STL 触点接通，它右边的电路被执行，即该步的负载线圈可以被驱动。当该步后面的转移条件满足时，就执行转移，后续步对应的状态继电器线圈得电，后续步变为活动步，同时原活动步对应的状态继电器被系统程序自动复位断电，原活动步对应的 STL 触点断开，其后面的负载线圈复位断电。步进梯形指令 STL 只有与状态继电器 S 配合才具有步进功能。S0～S9 用于初始步，S10～S19 用于自动返回原点。使用 STL 指令的状态继电器的常开触点称为 STL 触点，用符号表示，没有常闭的 STL 触点。

2. RET 指令

RET 指令称为"步进返回"指令，该指令使步进顺控程序执行完毕时，非状态程序的操作在主母线上完成。其功能是返回到原来左母线的位置。为防止出现逻辑错误，RET 指令仅在状态转移程序的结尾才使用一次，否则程序将不能运行。

3. 状态转移图的编程方法

对状态转移图进行编程，就是如何使用 STL 和 RET 指令的问题。状态转移图的编程原则为：先进行负载的驱动处理，然后进行状态的转移处理。

4. 使用步进梯形指令编程时的注意事项

① STL 触点后直接相连的触点必须使用 LD 或 LDI 指令。使用 STL 指令相当于另设了一条子母线，连续使用 STL 指令后，最终必须使用使 STL 指令复位的 RET 指令使 LD 点回到原来的母线。这一点和 MC、MCR 指令颇为相似。正因为如此，STL 触点驱动的电路块中，不能使用主控及主控复位指令。

② 因为 PLC 只执行活动步对应的程序，所以不同的 STL 触点可以驱动同一个编程元件的线圈。也就是说，STL 指令对应的梯形图是允许双线圈输出的。

③ 中断程序以及子程序内，不能使用 STL 指令。因为过于复杂，STL 触点后的电路中尽可能不要使用跳步指令。

④ 在最后一步返回初始步时，既可以对初始状态器使用 OUT 指令，也可以使用 SET 指令。

⑤ 在转换过程中，后续步和本步同时为一个周期，设计时应特别注意。

5.3
单序列结构的顺序控制

单序列是最基本的顺序结构，且单序列中每个状态的后面只连接一种状态。本节以第 2 章电气控制系统中讲过的小车限位控制系统为例，介绍单序列结构状态转移图的编制方法、特点及步进梯形图的绘制方法。

5.3.1　工作过程分析

如图 2.14 所示的小车限位控制系统。小车停在初始位置，按下启动按钮，小车向左前进，碰到行程开关 SQ1，小车停 2s，然后小车自动向右后退，碰到行程开关 SQ2，小车再停 5s，如此完成一个工作周期。

5.3.2　单序列结构顺序功能图的绘制

1. 步的划分

小车在工作过程中，一个周期的工作包括了初始状态、向左前进、最左侧停 2s、向右后退和最右侧停 5s 在内的 5 种工作状态，即状态转移图有 5 步，依次用辅助继电器 M0~M4 表示，如图 5.2 所示。

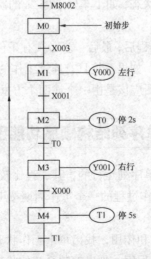

图 5.2　小车限位控制系统的顺序功能图

2. 转换条件的确定

小车在工作过程中，由一种工作状态进入到下一种工作状态时一定有一个转换条件存在，即在绘制顺序功能图时，相邻两步之间必须要存在一个转换条件。所以在上述 5 步中，一定存在 5 个转换条件，它们依次是启动按钮 X3、左侧行程开关 X1、停 2s 的定时器 T0、右侧行程开关 X0 和停 5s 的定时器 T1。

初始状态用 M8002 启动 M0，当按下启动按钮 X003 后，小车进入后一步的转移条件成立，辅助继电器 M1 被激活得电，同时初始状态继电器 M0 自动变为无电，完成一个状态转移过程。在 M1 被激活得电的同时驱动 Y000 输出，小车向左运动。如图 5.2 所示。

在绘制顺序功能图的过程中不难发现,划分步和转换条件的确定是绘制顺序功能图的关键。步是按照工作状态划分的，每一个工作状态对应一步，工作过程中用到的按钮、行程开关、转换开关、传感器信号等均可作为转换条件。初始状态可由其他运行状态驱动，但运行开始时，必须用其他方法预先作好驱动，否则状态流程就不可能向下继续进行。通常会用控制系统的初始条件，若无初始条件，可用 M8002 或 M8000 进行驱动。

5.3.3　绘制顺序功能图注意事项

① 从生产实际考虑，顺序功能图初始步必须存在。初始步状态继电器或辅助继电器得电是顺序控制功能图继续执行的必要条件，初始步为活动步时转换条件成立，程序就能继续执行。启动初始步时必须使用 M8002 或 M8000 来执行。

② 相邻两步之间必须存在一个转换条件。在某一步为活动步时，要使相邻的下一步为活动步，必须存在一个转换条件，即小车处于某一个工作状态时，当转换条件满足时，小车方可运行到下一个工作状态。

③ 相邻两个转换条件之间必须存在一个步。转换条件是使下一步变为活动步的条件，有一个转换条件存在，必然要进入到下一个工作状态，即下一步变为活动步。

④ 某一步在转换条件成立时变为活动步，其前步一定变为停止步，即小车在运行过程中，任何一个时刻只能处于一种工作状态，如小车处于停 2s 的状态时，小车前面向左前进的状态就会停止。

⑤ 完成生产工艺的一个全过程后，最后一步必须有条件地返回到初始步，这是单周期工作方式，也是一种回原点式的停止。如果系统具有连续工作的方式，应该将其最后一步有条件地返回到第一步。总之，顺序功能图应该是由一个或两个方框和有向线段组成的闭环。

5.3.4　单序列结构顺序功能图编程步骤

自动控制中，很多情况是由单序列运行的，其编程比较简单，编程步骤一般如下。

① 根据控制要求，将整个工作过程的一个工作周期按工作状态划分工作步序，每个工作状态对应一个工作步。

② 理解每个工作状态的功能和作用，找出每个工作状态的转移条件和转移方向。

③ 根据以上分析，设计驱动程序，画出控制系统的状态转移图，即顺序功能图。

④ 利用顺序功能图转化为梯形图的方法，将顺序功能图转化为相应的梯形图。

5.3.5 使用步进梯形指令编程

使用步进梯形指令编程时，用状态继电器 S 代替辅助继电器 M 配合步进梯形指令使用，并使用 SET 置位指令，在梯形图最后一个驱动程序结束时，使用 RET 复位指令。在图 5.3 中，用状态继电器 S0、S20～S23 代替辅助继电器 M0～M4。用 M8002 使用 SET 置位指令启动 S0，状态继电器 S0 得电，S0 的 STL 接点接通，当转移条件 X003 得电时，下一步的状态继电器 S20 被置位，其 STL 接点接通，转移到下一步状态，同时上一步状态继电器 S0 自动断电。当程序执行到某一状态（例如 S21）得电时，S21 的 STL 接点接通，输出继电器线圈 Y0 接通，执行驱动处理。如果转移条件满足（例如 T0 接通），下一步的状态继电器 S22 被置位，步进接点 S22 接通，转移到了下一步状态，同时自动复位原状态 S21（即自动断开），如图 5.3 所示。

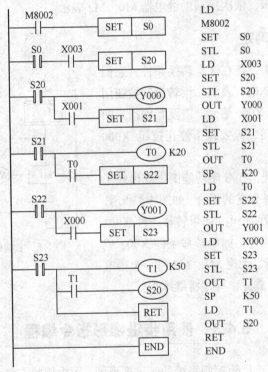

图 5.3　小车限位控制系统的步进梯形图

5.4 选择序列结构的顺序控制

多个分支结构中，根据不同的转移条件选择其中的某一个分支流程，称为选择序列结构流程控制。本节以电气控制中典型的电动机正反转控制系统为例，介绍选择序列结构的状态转移图、选择序列结构程序的特点和选择序列结构程序的编制。

5.4.1 控制要求

按正转启动按钮 SB1,电动机正转,按停止按钮 SB,电动机停止;按反转启动按钮 SB2,电动机反转,按停止按钮 SB,电动机停止。

5.4.2 顺序功能图的绘制

1. 步的划分

电动机正反转控制的一个工作周期包括了初始状态、电动机正转和电动机反转 3 种工作状态,即顺序功能图有 3 步,依次用辅助继电器 M0～M2 表示。

2. 转换条件的确定

上述划分好的 3 步中,存在 3 个转换条件,它们依次为正转启动按钮用 X001 表示,反转启动按钮用 X002 表示和停止按钮用 X000 表示。需要特别指出的是,无论是正转还是反转,只要按下停止按钮 X000 电动机就会停止运行。

从上述分析不难发现,在顺序功能图中既出现了选择性分支又出现了选择分支的汇合,如图 5.4 所示。图中辅助继电器 M0 被激活得电,如果转移条件 X001 成立,则第 1 分支继续执行,如果转移条件 X002 成立,则第 2 分支继续执行。无论 M1、M2 哪一个得电时,如果转移条件 X000 成立,程序将继续执行。

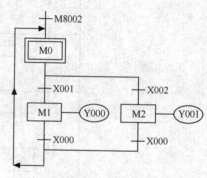

图 5.4　电动机正反转控制系统的
顺序功能图

5.4.3 使用步进梯形指令编程

图 5.5 所示为电动机正反转控制系统的步进梯形图。图中用状态继电器 S0、S20、S30 代替顺序功能图中的辅助继电器 M0、M1、M2。用 M8002 "激活"初始状态 S0 为活动状态。当转移条件 X001 成立时,执行状态转移,即用 SET "激活"状态 S20 为活动状态,当转移条件 X002 成立时,执行状态转移,即用 SET "激活"状态 S30 为活动状态,而原活动状态 S0 被系统程序自动复位,完成一个状态的转移和驱动处理。

若 S20 变为活动状态时,首先执行驱动输出(OUTY000),如果 X000 成立,执行状态转移(OUTS0),若 S30 变为活动状态时,首先执行驱动输出(OUTY001),如果 X000 成立,执行状态转移(OUTS0),这就是汇合状态的编程。程序结束时用步进复位指令 RET 使程序回到原来左母线的位置继续执行。

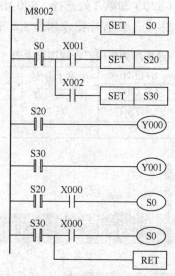

图 5.5　电动机正反转控制系统的步进梯形图

5.4.4　选择序列结构顺序功能图程序的特点

在图 5.4 所示电动机正反转控制系统的顺序功能图中具有两个支路的选择结构程序，其特点如下。

① 两个分支中选择执行哪一个分支由转移条件 X001、X002 决定。

② 分支转移条件 X001、X002 不能同时接通，哪个先接通，就执行那条分支。

③ 当 S0 得电时，一旦 X001 接通，程序就向 S20 转移，同时 S0 就断电复位，即使以后 X002 接通，S30 也不会接通。

④ 汇合状态 S0，可由 S20 和 S30 中任意一个驱动。

⑤ 先进行驱动处理，再进行转移处理，所有的转移处理按顺序执行。

选择序列结构分支的编程与一般状态的编程一样，先进行驱动处理，再进行转移处理，且所有的转移处理按顺序执行，简称先驱动后转移。因此，先对 S20 进行驱动处理（OUTY000）、S30 驱动处理（OUTY001），再按 S20、S30 的顺序进行转移处理。如表 5.1 所示。

表 5.1　　　　　　　　　　　　选择序列结构分支程序指令表

STLS0	
LDX001	转移条件
SETS20	转移到第 1 分支
LDX002	转移条件
SETS30	转移到第 2 分支

5.4.5　选择序列结构汇合的编程

选择序列结构汇合的编程是先进行汇合前状态的驱动处理，再按顺序向汇合状态进行转移处理。因此，首先对第 1 处选择（S20）和第 2 处选择（S30）进行驱动处理，然后再按 S20 和 S30 的顺序向下转移。选择序列结构汇合的程序指令如表 5.2 所示。

表 5.2   选择序列结构汇合程序指令表

STLS20	第 1 分支驱动处理	STLS20	由第 1 分支转移到汇合点	STLS30	由第 2 分支转移到汇合点
OUTY000		LDX000		LDX000	
STLS30	第 2 分支驱动处理	OUTSO		OUTS0	
OUTY001				RET	

5.5 并行序列结构的顺序控制

由两个或两个以上的分支流程组成，且需同时执行各分支的程序，称为并行性流程程序。本节以图 5.6 所示的十字路口红绿灯控制系统为例，介绍并行序列结构的状态转移图、并行序列结构程序的特点和并行序列结构程序的编制。

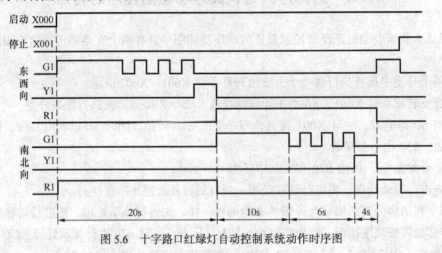

图 5.6 十字路口红绿灯自动控制系统动作时序图

5.5.1 动作过程

按下启动按钮 X000。

① 南北向红灯亮 20s，同时启动东西向绿灯亮，绿灯亮 10s 后，连续闪烁 3 次（6s）后，东西向黄灯亮，亮 4s。

② 东西向红灯亮 20s，同时启动南北向绿灯亮，绿灯亮 10s 后，连续闪烁 3 次（6s）后，南北向黄灯亮，4s 后。

③ 重复上述过程。

5.5.2 顺序功能图绘制

按照绘制顺序功能图步的划分方法和转换条件确定的方法，将十字路口红绿灯自动控制系统划分为 11 步，如图 5.7 所示。其中，辅助继电器 M0 为初始步、M10 表示东西向绿灯（Y000）亮、M11 和 M12 表示东西向绿灯闪烁 3 次、M13 表示东西向黄灯（Y001）亮、M14 表示东西向红灯（Y002）亮，M20 表示南北向红灯（Y005）亮、M21 表示南北向绿灯（Y003）亮、M22 和 M23 表示南北向绿灯闪烁 3 次、M24 表示南北向黄灯（Y004）亮的状态。图 5.7 中共存在 10 个转换条件，值得一提的是在步 M12 与 M13 之间存在 T2 和 C0 两个转换条件。例如，东西向绿灯熄灭，定时 1s，时间到东西向绿灯亮 1s，同时开始计数，若计数器计数不满 3 次，则东西向绿灯继续闪烁，此时状态继电器 M11 继续得电，直到计数器计满 3 次为止，使得定时器 T2 和计数器 C0 同时得电，东西向黄灯开亮，状态继电器 M13 得电，完成状态转移。南北向绿灯闪烁时与此相同。

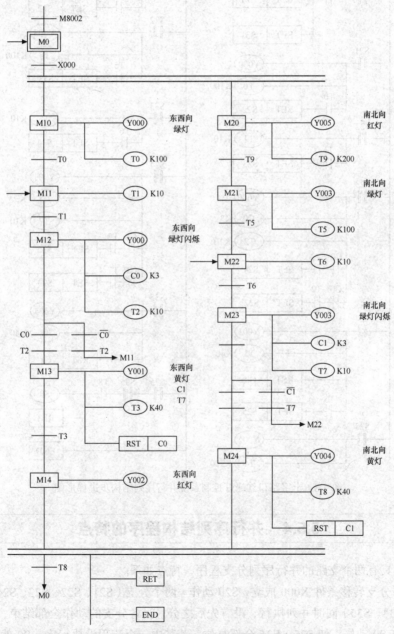

图 5.7　十字路口红绿灯自动控制系统的顺序功能图

5.5.3 使用步进梯形指令编程

图 5.8 所示为十字路口红绿灯控制系统并行序列结构步进梯形图。图中用状态继电器 S0 代替辅助继电器 M0 表示初始步，用 S21～S25 和 S31～S35 代替 M10～M14 和 M20～M24 依次表示其他各步序。

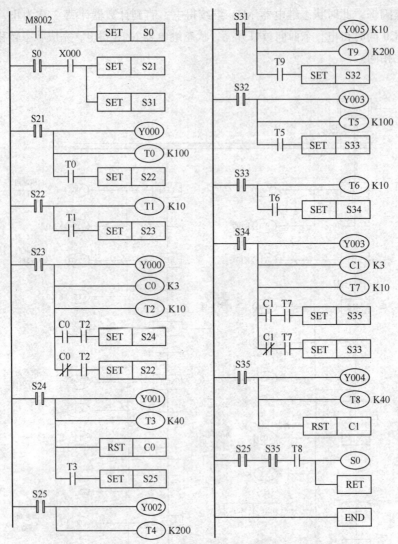

图 5.8 十字路口红绿灯控制系统并行序列结构步进梯形图

5.5.4 并行序列结构程序的特点

图 5.8 中具有两个支路的并行序列分支程序，特点如下。

（1）只要分支转移条件 X000 成立，S20 动作。两个分支（S21、S22、S23、S24、S25，S31、S32、S33、S34、S35）同时并列执行，没有先后之分。当各分支的动作全部结束，若 T8 为 ON 时，汇合状态 S0 动作，使 S25、S35 全部复位。若其中一个流程没执行完，S0 就不动作。

（2）并行序列结构程序在同一时间可能有两个或两个以上的状态处于"激活"状态。

5.5.5　并行序列结构分支的编程

并行序列结构的编程与选择序列结构的编程一样，先进行驱动处理，然后进行转移处理，所有的转移处理按顺序执行。根据并行序列结构分支的编程方法，对第 1 分支（S21、S22、S23、S24、S25）和第 2 分支（S31、S32、S33、S34、S35）的顺序进行转移处理。并行序列结构分支的程序如表 5.3 所示。

表 5.3　　　　　　　　　　　　并行序列结构分支程序的指令表

STLS0	
LDX000	转移条件
SETS21	转移到第 1 分支
SETS31	转移到第 2 分支

5.5.6　并行序列结构汇合的编程

与选择性序列结构的编程一样，先进行汇合前状态的驱动处理，然后按顺序向汇合状态进行转移处理。如表 5.4 所示，首先对 S21、S22、S23、S24、S25、S31、S32、S33、S34、S35 进行驱动处理，然后按 S25、S35 的顺序向 S0 转移。

表 5.4　　　　　　　　　　　　并行序列结构汇合程序的指令表

STLS21		STLS31		STLS35	
OUTY000		OUTY005		STLS25	
OUTT0		OUTT9		LDT8	
SPK100		SPK200		OUTS0	
LDT0		LDT9		RET	
SETS22		ANDT3		END	
STLS22		SETS32			
OUTT1		STLS32			
SPK10	第	OUTY003	第		汇
LDT1	1	OUTT5	2		合
SETS23	分	SPK100	分		状
STLS23	支	LDT5	支		态
OUTY000	驱	SETS33	驱		编
OUTC0	动	STLS33	动		程
SPK3	处	OUTT6	处		
OUTT2	理	SPK10	理		
SPK10		LDT6			
LDC0		SETS34			
ANDT2		STLS34			
SETS24		OUTY003			
LDIC0		OUTC1			
ANDT2		SPK3			
SETS22		OUTT7			
STLS24		SPK10			

续表

OUTY001	第1分支驱动处理	LDT7	第2分支驱动处理	汇合状态编程
OUTT3		ANDC1		
SPK40		SETS35		
RSTC0		LDT7		
LDT3		ANIC1		
SETS25		SETS33		
STLS25		STLS35		
OUTY002		OUTY004		
		OUTT8		
		SPK40		
		RSTC1		

编程注意事项

① 并行序列结构的汇合最多能实现 8 个分支的汇合。

② 并行序列结构分支、汇合流程中，不允许在相邻两步之间存在两个转换条件。

5.6 用辅助继电器实现顺序控制的程序编制

用辅助继电器设计顺序控制程序的思想为：根据由辅助继电器 M 设计的顺序功能图，应用启保停电路或置位复位指令将顺序功能图转化为相应的梯形图。

5.6.1 使用启保停电路编程的思想

1. 设计思路

图 5.9 中所示的步 M1、M2 和 M3 是顺序功能图中顺序相连的 3 步，X001 是激活步 M2 的转移条件。用启保停电路编程的关键是要找出事件启动条件和停止条件。根据状态转移实现的基本规则，转移实现的基本条件是某一步的前一步为活动步，转移条件为 ON 时，该步变为活动步。所以步 M2 变为活动步的条件是它的前一步 M1 为活动步，转移条件 X001 为 ON 时，步 M2 变为活动步。因而，应将前步 M1 和转移条件 X001 对应的常开触点串联，作为控制 M2 的启动电路。当 M2 和 X002 均为

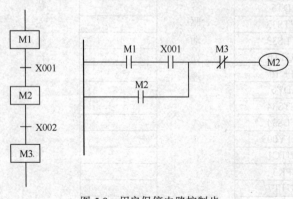

图 5.9　用启保停电路控制步

ON 时，步 M3 变为活动步，同时步 M2 变为停止步，因此，将 M3 为 ON 作为控制 M2 的停止电路，即 M3 的常闭触点与 M2 线圈的电路串联。

在图 5.9 中，可以用 X002 的常闭触点代替 M3 的常闭触点，作为 M2 的停止电路。但当转移条件由多个"与、或、非"等逻辑运算组合时，应将它的逻辑表达式求反，再将对应的触点串、并联作为启保停的停止电路，此方法虽然也可以实现控制目的，但不如使用后续步的常闭触点简单直观。

2. 单序列结构的编程方法

在 5.3 节中已经绘制出小车限位控制系统的顺序功能图（见图 5.2），下面将使用启保停电路编程的思想将该顺序功能图转换为梯形图，如图 5.10 所示。

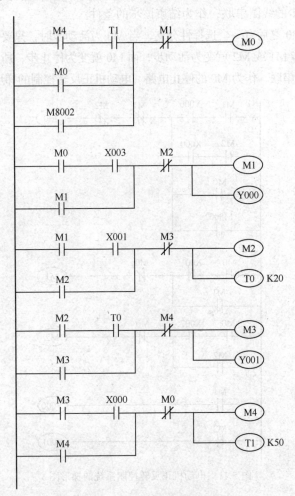

图 5.10　小车限位控制系统的梯形图

步 M0 的前一步为 M4，转移条件为 T1，后一步是步 M1，并且启动初始步 M0 需要用辅助继电器 M8002，所以 M0 的启动条件为 M4 和 X002 的常开触点串联再与 M8002 的常开触点并联的电路，步 M0 的停止电路为后一个活动步 M1 的常闭触点。步 M1 的前一步为步 M0，转移条件为 X003，后一步为步 M2，所以 M1 的启动条件为 M0 和 X003 的常开触点串联组成的电路，步 M1 的停止电路为 M2 的常闭触点，此后依此类推。

下面介绍梯形图输出电路的编制方法。由于步是根据输出变量的状态变化来划分的，因此步与输出电路的关系非常简单，可以分为以下两种情况。

① 当某一输出量仅在某一步中为 ON 时，可以将它们的线圈分别与对应步的辅助继电器的线圈并联。

② 当某一输出继电器在几步中都为 ON 时，应将各有关的辅助继电器的常开触点并联后再驱动该输出继电器的线圈。

3. 选择序列结构的编制方法

（1）选择序列结构分支的编程方法

如果某一步的后面有一个由 N 条分支组成的选择性流程，应将这 N 个后续步对应的辅助继电器的常闭触点与该步的线圈串联，作为结束该步的条件。

在图 5.4 中，步 M0 之后有一个选择性分支，当 M0 为活动步时，只要分支转移条件 X001 或 X2 为 ON，它的后续步 M1 或 M2 就变为活动步，而 M0 就变为停止步，所以只需将 M1 和 M2 的常闭触点与 M0 的线圈串联，作为 M0 的停止电路。电动机正反转控制的梯形图如图 5.11 所示。

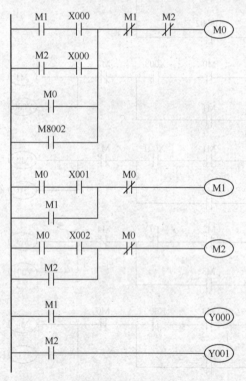

图 5.11　电动机正反转控制系统的梯形图

（2）选择序列结构汇合的编程方法

对于选择序列汇合处，如果某一步之前有 N 个分支，则代表该步的辅助继电器的启动电路由 N 条支路并联而成，各支路由某一前续步对应的辅助继电器的常开触点与相应转移条件对应的触点或电路串联而成。

在图 5.4 中，步 M0 之前有一个选择序列分支的汇合，当步 M1 为活动步且转移条件 X001满足，或步 M2 为活动步且转移条件 X002 满足，即 M1 和 X000 或 M2 和 X000 的常开触点串联均为 M0 的启动电路。

4. 并行序列结构的编程方法

（1）选择并行序列结构分支的编程方法

并行序列中各分支的第 1 步应同时变为活动步，所以对控制这些步的启保停电路使用同样的启动电路。

在图 5.7 中，步 M0 之后有一个并行序列分支，当步 M0 为活动步，并且转移条件 X000 满足时，应转移到步 M10 和 M20，M10 和 M20 应同时变为活动步，而 M0 就变为停止步，所以只需将 M10 和 M20 的常闭触点与 M0 的线圈串联，作为 M0 的停止电路。十字路口红绿灯控制系统的梯形图如图 5.12 所示。

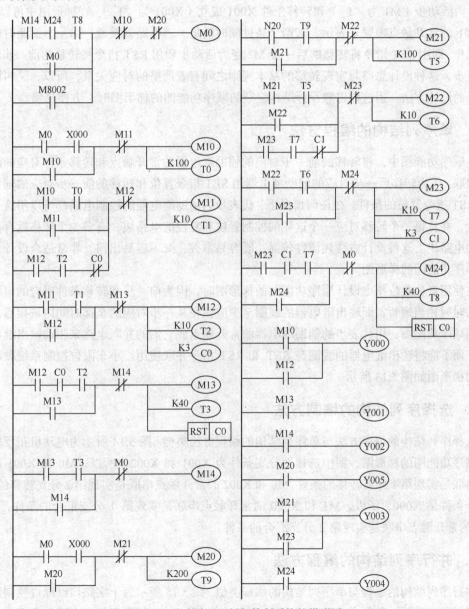

图 5.12　十字路口红绿灯控制系统的梯形图

（2）并行序列汇合的编程

在图 5.7 中，步 M0 之前有一个并行性分支的汇合，当步 M14 和 M24 都为活动步，转移条件 T8 满足时，汇合步 M0 就变为活动步。所以，应将 M14、M24 和 T8 的常开触点串联，作为控制步 M0 启动的启动电路。

5.6.2 使用置位复位指令的思想

1. 设计思路

在使用置位复位指令设计顺序功能图对应的梯形图时，需要同时满足两个条件（见图 5.9），即 M1 为活动步（M1 为 "1"）和转移条件 X001 成立（X001 为 "1"）。在梯形图中可以用 M1 和 X001 的常开触点串联来表示，若两个条件同时满足，该电路就接通。另一方面此时应完成两步操作，即用 SET 指令将转移的后一步 M2 变为活动步和用 RST 指令将转移的前一步 M1 变为停止步。这种设计思路与实现转移的基本规则之间有着严格的对应关系，所以，又叫以转换为中心的设计方法。用这种思想设计结构复杂的顺序功能图的梯形图时，方便易懂。

2. 单序列结构的编程方法

在顺序功能图中，将转移的前一步对应的辅助继电器的常开触点和转移条件对应的触点或电路串联，作为转移后一步对应的辅助继电器用 SET 指令置位和转移的前一步对应的辅助继电器用 RST 指令复位的条件。在任何情况下，代表步的辅助继电器的控制电路都可以用这一原则来设计，并且每一个转移对应一个这样的控制置位和复位的电路块，有多少个转移就有多少个这样的电路块。这种设计方法规律性较强，既容易掌握，又不容易出错，非常适合设计结构复杂的顺序功能图的梯形图。

在使用置位复位指令设计顺序功能图的梯形图时，因为前一步和转移条件对应的串联电路接通的时间相当短暂，而输出继电器的线圈至少应该在某一步对应的全部时间内被接通，所以应根据顺序功能图，用代表步的辅助继电器的常开触点或它们的并联电路来驱动输出继电器的线圈，而不能将输出继电器的线圈与 SET 和 RST 指令并联使用。小车限位控制系统顺序功能能图的梯形图如图 5.13 所示。

3. 选择序列结构的编制方法

选择序列结构的编程方法与单序列结构的编程方法类似。图 5.14 所示为电动机正反转控制系统顺序功能图的梯形图，图中选择性分支条件为 X001 和 X002，所以，M0 和 X001 的常开触点串联是实现第 1 分支转移的条件，M0 和 X002 的常开触点串联是实现第 2 分支转移的条件。其汇合条件是 X000，所以，M1 和 X000 的常开触点串联是实现第 1 分支汇合的条件，M2 和 X000 的常开触点串联是实现第 2 分支汇合的条件。

4. 并行序列结构的编程方法

并行序列结构的编程与单序列结构的编程类似。图 5.15 所示为十字路口红绿灯控制系统顺序功能图的梯形图，其分支条件为 X000，所以，M0 和 X000 的常开触点串联是实现分支转移的条件。其汇合条件为 T8，所以，M14、M24 和 T8 的常开触点串联是实现分支汇合的条件。

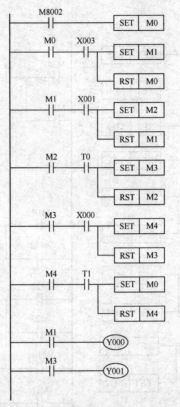

图 5.13　小车限位控制系统的梯形图

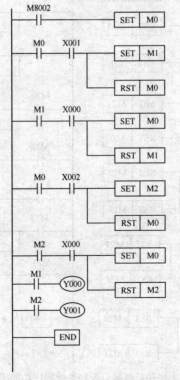

图 5.14　电动机正反转控制系统顺序功能图的梯形图

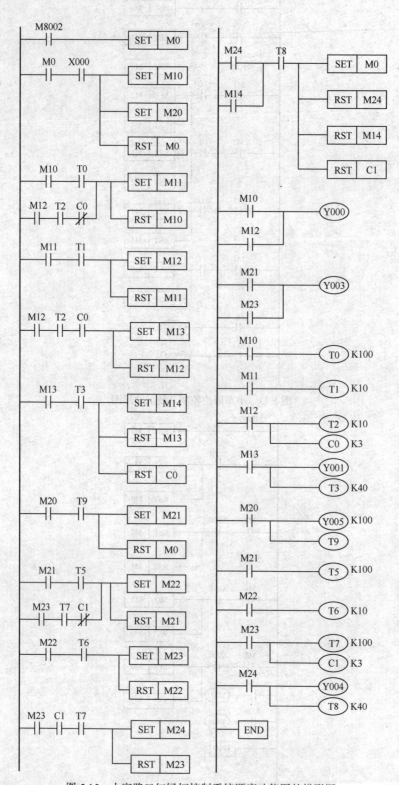

图 5.15　十字路口红绿灯控制系统顺序功能图的梯形图

本章小结

本章针对梯形图语言应用在复杂顺序控制中，编制、修改、阅读程序不方便的特点，讲述了状态转移图的构成和使用步进梯形指令将状态转移图转化为梯形图的方法及使用辅助继电器将顺序功能图转化为梯形图的方法。通过小车行程控制系统、电动机正反转控制系统和十字路口红绿灯控制系统 3 个具体实例，分别介绍了单序列、选择序列、并行序列结构顺序功能图的绘制方法和将顺序功能图转化为梯形图或指令表语言的方法以及编程特点。

练习题

5.1 用步进梯形指令设计一个彩灯自动循环闪烁的控制程序。其控制要求为：3 盏彩灯 HL1、HL2、HL3，按下启动按钮后 HL1 亮，1s 后 HL1 灭 HL2 亮，1s 后 HL2 灭 HL3 亮，1s 后 HL3 灭 HL1 亮，1s 后 HL1、HL2、HL3 全亮，1s 后 HL1、HL2、HL3 全灭，1s 后 HL1、HL2、HL3 全亮，1s 后 HL1、HL2、HL3 全灭，1s 后 HL1 亮，如此循环；随时按停止按钮停止系统运行。

5.2 用步进梯形指令设计一个十字路口简易指示灯的控制程序。其控制要求为：按启动按钮 X000，信号灯按图 5.16 所示工作；按停止按钮 X001，所有信号灯都熄灭；手动运行时，东西向和南北向的黄灯同时闪动，周期是 1s。

图 5.16 十字路口指示灯自动运行要求

5.3 用步进梯形指令设计一个三相电动机正反转能耗制动的控制系统。其控制要求为：按 SB1，正转接触器 KM1 得电，电动机正转；按 SB2，反转接触器 KM2 得电，电动机反转；按 SB，KM1 或 KM2 断开，接触器 KM3 得电，实现能耗制动，制动时间为 20s。

5.4 图 5.12 所示为自动门控制系统，控制要求为：人靠近自动门时，感应器 X000 为 ON，Y000 驱动电动机高速开门；碰到开门减速开关 X001 后，变为低速开门；碰到开门极限开关 X002 时电动机停转，开始延时。若在 0.5s 内感应器检测到无人，Y002 启动电动机高速关门；碰到关门减速开关 X004 后，变为低速关门；碰到关门极限开关 X005 时电动机停转。若在关门期间感应器检测到有人，停止关门，T1 延时 0.5s 后自动转换为高速开门。试设计其顺序功能图，并分别使用步进梯形指令、启保停电路和置位复位指令将顺序功能图转化为梯形图。

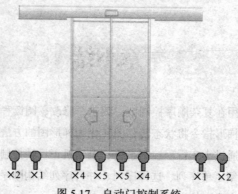

图 5.17　自动门控制系统

5.5　冲床机械手运动的示意图如图 5.18 所示。初始状态时机械手在最左边，X004 为 ON，冲头在最上面，X003 为 ON，机械手松开（Y000 为 OFF）；按下启动按钮 X000，Y000 变为 ON，工件被夹紧并保持，2s 后 Y001 被置位，机械手右行碰到 X1，然后顺序完成以下动作：冲头下行、冲头上行、机械手左行、机械手松开、延时 1s 后系统返回初始状态，各行程开关和定时器提供的信号是各步之间的转换条件。试设计控制系统的顺序功能图，并分别使用步进梯形指令、启保停电路和置位复位指令将顺序功能图转化为梯形图，并且写出步进梯形指令表。

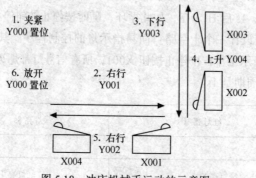

图 5.18　冲床机械手运动的示意图

5.6　液压混合装置如题图 5.4 所示。上限位、下限位和中限位液压传感器被液体淹没时为 ON，阀 A、阀 B 和阀 C 为电磁阀，线圈通电时打开，线圈断电时关闭。开始时容器是空的，各阀门均关闭，各传感器均为 OFF。按下启动按钮后，打开阀门 A，液体 A 流入容器，中限位开关变为 ON 时，关闭阀 A，打开阀 B，液体 B 流入容器。当液面到达上限位开关时，关闭阀 B，电动机 M 开始运行，搅动液体，60s 后停止搅动，打开阀 C，放出混合液体，当液面降至下限位开关后再过 5s，容器放空，关闭阀 C，打开阀 A，开始下一个周期的工作。按下停止按钮，在当前工作周期的工作结束后，才停止工作。试设计控制系统的顺序功能图，并分别使用步进梯形指令、启保停电路和置位复位指令将顺序功能图转化为梯形图，并且写出步进梯形指令表。

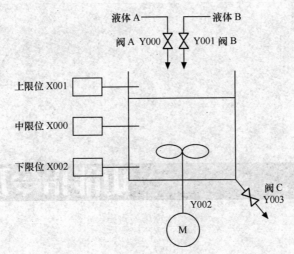

图 5.19　液压混合装置

第6章
功能指令及其应用

教学目标与要求

- 熟悉功能指令的使用规则。
- 掌握常用程序流控制与传送比较指令的用法。
- 掌握算术和逻辑运算指令的用法。
- 掌握循环移位指令的用法。
- 了解其他功能指令的用法。

教学重点

- 程序流控制与传送比较指令。
- 算术和逻辑运算指令。
- 循环移位指令。

教学难点

- 循环移位指令用法。

三菱 FX_{2N} 系列除基本指令和步进指令外,还有功能指令。功能指令按功能分为程序流控制、数据传送与比较、算术运算与逻辑运算、数据循环与移位、数据处理、高速处理、方便控制、外部设备 I/O、外部设备通信、浮点数运算、时钟运算和接点比较共 12 类。本章讲述部分常用功能指令的使用方法。

6.1
功能指令的使用规则

6.1.1 基 本 格 式

以求平均值指令 MEAN 为例,编程格式如图 6.1 所示。

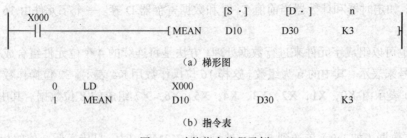

（a）梯形图

```
0    LD      X000
1    MEAN    D10         D30         K3
```

（b）指令表

图 6.1　功能指令编程示例

1．指令格式解释

① 常开触点 X0 为程序执行条件。

② MEAN 为求平均值的助记符。

③ D10、D30 和 K3 为操作数，其中 D10 为源操作数，D30 为目的操作数，K3 为常数。

2．程序含义

当常开触点 X0 接通时，求出 D10 开始的连续 3 个元件的平均值，结果送到目标寄存器 D30。

3．标识说明

源操作数用[S]表示，当操作数使用变址功能时，表示为[S·]，源操作数不止一个时，可用[S1·]，[S2·]表示。

目的操作数用[D]表示，当目的操作数使用变址功能时，表示为[D·]，目标操作数不止一个时，可用[D1·]、[D2·]表示；K3 是取值个数，表示为 n 或 m，它们常用来表示常数，或作为源操作数和目标操作数的补充说明，需注释的项目较多时，可以采用 m1、m2 等方式表示。

6.1.2　数　据　长　度

功能指令可处理 16 位或 32 位的数据。处理 32 位数据时，在指令助记符前加 D 来表示，如 DMOV。不加 D 时表示 16 位数据。

另外，当处理 32 位数据时，元件号相邻的两元件组成元件对。为了避免出现错误，建议使用首地址为偶数的操作数。32 位计数器（C200～C255）只能做 32 位操作数。

6.1.3　指令执行方式

指令执行有连续和脉冲两种方式。助记符后附（P）符号表示脉冲执行。表示该功能指令仅在触发元件由 OFF（"0"状态）→ON（"1"状态）时执行一次。反之，如果没有（P），则在触发元件为 ON 的每一扫描周期，指令都要被执行，这称为连续执行。

某些指令，如 INC（加 1 指令）、DEC（减 1 指令）一般应使用脉冲执行。

6.1.4　位元件和字元件

只有 ON/OFF 两种状态的元件称为位元件（bit），如 X、Y、M、S 等。而处理数值的元件称为字元件，如定时器和计数器当前值 T、C 和数据寄存器 D 等。一个字元件由 16 位二进制位组成。

位元件也可以组成字元件来进行数据处理。方法是每连续的 4 个位元件组合成一组，由 Kn 加首位元件号来表示，其中的 n 为组数。这样 16 位操作数用 K4 表示；32 位操作数用 K8 表示。例如，K2X0 表示由 X0，X1，X2，X3，X4，X5，X6，X7 组成的 8 位数据。其中 X0 为数据的最低位。

当 16 位数据（如 D0）传送到 8 位元件组（如 K2M0）时，只传送低 8 位的相应数据，高 8 位（M8～M15）不变；当 32 位数据传送到 16 位元件组时，也是如此。

反之，当 8 位元件组（如 K2M0）传送到 16 位数据（如 D0）时，只传送低 8 位的相应数据，高 8 位（D0.8～D0.15）被当做 0；当 16 位元件组传送到 32 位数据时，也是如此。

值得注意的是，在位元件组合时，被组合的位元件的首位元件号可以任意选择，为了避免混乱，建议采用以 0 结尾的元件，如 X0，X10，X20 等。

用 16 位数据操作时，参与操作的位元件由 K1～K4 指定，高位的不足部分均作 0 处理，这意味着只能处理正数（最高位为符号位，正数的符号位为 0）；同理，在 32 位数处理时也有类似的情况。

6.1.5　变址寄存器 V，Z 的使用

变址寄存器 V，Z 用来在传送、比较指令中修改操作对象的元件号，使用时需将 V，Z 放在各寄存器的后面。操作数实际元件号是寄存器的当前值和 V，Z 的和。图 6.2 所示为变址寄存器的使用实例。图中操作数 D50V 表示的元件号是 D（50+V），如果 V=10，则元件号为 D60。

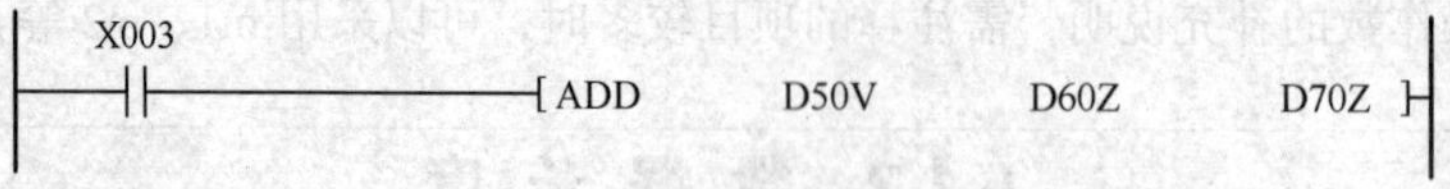

```
      X003
   ───┤ ├─────────────────[ADD    D50V    D60Z    D70Z ]─
```

图 6.2　变址寄存器的使用

6.2

程序流控制与传送比较指令

6.2.1　程序流控制指令

1．条件跳转指令 CJ

功能：CJ 和 CJ（P）指令用于跳过顺序程序中的某一个部分，以减少扫描时间。

示例及使用说明：如图 6.3 所示，X10 为 ON 时，程序跳转到 P9 处，X10 为 OFF 时，不执行跳转，程序按原顺序执行。跳转时，不执行被跳转过的那部分指令。

如图 6.4 所示，X0 为 ON 时，Y11 的状态不会随 X10 发生变化，因为跳转期间根本没有执行这一段程序。如在跳转之前定时器和计数器的线圈开路，跳转期间即使 X12 和 X13 变为 ON，T0 和 C1 也不会工作。如果在跳步开始时定时器和计数器在工作，在跳转期间它们将停止定时和计数，在 CJ 指令被复位（即 X0 变为 OFF，跳步条件变为不满足）后继续工作。但是高速计数器不管有无跳转仍连续工作。

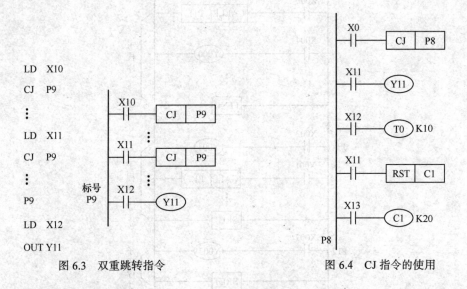

图 6.3　双重跳转指令　　　　　　　　图 6.4　CJ 指令的使用

2. 子程序调用指令 CALL、子程序返回指令 SRET

功能：子程序调用指令 CALL，操作数为 P0～P63，P64～P127，允许用变址寄存器修改，子程序可以嵌套调用，最多嵌套 5 级。子程序返回指令 SRET，无操作数。

示例及使用说明：如图 6.5 所示，当 X010 为 ON 时，CALL 指令使程序跳到标号 P8 处，子程序被执行，执行完 SRET 指令后返回到 104 处。

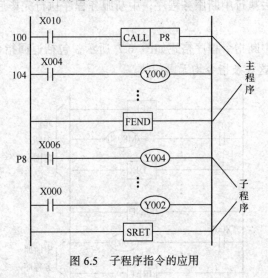

图 6.5　子程序指令的应用

标号应写在 FEND（主程序结束）指令之后，同一标号只能出现一次，CJ 指令中用过的标号不能再用，但不同位置的 CALL 指令可以调用同一标号的子程序。

图 6.6 的 CALL（P）P11 指令只在 X000 由 OFF 变为 ON 时执行一次。在执行子程序 1 时，如果 X001 为 ON，CALL 指令在 P12 被执行，程序跳到 P12 处，嵌套执行子程序 2。执行第二条 SRET 指令后，返回子程序 1 中 CALL 指令的下一条指令，执行第一条 SRET 指令后返回主程序中 CALLP11 指令的下一条指令。

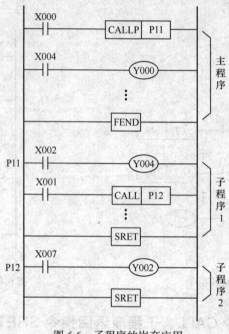

图 6.6　子程序的嵌套应用

3. 中断指令 EI 和 DI

功能：中断是计算机特有的一种工作方式，即在主程序的执行过程中，遇到中断请求时，暂停主程序的执行，转去执行中断服务程序，中断服务程序执行完毕后，再返回主程序执行的过程。

示例及使用说明：中断指令程序格式如图 6.7 所示，包括返回指令 IRET；允许中断指令 EI；禁止中断指令 DI。这 3 条指令均无操作数。

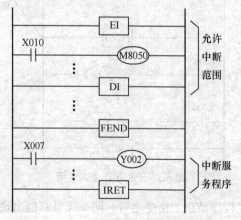

图 6.7　中断指令的使用

4. 程序结束指令 FEND

功能：主程序结束指令 FEND 无操作数。FEND 表示主程序结束，执行到 FEND 指令时程序结束。可编程控制器进行输入/输出处理、监控定时器刷新，完成后返回第 0 步。

子程序（包括中断子程序）应放在 FEND 指令之后。CALL 指令调用的子程序必须用 SRET 指令结束，中断子程序必须以 IRET 指令结束。

若 FEND 指令在 CALL 指令执行之后和 SRET 指令执行之前出现，则程序出错。格式如图 6.6 所示。

5. 循环指令 FOR—NEXT

功能：FOR 与 NEXT 之间的程序被反复执行，执行次数由 FOR 指令的源操作数设定。执行完成后，执行 NEXT 后面的指令。

示例及使用说明：循环区起点指令 FOR，操作数表示循环次数，可以取任意的数据格式。循环次数在 1～32 767 之间。如果循环次数设成.32 767～0 时，循环次数作 1 处理，PLC 真正只循环一次。循环可嵌套 5 层。循环区终点指令 NEXT 无操作数。

如图 6.8 所示，如果 D0Z0 中的数据为 7，每执行一次程序 A，就要执行 7 次程序 B，程序 B 一共要执行 28 次。利用循环中的 CJ 指令可跳出 FOR～NEXT 之间的循环体。

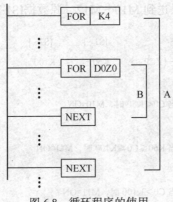

图 6.8 循环程序的使用

FOR 与 NEXT 指令总是成对使用的，FOR 指令应放在 NEXT 指令的前面。

6.2.2 传送与比较指令

比较指令包括 CMP（比较）和 ZCP（区间比较）两条。传送指令包括 MOV（传送）、SMOV（BCD 码移位传送）、CML（取反传送）、BMOV（数据块传送）、FMOV（多点传送）、XCH（数据交换）、BCD（二进制数转换成 BCD 码并传送）和 BIN（BCD 码转换为二进制数并传送）指令。

1. 比较指令 CMP

功能：比较源操作数[S1·]和[S2·]，比较的结果送到目标操作数[D·]中。

示例及使用说明：图 6.9 中，将十进制常数 50 与数据寄存器 D0 的当前值比较，比较结果送到 M10~M12。当 X002 为 OFF 时不进行比较，M0~M2 的状态保持不变。X002 为 ON 时进行比较，如果比较结果为[S1·]>[S2·]，M10 变为 ON；若[S1·]=[S2·]，M11 变为 ON；若[S1·]<[S2·]，M12 变为 ON。如指定的元件种类或元件号超出允许范围时将会出错。

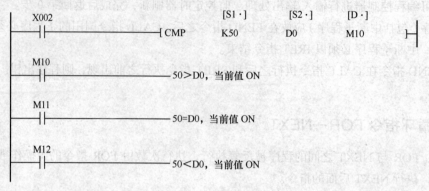

图 6.9　比较指令示例

2. 区间比较指令 ZCP

功能：源操作数[S3·]和[S1·] ~[S2·]区间比较，结果影响目的操作数[D·]。

示例及使用说明：如图 6.10 所示，当 X002 为 ON 时，执行 ZCP 指令，将 C0 的当前值与常数 50 和 100 相比较，比较结果送到 M10~M12，源数据[S1·]不能大于[S2·]。

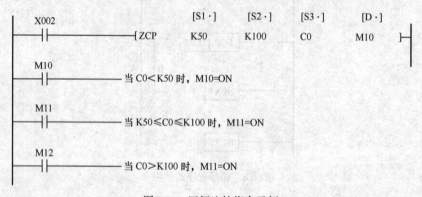

图 6.10　区间比较指令示例

3. 传送指令 MOV

功能：将源数据传送到指定目标。

示例及使用说明：如图 6.11 所示，当 X002 为 ON 时，常数 50 被传送到 D10，并自动转换为二进制。

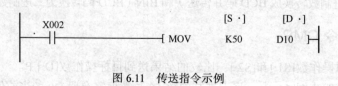

图 6.11　传送指令示例

4. 移位传送指令

功能：移位传送指令 SMOV，只有 16 位运算。将源操作数中的二进制数转换成 BCD 码，然后移位传送到指定的目标后仍转换成二进制数存储。

示例及使用说明：如图 6.12 所示，当 X002 为 ON 时，将 D0 中右起第 4 位（m1=4）开始的 2 位（m2=2）二进制数转换成 BCD 码后，传送到目标操作数 D1 的第 3（n=3）位和第 2 位，D1 的其余位保持不变。

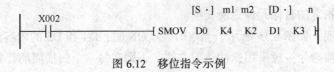

图 6.12 移位指令示例

5. 取反传送指令 CML

功能：将源元件中的数据逐位取反并传送到指定目标，若源数据为常数 K，该数据会自动转换为二进制数，CML 指令用于负逻辑输出非常方便。

示例及使用说明：如图 6.13 示，当 X002 为 ON 时，将 D0 的数据逐位取反并传送到 K1Y0 中。

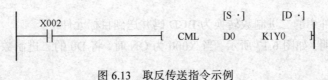

图 6.13 取反传送指令示例

6. 块传送指令 BMOV

功能：将源操作数开始的 n 个数据组成的数据块传送到指定的目标。

示例及使用说明：如图 6.14 所示，当 X010 为 ON 时，将 D0～D3 中的 4 个数据内容传到 D50～D53 中去。

源操作数可取 KnX，KnY，KnM，KnS，T，C，D。目标操作数可取 KnY，KnM，KnS，T，C 和 D。

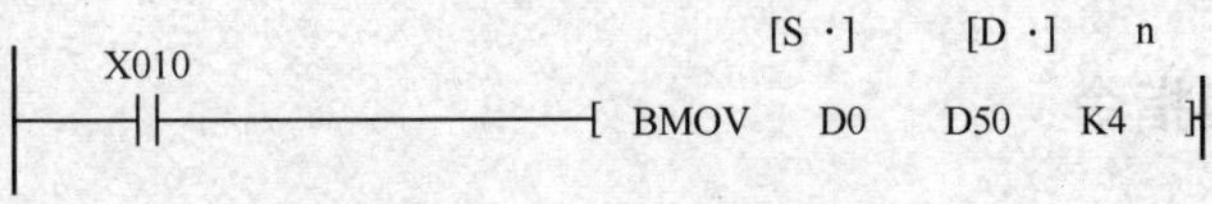

```
     X010                        [S·]    [D·]    n
 ────┤ ├──────────────────┤ BMOV   D0    D50    K4 ├
```

图 6.14 块传送指令示例

7. 多点传送指令 FMOV

功能：将源元件中的数据传送到指定目标开始的 n 个元件中，传送后 n 个元件中的数据完全相同。源操作数可取所有的数据，$n \leqslant 512$。

示例及使用说明：如图 6.15 所示，当 X010 为 ON 时，将常数 5 送到 D5～D14 这 10 个数据寄存器中。

注意：如果元件号超出允许的范围，数据仅仅送到允许的范围中。

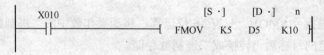

图 6.15   多点传送指令示例

8. 数据交换指令 XCH

功能：数据在指定的目标元件之间交换。

示例及使用说明：如图 6.16 所示，当 X010 为 ON 时，D4 和 D5 的内容交换位置。执行数据交换指令时，交换指令一般采用脉冲执行方式，否则在每一个扫描周期都要交换一次。

数据交换指令 XCH 的两个目标操作数可取 KnY，KnM，KnS，T，C，D，V 和 Z。

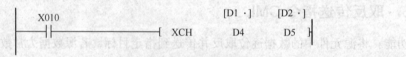

图 6.16   数据交换指令示例

9. BCD 变换指令

功能：将源元件中的二进制数转换为 BCD 码并送到目标元件中。

示例及使用说明：如图 6.17 所示，当 X000 为 ON 时，将 D0 的二进制数据转换成 BCD 码，然后传送到 D11。

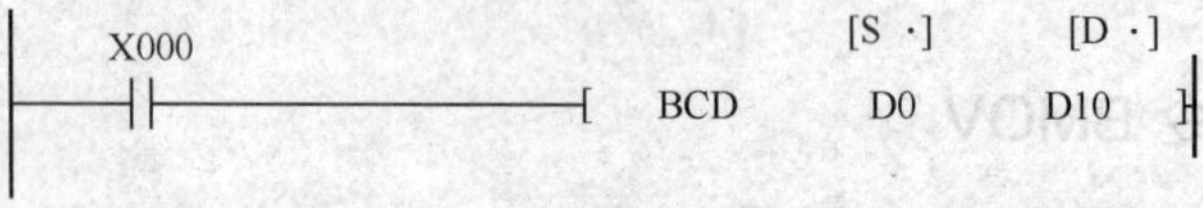

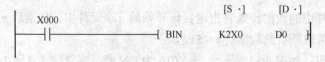

图 6.17   BCD 变换指令示例

如果 BCD 指令执行的结果超过 0～9 999 的范围，出错。如果 32 位 BCD 指令执行的结果超过 0～99 999 999 的范围，也会出错。

PLC 内部的算术运算用二进制数进行，可以用 BCD 指令将可编程控制器中的二进制数变换为 BCD 数后输出到 7 段码显示器。

10. BIN 变换指令

功能：将源元件中的 BCD 码转换为二进制数并送到目标元件中。

示例及使用说明：如图 6.18 所示，当 X000 为 ON 时，将 X0～X7 端口连接的 BCD 拨码开关的输入内容转换成二进制数据，存入 D0。

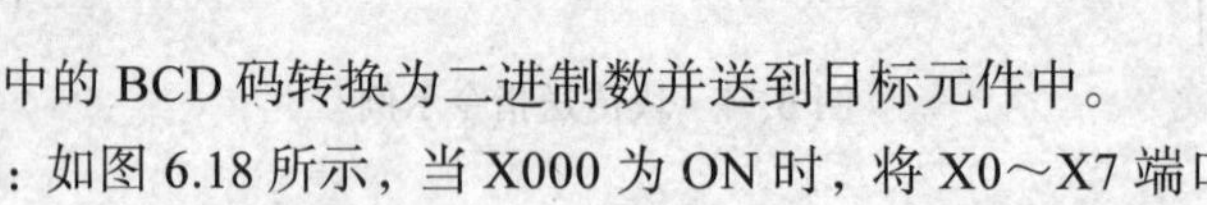

```
                                          [S ·]      [D ·]
      X000
───────┤ ├───────────────────────[ BIN      K2X0       D0    ]
```

图 6.18   BIN 变换指令示例

BIN 变换指令后的源操作数可取 KnX，KnM，KnS，T，C，D，V 和 Z。

6.2.3 数据传送指令应用实例

（1）控制要求：用传送指令编一个星形—三角形降压启动控制程序。

（2）I/O 分配：如图 6.19（a）所示。

（3）程序及说明：程序梯形图如图 6.19（b）所示。把 Y3、Y2、Y1、Y0 看成一个数据 K1Y0，（组合位元件的组合规律是以 4 位为一组组合成单元，K1～K4 为 16 位运算，K5～K8 为 32 位运算。例如，K1X0 表示 X3～X0 的 4 位，X0 为最低位。）当作星形启动时，Y0、Y1 置 ON，即按下启动按钮，X0 置 ON，K1Y0=3，自动转化为二进制 K1Y0=0011（Y3=0，Y2=0，Y1=1，Y0=1）。10s 后，T0 置 ON，K1Y0=5，Y0、Y2 置 ON，转化成三角形运行。按下停止按钮，X001 置 ON，K1Y0=0，运行停止。

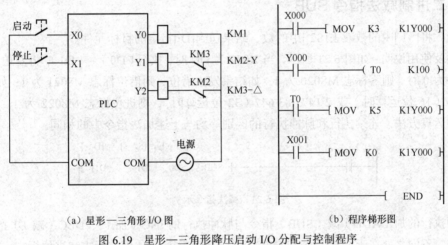

（a）星形—三角形 I/O 图 　　　　　　　　　　　（b）程序梯形图

图 6.19　星形—三角形降压启动 I/O 分配与控制程序

6.3

算术和逻辑运算指令

6.3.1 算术运算指令

算术运算包括 ADD，SUB，MUL，DIV（二进制加、减、乘、除）指令，源操作数可取所有的数据类型，目标操作数可取 KnY，KnM，KnS，T，C，D，V 和 Z（32 位乘除指令中 V 和 Z 不能用作[D·]）。

1. 二进制加法指令 ADD

功能：将两个二进制源操作数相加，结果送到目标操作数。

示例及使用说明：如图 6.20 所示，当 X002 为 ON 时，执行（D0）+（D1），将和送（D10）。每个数据的最高位为符号位（0 为正，1 为负），加减运算为代数运算。

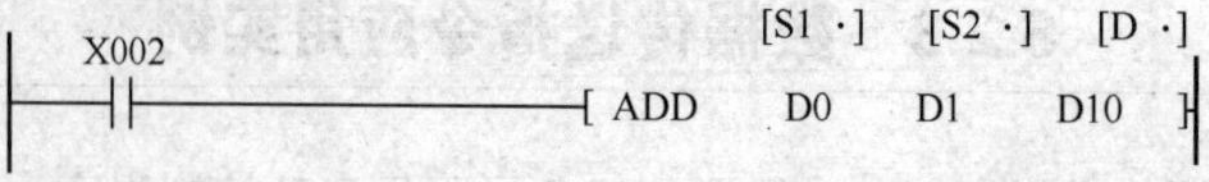

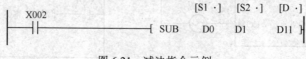

图 6.20　加法指令示例

ADD 加法中有 3 个常用标志，M8020 为零标志、M8021 为借位标志、M8022 为进位标志。如相加结果为 0，则零标志 M8020 为 1；如果小于.32 767（16 位）或.2 147 483 647（32 位），则借位标志 M8021 为 1，该标志用于较大的两负数相加；如结果超过 32 767（16 位）或 2 147 483 647（32 位），则进位标志 M8022 为 1。

在 32 位运算时用到字编程元件，被指定的字编程元件为低 16 位字元件，下一元件为高 16 位元件。例如，指定数据为 D20，则数据由 D21、D20 组成。

2.　二进制减法指令 SUB

功能：将[S1·]中的数减去[S2·]中的数，结果送到[D·]指定的目标元件。

示例及使用说明：如图 6.21 所示，当 X002 为 ON 时，执行（D0）–（D1），将差送（D11）。相减结果为 0 时，则零标志 M8020 为 1；如结果发生借位，则借位标志 M8021 为 1；如结果超过 32 767（16 位运算时）或 2 147 483 647（32 位运算时），则进位标志 M8022 为 1。其他 32 位元件的运算方法、连续执行和脉冲执行的区别等均与上述加法指令中的相同。

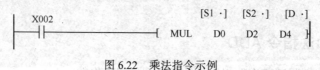

图 6.21　减法指令示例

脉冲执行的加（ADD）减（SUB）指令与脉冲执行的 INC（加 1）、DEC（减 1）指令执行结果相似，不同之处在于 INC 指令和 DEC 指令不影响零标志、借位标志和进位标志。

3.　乘法指令 MUL

功能：16 位乘法时，将源元件[S1·]，[S2·]中的二进制数相乘，32 位的结果送到指定的目标元件[D·]。32 位乘法时，执行 D1、D0 组成 32 位数据乘以 D3、D2 组成的 32 位数据，结果送到 D7、D6、D5、D4 组成的 64 位数据中。

示例及使用说明：如图 6.22 所示，当 X002 为 ON 时，将 D0 和 D2 中的数据相乘，乘积的低 16 位字送到 D4，高 16 位字送到 D5。例如，D0=10，D2=9，结果（D5，D4）=90，结果最高位是符号位，0 为正，1 为负。

注意：两个 32 位数据相乘，结果为 64 位。在 32 位运算时，如用位元件做目标，则只能得到乘积的低 32 位，高 32 位丢失。在这种情况下，应先将数据移入字元件再进行运算。用字元件时，不能监控 64 位数据的内容，在这种情况下，采用浮点运算。

X002
MUL　D0　D2　D4

图 6.22　乘法指令示例

4. 除法指令 DIV

功能：用[S1·]指定被除数，[S2·]指定除数，商送到[D·]指定的目标元件，余数送到[D·]的下一个元件。

示例及使用说明：如图 6.23 所示，16 位除法时，X002 为 ON，执行 D0 的数据除以 D2 的数据，商送到 D4，余数据送到 D5。商和余数的最高位为符号位。若除数为 0 则出错，不执行该指令。若位元件被指定为目标元件，不能获得余数。

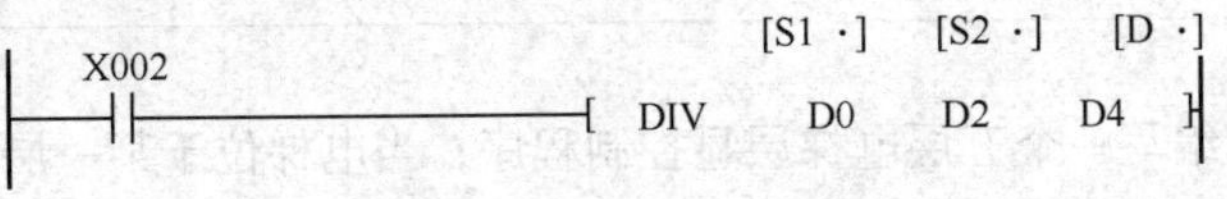

图 6.23　除法指令示例

32 位运算时，当 X003 为 ON 时，执行 D1、D0 组成的 32 位数据除以 D3、D2 组成的 32 位数据，送到 D5、D4 中，余数送到 D7、D6 中。

5. 加 1 指令

功能：[D·]中的二进制数加 1。

示例及使用说明：如图 6.24 所示，X000 每次由 OFF 变为 ON 时，D0 中的二进制数加 1。在 16 位运算中，+32 767 再加 1 就变成.32 768，但标志不会动作。32 位运算时，+2 147 483 647 再加上 1 就会变为.2 147 483 648，但标志不会动作。

6. 减 1 指令

功能：[D·]中的二进制数减 1。

示例及使用说明：如图 6.25 所示，X000 每次由 OFF 变为 ON 时，D0 中的二进制数减 1。如果不用脉冲指令，每一个扫描周期都要减 1。在 16 位运算中，.32 768 再减 1 就变成+32 767，但标志不会动作。32 位运算时，.2 147 483 648 再减 1 就会变为+2 147 483 647，但标志也不会动作。

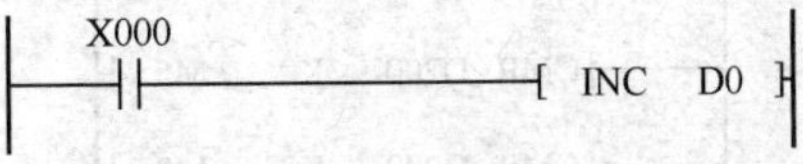

图 6.24　加 1 程序示例 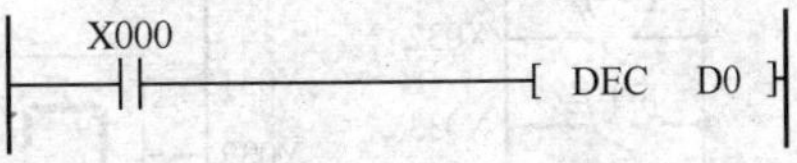　　　　图 6.25　减 1 程序示例

6.3.2　逻辑运算指令

逻辑运算指令包括 WAND（逻辑字与）、WOR（逻辑字或）、WXOR（逻辑字异或）和 NEG（求补）指令。源操作数可取所有的数据类型，目标操作数为除 K，H，KnX 之外的所有类型。

功能：逻辑字与、逻辑字或、逻辑字异或指令以位为单位做相应的运算，均是两个源元件进行相应操作，结果送目的元件。

示例及使用说明：图 6.26 所示为逻辑字与的例子，当 X010 为 ON 时，D0 和 D10 内数据按各对应位进行与运算，结果存于由[D·]指定的 D14 单元中。

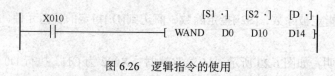

图 6.26 逻辑指令的使用

6.3.3 电梯层显控制应用实例

（1）控制要求：编写一个五层电梯层显控制程序，当电梯位于某一层时，应产生位于该楼层的信号，以控制楼层显示器显示楼层所处的位置，离开该层时，该楼层信号应被新的楼层信号（上一层或下一层）所取代。

（2）I/O 分配：如图 6.27（a）所示。

（3）程序及说明：梯形图程序如图 6.27（b）所示。D200 为电梯的楼层数，通过译码器用数码管显示出来。X040 是上强迫行程开关，装在 5 楼，当电梯运行到 5 楼时，使 D200 为 5。X041 是下强迫行程开关，装在 1 楼，当电梯运行到 1 楼时，使 D200 为 1。在中间的某些楼层中，电梯上行时，每上一层，D200 加 1；当电梯下行时，每下一层，D200 减 1。

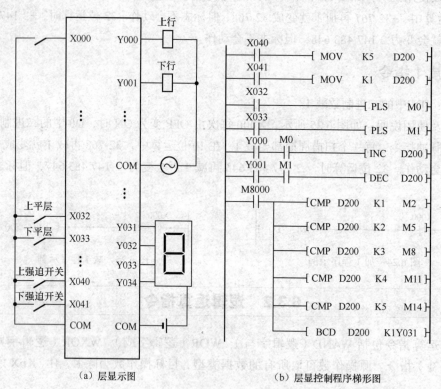

（a）层显示图 　　　　　（b）层显控制程序梯形图

图 6.27 电梯层及控制程序

6.4 循环移位指令

循环移位指令是使数据、位组合的字数据向指定的方向循环、移位的指令，主要有带进位和不带进位的左、右循环移位指令，位左、右移位和字左、右移位等。这里仅介绍 ROR、ROL、RCR、RCL、SFTR、SFTL 指令。

6.4.1 右循环移位指令 ROR

功能：将指定元件[D·]中的数据向右循环移动 n 位，每次最后移出来的那一位再循环送入最高位的同时也存入进位标志位 M8022 中。

示例及使用说明：图 6.28 所示为右循环移位指令 ROR 示例。图中 X000 为 ON 时，则执行右循环移位操作，将 D10 的内容循环右移 4 位，最后移出的那一位送至最高位，同时也送入进位标志位 M8022。

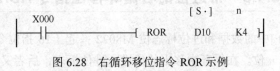

图 6.28 右循环移位指令 ROR 示例

执行上述右循环移位指令的执行过程示意图如图 6.29 所示。

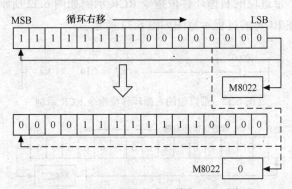

图 6.29 右循环移位指令的执行过程示意图

当目标元件指定为位元件组合时，只能是 K4 指定的 16 位（如 K4Y0），或是 K8 指定的 32 位（如 K8M0），指定其他位数将无法操作（如 K1Y0、K3Y0）。

6.4.2 左循环移位指令 ROL

功能：将指定元件[D·]中的数据向左循环移动 n 位，每次最后移出来的那一位再循环送入最低位的同时也存入进位标志位 M8022 中。

示例及使用说明：左循环移位指令 ROL 示例及执行过程如图 6.30 和图 6.31 所示。图 6.30 中 X000 为 ON 时，则执行左循环移位操作，将 D10 的内容循环左移 4 位，最后移出的那一位送至最低位，同时也送入进位标志位 M8022。

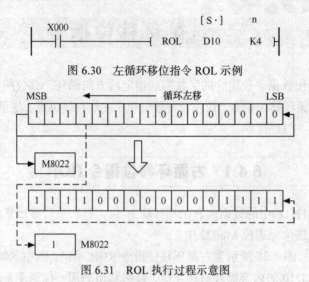

图 6.30　左循环移位指令 ROL 示例

图 6.31　ROL 执行过程示意图

6.4.3　带进位的右循环移位指令 RCR

功能：指定元件[D·]中的数据和进位标志位 M8022 一起（16 指令令时一共 17 位）按指令给定的值向右循环移动 n 位。在循环中移出的位进入进位标志，后者又被送回到目标操作数的另一端。

示例及使用说明：带进位的右循环移位指令 RCR 示例如图 6.32 所示，当标志位 M8022 初始值为 0 时，执行上述 RCR 的过程示意图如图 6.33 所示。

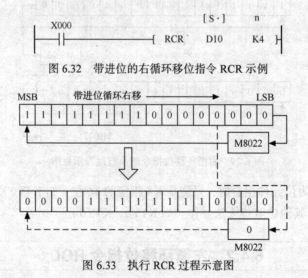

图 6.32　带进位的右循环移位指令 RCR 示例

图 6.33　执行 RCR 过程示意图

注意：当目标元件指定为位元件组合时，只能是 K4 指定的 16 位或者是 K8 指定的 32 位。

6.4.4 带进位的左循环移位指令 RCL

功能：指定元件[D·]中的数据和进位标志位 M8022 一起（16 指位令时一共 17 位）按指令给定的值向左循环移动 *n* 位。在循环中移出的位进入进位标志，后者又被送回到目标操作数的另一端。

示例及使用说明：带进位的左循环移位指令 RCL 示例如图 6.34 所示，执行 RCL 过程示意图如图 6.35 所示。

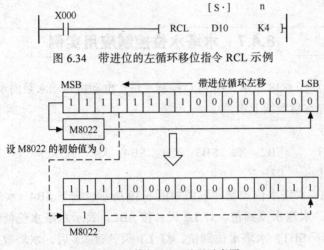

图 6.34 带进位的左循环移位指令 RCL 示例

图 6.35 执行 RCL 过程示意图

6.4.5 位元件右移位指令 SFTR

功能：将 n1 个目标位元件中的数据向右移动 n2 位，n2 个源位元件中的数据被补充到空出的目标位元件中。

示例及使用说明：位元件右移位指令 SFTR 如图 6.36 所示，其中[S·]为移位的源位元件首地址，[D·]为移位的目标位元件首地址，n1 为目标位元件组的长度（个数），n2 为目标位元件移动的位数（也是源位元件个数)。n1 和 n2 只能是常数 K 和 H，要求 n2≤n1≤1024。执行上述 SFTR 过程示意图如图 6.37 所示。

位元件移位指令只对位元件进行操作，即源操作数和目的操作数只能是位元件，其中，源操作数可以取 X、Y、M 和 S，目标操作数可以取 Y、M 和 S。

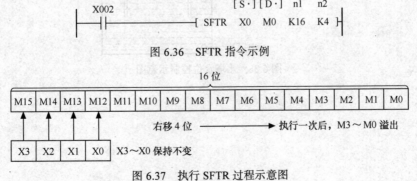

图 6.36 SFTR 指令示例

图 6.37 执行 SFTR 过程示意图

6.4.6　位元件左移位指令 SFTL

功能：将 n1 个目标位元件中的数据向左移动 n2 位，n2 个位源元件中的数据被补充到空出的目标位元件中。

示例及使用说明：位元件左移位指令 SFTL 的应用与 SFTR 相似，仅是移动方向不同，这里不再赘述。

6.4.7　水塔水位控制应用实例

① 控制要求：如图 6.38 所示，用 PLC 控制水塔，电动机带动水泵向水塔供水，达到预定水位停止上水，放完水后继续上水。

② I/O 分配如下。

输入：SB1：X1　　SB2：X2　SB3：X3　　SB4：X4

输出：L1：Y1　　L2：Y2

③ 程序及说明：水塔水位控制梯形图如图 6.39 所示。按下 SB4，水池需要进水，灯 L2 亮；直到按下 SB3，水池水位到位，灯 L2 灭；按 SB2，表示水塔水位低需进水，灯 L1 亮，进行抽水；直到按下 SB1，水塔水位到位，灯 L1 灭，过 2s 后，水塔放完水后重复上述过程即可。

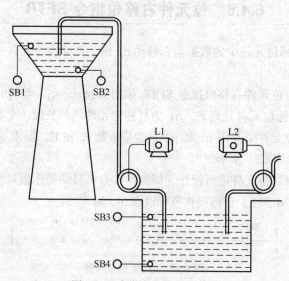

图 6.38　水塔水位控制示意图

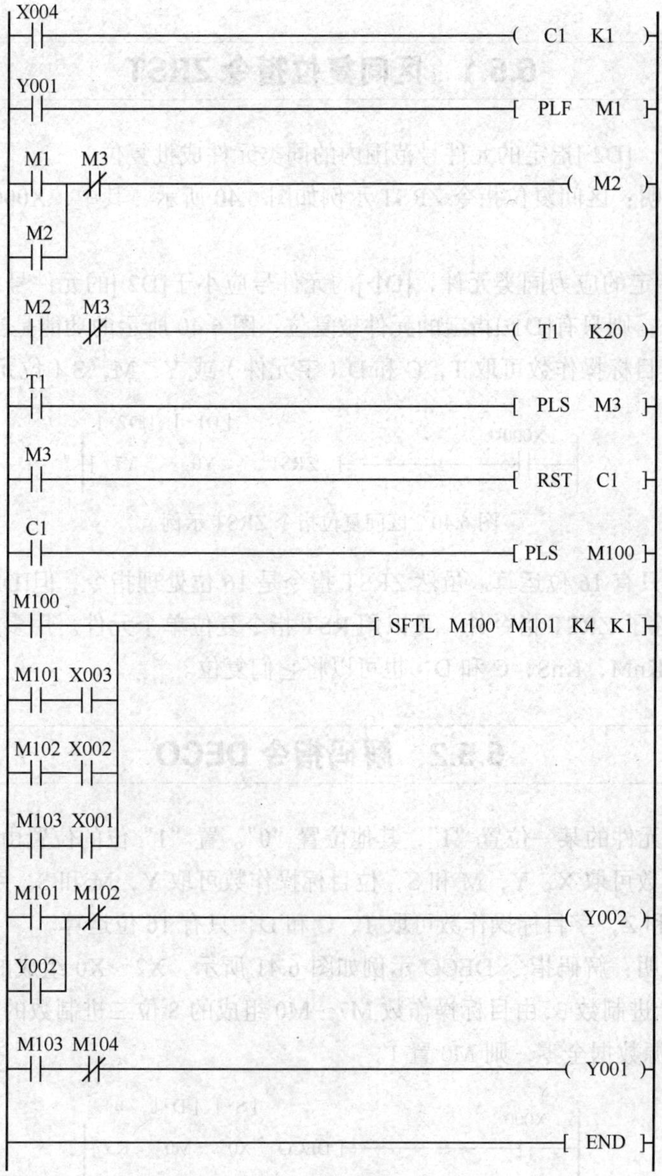

图 6.39　水塔水位控制梯形图

6.5

数据处理指令

　　数据处理指令包括区间复位 ZRST、解码 DECO、编码 ENCO、ON 位总数 SUM、ON 位判别 BON、平均值 MEAN、报警器置位 ANS、报警器复位 ANR、平方根 SQR、二进制整数二进制浮点数转换 FLT 和高低字节交换指令 SWAP，下面介绍几种常用的数据处理指令。

6.5.1　区间复位指令 ZRST

功能：将[D1·]、[D2·]指定的元件号范围内的同类元件成批复位。

示例及使用说明：区间复位指令 ZRST 示例如图 6.40 所示，其中，X000 接通时，Y0～Y7 全部复位。

[D1·]和[D2·]指定的应为同类元件，[D1·]的元件号应小于[D2·]的元件号。如[D1·]的元件号大于[D2·]的元件号，则只有[D1·]指定的元件被复位。图 6.40 所示的功能是当 X000 为 ON 时，Y0 到 Y7 清 "0"。目标操作数可取 T，C 和 D（字元件）或 Y，M，S（位元件）。

```
                                   [D1·]  [D2·]
     X000
     ─┤├─────────────────────[ ZRST   Y0    Y7 ]─
```

图 6.40　区间复位指令 ZRST 示例

注意：该指令只有 16 位运算。虽然 ZRST 指令是 16 位处理指令，但[D1·]、[D2·]也可以指定 32 位计数器。除了 ZRST 指令外，可以用 RST 指令复位单个元件。用多点写入指令 FMOV 将 K0 写入 KnY，KnM，KnS，C 和 D，也可以将它们复位。

6.5.2　解码指令 DECO

功能：将目标元件的某一位置 "1"，其他位置 "0"。置 "1" 位的位置由源操作数的十进制码决定。位源操作数可取 X，Y，M 和 S，位目标操作数可取 Y，M 和 S。字源操作数可取 K，H，T，C，D，V 和 Z，字目标操作数可取 T，C 和 D，只有 16 位运算。

示例及使用说明：解码指令 DECO 示例如图 6.41 所示，X2～X0 组成的 3 位（n）二进制数为 011，相当于十进制数 3，由目标操作数 M7～M0 组成的 8 位二进制数的第 3 位 M3 被置 1，其余各位为 0。如源数据全零，则 M0 置 1。

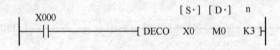

图 6.41　解码指令 DECO 示例

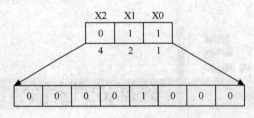

若[D·]指定的目标元件是字元件 T，C，D，应使 $n \leqslant 4$，若[D·]指定的目标元件是位元件 Y，M，S，应使 $n \leqslant 8$。

6.5.3 编码指令 ENCO

功能：把源操作数为 "1" 的最高位位置存放到目标寄存器 D 中，只有 16 位运算。当源操作数是字元件 T，C，D，V 和 Z 时，应使 $n \leqslant 4$，当源操作数是位元件 X，Y，M 和 S 时，应使 $n=1 \sim 8$，目标元件可取 T，C，D，V 和 Z。

示例及使用说明：编码指令 ENCO 示例如图 6.42 所示，$n=3$，编码指令将源元件 M7～M0 中为 "1" 的 M3 的位数 3 编码为二进制数 011，并送到目标元件 D10 中。

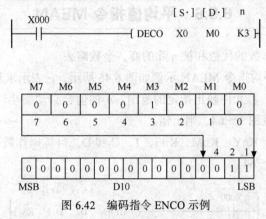

图 6.42　编码指令 ENCO 示例

编码指令在 $n=0$ 时不做处理。若在解码指令 DECO 中[D·]指定的元件和编码指令 ENCO 中 [S·]指定的元件是位元件，而且 $n=8$ 时，点数为 $2^8=256$。当执行条件 OFF 时，指令不执行，编码输出保持不变。

注意：若源操作数为 1 的位不止一个，则只有最高位的 1 有效。若源操作数中的所有位均为 0，则出错。

6.5.4 ON 位总数指令 SUM

功能：ON 表示位元件的值为 "1"，统计源操作数[D·]中为 ON 的位的个数。

示例及使用说明：ON 总数指令 SOM 示例如图 6.43 所示，它统计 D0 中为 ON 的位的个数，并将它送入目标操作数 D10。若 D0 的各位均为 "0"，则零标志 M8020 置 1。如使用 32 位指令，目标操作数的高位字为 0。

$$[S·] \quad [D·]$$

```
 X000
─┤├─────────────[ SUN    D0    D10 ]─
```

图 6.43　ON 总数指令 SUM 示例

它的源操作数可取所有的数据类型，目标操作数可取 KnY，KnM，KnS，T，C，D，V 和 Z，16 位运算占 5 个程序步，32 位运算占 9 个程序步。

6.5.5 ON 位判别指令 BON

功能：检测指定元件中的指定位是否为 "1"。

示例及使用说明：ON 位判别指令 BON 示例如图 6.44 所示，如果源操作数 D10 的第 15 位为 ON（K15），则目标操作数 M0 变为 ON。

源操作数可取所有的数据类型，目标操作数可取 Y，M 和 S。32 位运算时，$n=0\sim31$。

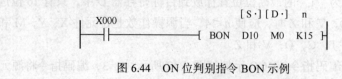

图 6.44　ON 位判别指令 BON 示例

6.5.6　平均值指令 MEAN

功能：求 n 个源操作数的代数和被 n 除的商，余数略去。

示例及使用说明：平均指令 MEAN 示例如图 6.45 所示，它表示求从 D2 开始的连续 3 个数的平均值，结果送 D11。若元件超出指定的范围，n 的值会自动缩小，只求允许范围内元件的平均值；若 n 的值超出范围 $1\sim64$，则出错。

源操作数可取 KnX，KnY，KnM，KnS，T，C 和 D，目标操作数可取 KnY，KnM，KnS，T，C，D，V 和 Z。$n=1\sim64$。

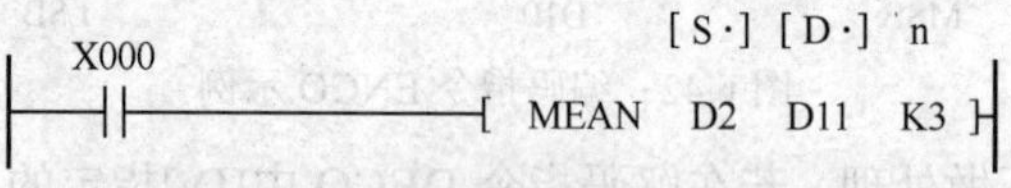

```
       X000                         [S·] [D·]  n
        ┤├────────────────────[ MEAN  D2   D11  K3 ]
```

图 6.45　平均值指令 MEAN 示例

6.6
其他部分功能指令

6.6.1　高速处理指令

1.　刷新指令 REF

功能：将以目标元件为首址的连续 n 个元件刷新。目标操作数是低位编号为 0 的 X 和 Y 元件，如 X0，X10，Y20 等，n 应为 8 的整倍数，只有 16 位运算。

FX_{2N} 系列可编程控制器使用 I/O 批处理的方法，即输入信号是在程序处理之前成批读入到输入映像寄存器内，而输出数据是在执行 END 指令后由输出映像寄存器通过输出锁存器送到输出端子的。本指令用于在某段程序处理时读入最新信息并将操作结果立即输出。

示例及使用说明：如图 6.46 所示，X0 为 ON 时，X10～X17 这 8 点输入（$n=8$）被刷新。输入数字滤波器的响应延迟时间约 10ms，若在 REF 指令执行 10ms 之前，X10～Y17 已变为 ON，则执行本指令时 X10～X17 的映像寄存器变为 ON。

如图 6.47 所示，X1 为 ON，Y0～Y7，Y10～Y17，Y20～Y27 共 24 点输出被刷新，输出映像寄存器的内容送到输出锁存器，经过一个输出继电器的响应时间之后，应 ON 的输出触点动作。

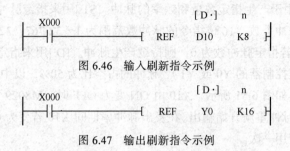

图 6.46 输入刷新指令示例

图 6.47 输出刷新指令示例

REF 指令可放在 FOR.NEXT 循环中或放在标号与 CJ 指令之间。

2. 高速计数器置位指令 DHSCS

功能：对外部输入的高速脉冲计数，当[S2·]中的数值达到[S1·]时，[D·]立即置 1。

示例及使用说明：如图 6.48 所示，高速计数器 C255 设定值为 100（K=100），其当前值达到预置值 100 时，即当前值由 99 变为 100 或由 101 变为 100 时，输出 Y10 立即置 1，不受扫描时间的影响。

图 6.48 高速计数器置位指令 DHSCS 示例

3. 高速计数器复位指令 DHSCR。

功能：对外部输入的高速脉冲计数，当[S2·]中的数值达到[S1·]时，[D·]立即复位。

示例及使用说明：如图 6.49 所示，高速计数器 C255 的设定值为 100（K=100），当 C255 的当前值由 99 变为 100 或由 101 变为 100 时，用中断方式使 Y10 立即复位。

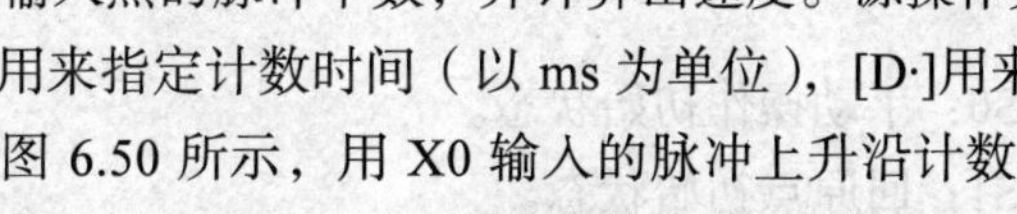

图 6.49 高速计数器复位 DHSCR 指令示例

4. 速度检测指令 SPD

功能：用来测量指令输入点的脉冲个数，并计算出速度。源操作数[S1·]用来指定计数脉冲输入点（X0～X5），[S2·]用来指定计数时间（以 ms 为单位），[D·]用来存放计数结果。

示例及使用说明：如图 6.50 所示，用 X0 输入的脉冲上升沿计数。结果存在 D0 开始的单元。D1 存放当前的计数结果，在 100ms 后 D1 的计数结果送到 D0，D1 中的当前值复位，重新开始对脉冲计数。D2 存入时间的剩余值，计数结束后 D2 用来计算剩余时间。

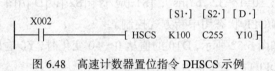

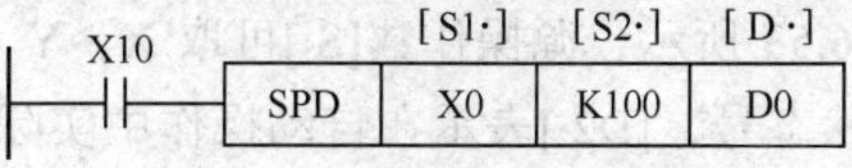

图 6.50 速度检测指令 SPD 示例

5. 脉冲输出指令 PLSY

功能：PLSY 指令用于产生指定数量和频率的脉冲。[S1·]用来指定脉冲频率（2Hz～20kHz），[S2·]用来指定产生的脉冲个数，16 位指令的脉冲数范围为 1～32 767，32 位指令的脉冲数范围为 1～2 147 483 647。若指定脉冲数为 0，则持续产生脉冲。[D·]用来指定脉冲输出元件（只能用晶体管输出型可编程控制器的 Y0 或 Y1）。脉冲的占空比为 50%，以中断方式输出。

示例及使用说明：如图 6.51 所示，X10 由 ON 变为 OFF 时，M8029 复位，脉冲输出停止。X10 再次变为 ON 时，脉冲重新开始输出。在发出脉冲串期间 X10 若变为 OFF，Y0 也变为 OFF。本指令在程序中只能使用一次。

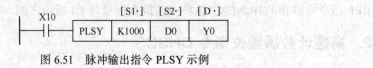

图 6.51　脉冲输出指令 PLSY 示例

6. 脉宽调制指令 PWM

功能：PWM 指令用于产生指定脉冲宽度和周期。[S1·]用来指定脉冲宽度（t=0～32 767ms），[S2·]用来指定脉冲周期（T0=1～32 767ms），[S1·]应小于[S2·]，[D·]用来指定输出脉冲的元件号（Y0 或 Y1），输出的 ON/OFF 状态用中断方式控制。

示例及使用说明：如图 6.52 所示，D10 的值从 0～50 变化时，Y0 输出的脉冲的占空比在 0,1 之间变化。X10 变为 OFF 时，Y1 也为 OFF。

图 6.52　脉宽调制指令 PWM 示例

6.6.2　方　便　指　令

1. 状态初始化指令 IST

功能：IST 指令与 STL 指令一起使用，用于自动设置初始状态和设置有关的特殊辅助继电器的状态。本指令执行条件变为 ON 时，下列元件自动受控，其后若执行条件变为 OFF，这些元件的状态仍保持不变。

M8040：禁止传送。S0：手动操作初始状态。

M8041：传送开始。S1：回原点初始状态。

M8042：起始脉冲。S2：自动操作初始状态。

M8047：STL 监控使能。

示例及使用说明：如图 6.53 所示，源操作数[S·]可取 X，Y 和 M，目标操作数[D1·]表示在自动操作中实际用到最低状态号，[D2·]表示在自动操作中实际用到的最高状态号。目的操作数的范围是 S20～S899，要求[D2·]一定要大于[D1·]。该指令只有 16 运算，在程序中只能使用 1 次。

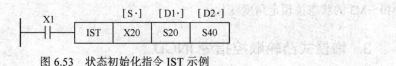

图 6.53 状态初始化指令 IST 示例

2. 绝对值式凸轮顺控指令 ABSD

功能：用来根据计数值输出一组波形，输出点的个数由 n 指定。

示例及使用说明：如图 6.54 所示，计数器 C0 用来对 X1 脉冲循环计数，计数范围 0～360。当 X0 为 ON 时，将计数器 C0 的当前值与以 D300 为首地址的 8 个数据寄存器的内容进行比较，以决定 4 个输出（ $n=4$ ）M0～M3 的状态。偶数单元的内容对应开通点，奇数单元的内容对应关断点，如 M0 的开通由 D300 内容决定，关断点由 D301 的内容决定。可用 MOV 指令预先将开通/关断点数据存入 D300～D307 中。以表 6.1 所示的数据为例，M0～M3 的状态变化波形如图 6.55 所示。

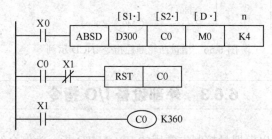

图 6.54 绝对值式凸轮顺控指令 ABSD 示例

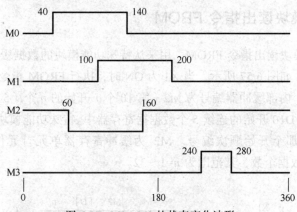

图 6.55 M0～M3 的状态变化波形

表 6.1   开通/关断点数据

源操作数[S1·]中的内容		对应目标元件
开　通	关　断	
（D300）=40	（D301）=140	M0
（D302）=100	（D303）=200	M1
（D304）=160	（D305）=60	M2
（D306）=240	（D307）=280	M3

此例程序可用于旋转台的控制，X1 接角位移脉冲（脉冲/1°），在旋转台一周的过程中，M0～M3 的状态按预定角度变化。

3. 增量式凸轮顺控指令 INCD

功能：用来根据计数值输出一组波形，输出点的个数由 n 指定。

示例及使用说明：如图 6.56 所示，X0 为 ON 时，计数器 C0 开始对秒脉冲 M8013 计数，计数值与 D300 相等时，将计数器 C0 复位 0，将与计数器 C1 对应的 M0 置为 OFF，然后 C1 加 1，将 M1 置为 ON。计数器 C0 重新从 0 开始计数，计数值与 D301 相等时，将计数器 C0 复位为 0，将与计数器 C1 对应的 M1 置为 OFF，然后 C1 再加 1，将 M2 置为 ON。可用 MOV 指令预先将数据存入 D300～D303 数据表中。

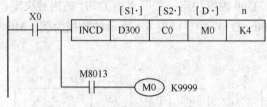

图 6.56　增量凸轮顺控指令 INCD 示例

6.6.3　外部设备 I/O 指令

外部设备 I/O 指令，以模拟量控制中常用的 FROM/TO 指令为例介绍如下。

1. 特殊功能模块读出指令 FROM

功能：特殊功能模块读出指令 FROM，用来从特殊功能模块的数据缓冲区读取数据。

示例及使用说明：如图 6.57 所示，当 X1 为 ON 时，执行 FROM 指令，将编号为 M1 的特殊功能模块（第 2 个）内部缓冲器编号为 M2（第 10 个）开始的 n 个（5 个）数据读入基本单元中，并存到目标元件 D10 开始的连续 5 个数据据寄存器中。特殊功能模块编号范围 M1=0～7，从最靠近基本单元的那个开始顺次编号。M2 为缓冲寄存器单元首元件号，其编号范围为 M2=0～31。n 为待读数据个数，其范围为 n=1～32。

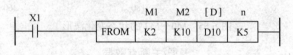

图 6.57　特殊功能模块读出指令 FROM 示例

2. 特殊功能模块写入指令 TO

功能：用来将基本单元从[S·]开始的 n 个数据写入到第 M1 号特殊功能模块的编号从 M2 开始的缓冲器中，其 M1，M2，n 的数值范围与 FROM 指令相同。

示例及使用说明：如图 6.58 所示，当 X1 为 ON 时，执行 TO 指令，将基本单元中 D20 的内容写入到第 2 号特殊功能模块的第 10 个缓冲器中。

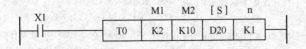

图 6.58　特殊功能模块写入指令 TO 示例

6.6.4　温度控制应用实例

1. 控制要求

图 6.59 所示为温度检测和控制示意图，用 PLC 构成温度的检测和控制系统。

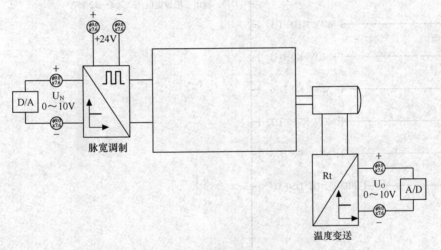

图 6.59　温度检测和控制示意图

2. 程序及说明

温度检测和控制梯形图如图 6.60 所示，图中的模拟量模块以 $FX_{0N}3A$ 为例。

通过电压加热电热丝产生温度，温度再通过温度变送器变送为电压。加热电热丝时根据加热时间的长短可产生不一样的热能，这就需用到脉冲。输入电压不同就能产生不一样的脉宽，输入电压越大，脉宽越宽，通电时间越长，热能越大，温度越高，输出电压就越高。

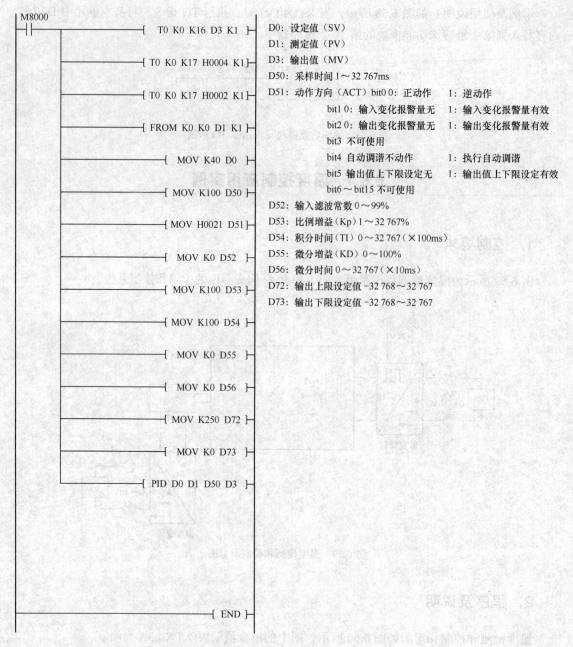

```
M8000
 ├┤├──────────────────────────┤ T0 K0 K16 D3 K1 ├
 │
 │                            ┤ T0 K0 K17 H0004 K1 ├
 │
 │                            ┤ T0 K0 K17 H0002 K1 ├
 │
 │                            ┤ FROM K0 K0 D1 K1 ├
 │
 │                            ┤ MOV K40 D0 ├
 │
 │                            ┤ MOV K100 D50 ├
 │
 │                            ┤ MOV H0021 D51 ├
 │
 │                            ┤ MOV K0 D52 ├
 │
 │                            ┤ MOV K100 D53 ├
 │
 │                            ┤ MOV K100 D54 ├
 │
 │                            ┤ MOV K0 D55 ├
 │
 │                            ┤ MOV K0 D56 ├
 │
 │                            ┤ MOV K250 D72 ├
 │
 │                            ┤ MOV K0 D73 ├
 │
 │                            ┤ PID D0 D1 D50 D3 ├
 │
 └──────────────────────────────┤ END ├
```

D0: 设定值（SV）
D1: 测定值（PV）
D3: 输出值（MV）
D50: 采样时间 1～32 767ms
D51: 动作方向（ACT）bit0 0: 正动作   1: 逆动作
　　　　　　　　　　bit1 0: 输入变化报警量无   1: 输入变化报警量有效
　　　　　　　　　　bit2 0: 输出变化报警量无   1: 输出变化报警量有效
　　　　　　　　　　bit3 不可使用
　　　　　　　　　　bit4 自动调谐不动作   1: 执行自动调谐
　　　　　　　　　　bit5 输出值上下限设定无   1: 输出值上下限设定有效
　　　　　　　　　　bit6～bit15 不可使用
D52: 输入滤波常数 0～99%
D53: 比例增益（Kp）1～32 767%
D54: 积分时间（TI）0～32 767（×100ms）
D55: 微分增益（KD）0～100%
D56: 微分时间 0～32 767（×10ms）
D72: 输出上限设定值 -32 768～32 767
D73: 输出下限设定值 -32 768～32 767

图 6.60 温度检测和控制梯形图

本章小结

　　本章主要介绍了三菱 FX_{2N} 系列功能指令使用规则和一些常用功能指令的用法，重点讲述了程序流控制与传送比较指令、算术和逻辑运算指令、循环移位指令。这些功能指令是学习 PLC 功能指令应用的基础，必须熟练掌握。

功能指令使用规则对功能指令使用具有指导作用，因此，需掌握它的基本格式。

在功能指令介绍中，讲解了程序流控制与传送比较指令 MOV、CMP 等的功能和示例，算术和逻辑运算指令 ADD、SUB 等的功能和示例，循环移位指令右移位 ROR、左循环移位 ROL 等的功能和示例，数据处理指令 ZRST、DECO 等的功能和示例，部分高速处理和方便指令的功能和示例。在部分节中安排了几个综合应用实例，期望通过对综合应用实例的学习，能够熟悉这些功能指令的含义，并能进一步加深理解，掌握其用法。

练习题

6.1 什么是功能指令？有什么用途？

6.2 MOV 指令能不能向 T、C 的当前值寄存器传送数据？

6.3 编码指令 ENCO 被驱动后，当源数据中只有 b0 位为 1 时，则目标数据应是什么？

6.4 设计一个适时报警闹钟，要求精确到秒（注意 PLC 运行时应不受停电的影响）。

6.5 设计一个密码（6 位）开机的程序（X0～XII 表示 0～9 的输入）。要求密码正确时按开机键即开机；密码错误时有 3 次重新输入的机会，如 3 次均不正确则立即报警。

6.6 设计一个适时报警闹钟，要求精确到秒（注意 PLC 运行时应不受停电的影响）。

第7章

编程工具

教学目标与要求

- 熟悉手持编程器的使用。
- 掌握 FXGP-WIN-C 编程软件的应用。

教学重点

- FXGP-WIN-C 编程软件的应用。

教学难点

- FXGP-WIN-C 编程软件的应用设置。

编程工具用于写入、调试及监控 PLC 控制程序，本章介绍三菱 FX 系列 PLC 的两种编程工具，即手持式编程器和基于 Windows 平台的编程软件 FXGP-WIN-C。

7.1 三菱 FX 系列 PLC 的手持式编程器

7.1.1 FX–20P–E 型手持式编程器的功能概述

FX-20P-E 型手持式编程器是人机对话的重要外围设备，通过编程电缆可将它与三菱 FX 系列 PLC 相连，用来给 PLC 写入、读出、插入和删除程序，以及监视 PLC 的工作状态等。

图 7.1 所示为 FX-20P-E 型手持式编程器面板图，它的功能如下。

① 读（Read）——从 PLC 中读出已经存在的程序。

② 写（Write）——向 PLC 中写入程序。

③ 插入（Insert）——插入程序。

④ 删除（Delete）——从 PLC 程序中删除指令。

⑤ 监控（Monitor）——监视 PLC 的控制操作和状态。

⑥ 检测（Test）——改变当前状态或监视器件值。

⑦ 其他（Others）——列屏幕菜单，监视或修改程序状态，程序检查，内存传送，修改参数，清除，音响控制。

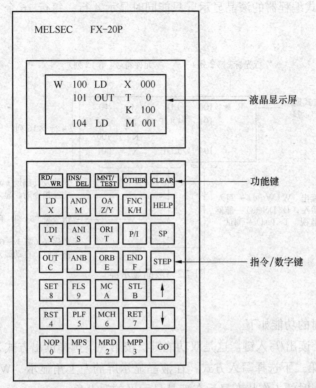

图 7.1 FX-20P-E 手持式编程器面板图

7.1.2 FX–20P–E 型手持式编程器的组成与面板布置

1. FX–20P–E 型手持式编程器的组成

FX-20P-E 型手持式编程器主要包括以下几个部件。

① FX-20P-E 型编程器。

② FX-20P-CAB0 型电缆，用于对三菱的 FX0 以上系列 PLC 编程。

③ FX-20P-RWM 型 ROM 写入器模块。

④ FX-20P-ADP 型电源适配器。

⑤ FX-20P-CAB 型电缆，用于对三菱的其他 FX 系列 PLC 编程。

⑥ FX-20P-FKIT 型接口，用于对三菱的 F1、F2 系列 PLC 编程。

其中的编程器与电缆是必须的，其他部分是选配件。编程器右侧面的上方有一个插座，将 FX-20P-CAB0 电缆的一端输入该插座内,电缆的另一端插到 FX 系列 PLC 的 RS.422 编程器插座内。

2. FX–20P–E 型编程器的面板布置

FX-20P-E 型编程器的面板布置如图 7.1 所示。面板的上方是一个 4 行，每行 16 个字符的液晶显示器。它的下面共有 35 个键，最上面一行和最右边一列为 11 个功能键，其余的 24 个键为指令键和数字键。

（1）液晶显示屏

FX-20P-E 手持式编程器的液晶显示屏只能同时显示 4 行，每行 16 个字符，其显示画面如图 7.2 所示。

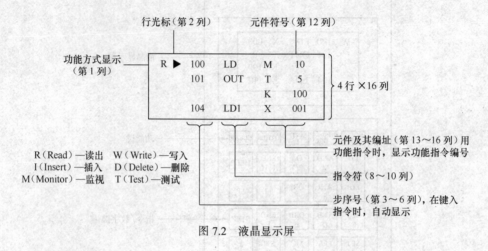

图 7.2　液晶显示屏

（2）功能键

功能键在编程时的功能如下。

① RD/WR 键：读出/写入键。这是双功能键，按第一下选择读出方式，在液晶显示屏的左上角显示 "R"；按第二下选择写入方式，在液晶显示屏的左上角显示 "W"；按第三下又回到读出方式，编程器当时的工作状态显示在液晶显示屏的左上角。

② INS/DEL 键：插入/删除键。这是双功能键，按第一下选择插入方式，在液晶显示屏的左上角显示 "I"；按第二下选择删除方式，在液晶显示屏的左上角显示 "D"；按第三下又回到插入方式，编程器当时的工作状态显示在液晶显示屏的左上角。

③ MNT/TEST 键：监视/测试键。这是双功能键，按第一下选择监视方式，在液晶显示屏的左上角显示 "M"；按第二下选择测试方式，在液晶显示屏的左上角显示 "T"；按第三下又回到监视方式，编程器当时的工作状态显示在液晶显示屏的左上角。

④ GO 键：执行键。用于对指令的确认和执行命令，在键入某指令后，再按 GO 键，编程器就将该指令写入 PLC 的用户程序存储器，该键还可用来选择工作方式。

⑤ CLEAR 键：清除键。在未按 GO 键之前按下 CLERR 键，刚刚键入的操作码或操作数被清除。另外，该键还用来清除屏幕上的错误内容或恢复原来的画面。

⑥ SP 键：空格键。输入多参数的指令时，用来指定操作数或常数。在监视工作方式下，若要监视位编程元件，先按下 SP 键，再送该编程元件和元件号。

⑦ STEP 键：步序键。如果需要显示某步的指令，先按下 STEP 键，再送步序号。

⑧↑、↓键：光标键。用此键移动光标和提示符，指定当前软元件的前一个或后一个元件，作上、下移动。

⑨ HELP 键：帮助键。按下 FNC 键后按 HELP 键，屏幕上显示应用指令的分类菜单，再按下相应的数字键，就会显示出该类指令的全部指令名称。在监视方式下按 HELP 键，可用于使

字编程元件内的数据在十进制和十六进制之间进行切换。

⑩ OTHER 键："其他"键。无论什么时候按下它，立即进入菜单选择方式。

（3）指令键、元件符号键和数字键

它们都是双功能键，键的上部分是指令助记符，键的下部分是数字或软元件符号，哪种功能有效，是在当前操作状态下，由功能自动定义。下面的双重元件符号 Z/V、K/H 和 P/I 交替起作用，反复按键时相互切换。

3. FX–20P–E 型手持式编程器的工作方式选择

FX-20P-E 型编程器具有在线（ONLINE，或称联机）编程和离线（OFFLINE，或称脱机）编程两种工作方式。在线编程时编程器与 PLC 直接相连，编程器直接对 PLC 的用户程序存储器进行读写操作。若 PLC 内装有 EEPROM 卡盒，则程序写入该卡盒，若没有 EEPROM 卡盒，则程序写入 PLC 内的 RAM 中。在离线编程时，编制的程序首先写入编程器内的 RAM 中，以后再成批地传送到 PLC 的存储器。

FX-20P-E 型手持式编程器上电后，其液晶屏幕上显示的内容如图 7.3 所示。

其中闪烁的符号"■"指明编程器所处的工作方式。用↑或↓键将"■"移动到选中的方式上，然后按 GO 键，则进入所选定的编程方式。

在联机方式下，用户可用编程器直接对 PLC 的用户程序存储器进行读/写操作。在执行写操作时，若 PLC 内没有安装 EEPROM 存储器卡盒，则程序写入 PLC 的 RAM 存储器内，反之则写入 EEPROM 中。此时，EEPROM 存储器的写保护开关必须处于"OFF"位置。只有用 FX-20P-RWM 型 ROM 写入器才能将用户程序写入 EPROM。

若按下 OTHER 键，则进入工作方式选定的操作。此时，FX-20P-E 型手持式编程器的液晶屏幕显示的内容如图 7.4 所示。

```
PROGRAM MODE
■ONLINE (PC)
 OFFLINE(HPP)
```
```
ONLINE MODE  FX
■1.OFFLINE MODE
 2.PROGRAM CHECK
 3.DATA TRANSFER
```

图 7.3　在线、离线工作方式选择　　　　图 7.4　工作方式选定

闪烁的符号"■"表示编程器所选的工作方式，按↑或↓，将"■"上移或下移到所需的位置再按 GO 键，就进入了选定的工作方式。

4. 用户程序存储器初始化

在写入程序之前，一般需要将存储器中原有的内容全部清除，再按 RD/WR 键，使编程器处于 W（写）工作方式，接着按以下顺序按键：

NOP→A→GO→GO

5. 指令的读出

（1）根据步序号读出指令

基本操作如图 7.5 所示，先按 RD/WR 键，使编程器处于 R（读）工作方式，如果要读出步序号为 105 的指令，再按以下顺序操作，该指令就显示在屏幕上。

STEP→1→0→5→GO

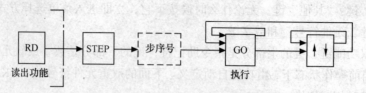

图 7.5　根据步序号读出的基本操作

（2）根据指令读出

基本操作如图 7.6 所示，先按 RD/WR 键，使编程器处于 R（读）工作方式，然后根据图 7.6 或图 7.7 所示的操作步骤依次按相应的键，该指令就显示在屏幕上。

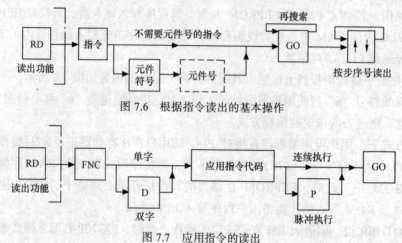

图 7.6　根据指令读出的基本操作

图 7.7　应用指令的读出

例如：指定指令 LDX020，从 PLC 中读出该指令。

按 RD/WR 键，使编程器处于 R（读）工作方式，然后按以下的顺序按键：

LD→X→2→0→GO

按 GO 键后屏幕上显示出指定的指令和步序号。再按 GO 键，屏幕上显示出下一条相同的指令及其步序号。如果用户程序中没有该指令，在屏幕的最后一行显示"NOTFOUND"（未找到）。按↑或↓键可读出上一条或下一条指令。按 CLEAR 键，则屏幕显示出原来的内容。

（3）根据元件读出指令

先按 RD/WR，使编程器处于 R（读）工作方式，在 R 工作方式下读出含有 Y1 的指令的基本操作步骤如图 7.8 所示，按键顺序如下：

SP→Y→1→GO

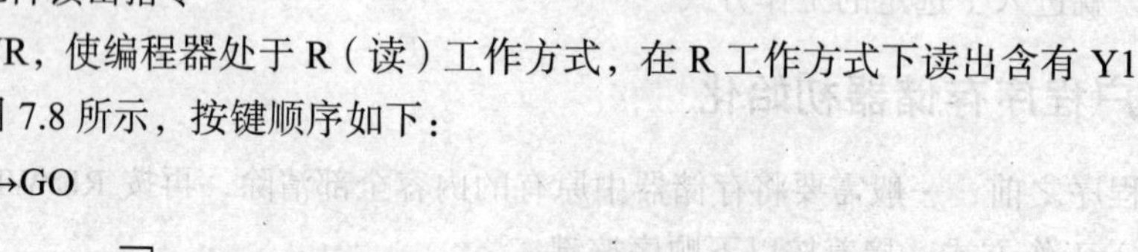

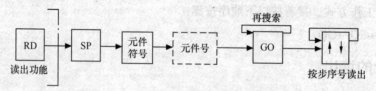

图 7.8　根据元件读出的基本操作

6. 指令的写入

按 RD/WR 键，使编程器处于 W（写）工作方式，然后根据该指令所在的步序号，按 STEP 键后键入相应的步序号，接着按 GO 键，使"▶"移动到指定的步序号时，可以开始写入指令。如果需要修改刚写入的指令，在未按 GO 键之前，按下 CLEAR 键，刚键入的操作码或操作数被清除。若按了 GO 键之后，可按↑键，回到刚写入的指令，再作修改。

（1）写入基本逻辑指令

写入指令 LDX010 时，先使编程器处于 W（写）工作方式，将光标"▶"移动到指定的步序号位置，然后按以下顺序按键：

LD→X→1→0→GO

写入 LDP、ANP、ORP 指令时，在按对应指令键后还要按 P/I 键；写入 LDF、ANF、ORF 指令时，在按对应指令键后还要按 F 键；写入 INV 指令时，按 NOP、P/I 和 GO 键。

（2）写入应用指令

基本操作如图 7.9 所示，按 RD/WR 键，使编程器处于 W（写）工作方式，将光标"▶"移动到指定的步序号位置，然后按 FNC 键，接着按该应用指令的指令代码对应的数字键，然后按 SP 键，再按相应的操作数。如果操作数不止一个，每次键入操作数之前，先按一下 SP 键，键入所有的操作数后，再按 GO 键，该指令就被写入 PLC 的存储器内。如果操作数为双字，按 FNC 键后，再按 D 键；如果是脉冲上升沿执行方式，在键入编程代码的数字键后，接着再按 P 键。

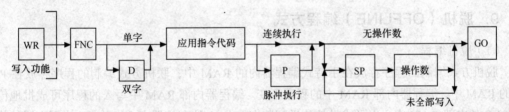

图 7.9　应用指令的写入基本操作

例如：写入数据传送指令 MOVD10D14。

MOV 指令的应用指令编号为 12，写入的操作步骤如下：

FUN→1→2→SP→D→1→0→SP→D→1→4→GO

（3）指令的修改

例如：将其步序号为 105 的原有的指令 OUTT6K150 改写为 OUTT6K30。

根据步序号读出原指令后，按 RD/WR 键，使编程器处于 W（写）工作方式，然后按以下顺序按键：

OUT→T→6→SP→K→3→0→GO

如果要修改应用指令中的操作数，读出该指令后，将光标"▶"移到欲修改的操作数所在的行，然后修改该行的参数。

7. 指令的插入

如果需要在某条指令之前插入一条指令，按照前述指令读出的方式，先将某条指令显示在屏幕上，使光标"▶"指向该指令。然后按 INS/DEL 键，使编程器处于 I（插入）工作方式，再按照指令写入的方法将该指令写入，按 GO 键后，写入的指令插在原指令之前，后面的指令依次向后推移。

例如：要在 180 步之前插入指令 ANDM3，在 I 工作方式下首先读出 180 步的指令，然后使光标"▶"指向 180 步，按以下顺序按键：

INS→AND→M→3→GO

8. 指令的删除

（1）逐条指令的删除

如果需要将某条指令删除，按照指令读出的方法，先将该指令显示在屏幕上，将光标"▶"指向该指令。然后按 INS/DEL 键，使编程器处于 D（删除）工作方式，再按功能键 GO，该指令即被删除。

（2）NOP 指令的成批删除

按 INS/DEL 键，使编程器处于 D（删除）工作方式，依次按 NOP 键和 GO 键，执行完毕后，用户程序中间的 NOP 指令被全部删除。

（3）指定范围内的指令删除

按 INS/DEL 键，使编程器处于 D（删除）工作方式，接着按以下顺序依次按相应的键，该范围内的程序就被删除。

STEP→起始步序号→SP→STEP→终止步序号→GO

9. 脱机（OFFLINE）编程方式

（1）脱机编程

脱机方式编制的程序存放在手持式编程器内的 RAM 中；联机方式编制的程序存放在 PLC 内的 RAM 中，编程器内部 RAM 中的程序不变。编程器内部 RAM 中写入的程序可成批地传送到 PLC 的内部 RAM 中，也可成批地传送到装在 PLC 上的存储器卡盒。往 ROM 写入器的传送应当在脱机方式下进行。

手持式编程器内 RAM 的程序用超级电容器作断电保护，充电 1h 可保持 3 天以上。因此，可将在实验室里脱机生成的装在编程器 RAM 内的程序，传送给安装在现场的 PLC。

（2）进入脱机编程方式的方法

有两种方法可以进入脱机编程方式。

① FX-20P-E 型手持式编程器上电后，按"↓"键，将闪烁的符号"■"移动到 OFFLINE（HPP）位置上，然后再按 GO 键，就进入脱机编程方式。

② FX-20P-E 型手持式编程器处于 ONLINE（联机）编程方式时，按功能键 OTHER，进入工作方式选择，此时闪烁的符号"■"处于 OFFLINEMODE 的位置上，接着按 GO 键，就进入 OFFLINE（脱机）编程方式。

（3）工作方式

FX-20P-E 型手持式编程器处于脱机编程方式时，所编制的用户程序存入编程器内的 RAM 中，与 PLC 内的用户程序存储器以及 PLC 的运行方式都没有关系。除了联机编程方式中的 M 和 T 两种工作方式不能使用以外，其余的工作方式（R、W、I、D）及操作步骤均适用于脱机编程。按

OTHER 键后，即进入工作方式选择的操作。此时，液晶屏幕显示的内容如图 7.10 所示。

脱机编程方式，可用光标键选择 PLC 的型号，如图 7.11 所示。FX2N，FX2NC，FX1N 和 FX1S 之外的其他系列的 PLC 应选择"FX，FX0"。选择好后按 GO 键，出现如图 7.12 所示的确认画面，如果使用的 PLC 的型号有变化，按 GO 键。要复位参数或返回起始状态时按 CLEAR 键。

```
OFFLINE MODE FX
■1.ONLINE MODE
  2.PROGRAM CHECK
  3.HPP〈->FX
```

```
SELECT PC TYPE
■FX,FX0
  FX2N,FX1N,FX1S
```

```
PC TYPE CHANGED
UPDATE PARAMS
OK→[GO]
NO→[CLEAR]
```

图 7.10 屏幕显示   图 7.11 屏幕显示   图 7.12 屏幕显示

在脱机编程方式下，可供选择的工作方式工有 7 种，它们依次是：

① ONLINE MODE；

② PROGRAM CHECK；

③ HPP〈—〉FX；

④ PARAMETER；

⑤ XYM．．NO．CONV．；

⑥ BUZZERLEVEL；

⑦ MODULE。

选择 ONLINE MODE 时，编程器进入联机编程方式。PROGRAMCHECK，PARAMETER，XYM．．NO．CONV．和 BUZZERLEVEL 的操作与联机编程方式下的相同。

（4）程序传送

选择 HPP〈—〉FX 工作方式时，若 PLC 内没有安装存储器卡盒，屏幕显示的内容如图 7.13 所示。按功能键↑或↓将"■"移到需要的位置上，再按功能键 GO，就执行相应的操作。其中"→"表示将编程器的 RAM 中的用户程序传送到 PLC 内的用户程序存储器中去，这时 PLC 必须处于 STOP 状态。"←"表示将 PLC 内存储器中的用户程序读入编程器内的 RAM 中，"："表示将编程器内 RAM 中的用户程序与 PLC 的存储器中的用户程序进行比较，PLC 处于 STOP 或 RUN 状态都可以进行后两种操作。

若 PLC 内装了 RAM、EEPROM 或 EPROM 扩展存储器卡盒，屏幕显示的内容类似图 7.14。图 7.14 中的 ROM 分别为 RAM、EEPROM 和 EPROM，且不能将编程器内 RAM 中的用户程序传送到 PLC 内的 EPROM 中去。

```
3.HPP〈->FX
■HPP→RAM
  HPP←RAM
  HPP:RAM
```

```
[ROM WRITE]
■HPP→ROM
  HPP←ROM
  HPP:ROM
```

图 7.13 未安装存储器卡盒屏幕显示   图 7.14 安装存储器卡盒屏幕显示

（5）MODUL 功能

MODULE 功能用于 EEPROM 和 EPROM 的写入，先将 FX-20P-RWM 型 ROM 写入器插在编程器上，开机后进入 OFFLINE（脱机）方式，选中 MODULE 功能，按功能键 GO 后屏幕显示的内容如图 7.15 所示。

在 MODULE 方式下，共有 4 种工作方式可供选择。

① HPP→ROM。将编程器内 RAM 中的用户程序写入插在 ROM 写入器上的 EEPROM 或 EPROM 内。写操作之前必须先将 EPROM 中的内容全部擦除或先将 EEPROM 的写保护开关置于 OFF 位置。

② HPP←ROM。将 EPROM 或 EEPROM 中的用户程序读入编程器内的 RAM。

③ HPP：ROM。将编程器内 RAM 中的用户程序插在 ROM 写入器上的 EPROM 或 EEPROM 内的用户程序进行比较。

④ ERASECHECK。用来确认存储器卡盒中的 EPROM 是否已被擦除干净。如果 EPROM 中还有数据，将显示 "ERASEERROR"（擦除错误）。如果存储器卡盒中是 EEPROM，将显示 "ROMMISCONNECTED"（ROM 连接错误）。

按照图 7.15 所示的画面，可将 X0～X17 中的一个输入点设置为外部的 RUN 开关，选择 "DON'T USE" 可取消此功能。

```
RUN  INPUT
■USE  X002
DON'T USE
```

图 7.15 设置外部 RUN 开关屏幕显示

7.2

FXGP-WIN-C 编程软件的应用

7.2.1 FXGP-WIN-C 编程软件界面

FXGP-WIN-C 编程软件的界面如图 7.16 所示。界面包含以下几部分。

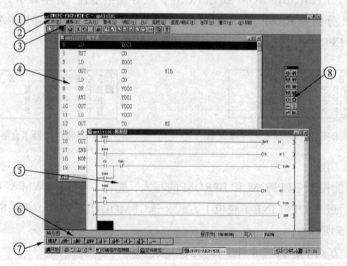

图 7.16 编程软件界面

① 标题栏：显示当前编程文件名，如标题栏中的文件名 untit101。

② 菜单栏：包括文件（F）、编辑（E）、工具（T）、PLC、遥控（R）、监控/测试（M）等菜单项。

③ 快捷功能键：包括保存、打印、剪切、转换、元件名查、指令查、触点/线圈查、刷新等功能键。

④ 当前编程工作区：编辑用指令（梯形图）形式表示的程序。

⑤ 当前编程方式：梯形图。

⑥ 状态栏：梯形图。

⑦ 快捷指令：包括 F5 常开、F6 常闭、F7 输入元件、F8 输入指令等。

⑧ 功能图：包括常开、常闭、输入元件、输入指令等。

FXGP-WIN-C（以下简称 FXGP）的各种操作主要靠菜单来选择，当文件处于编辑状态时，用鼠标单击想要选择的菜单项，如果该菜单项还有子菜单，根据要求选择子菜单项，如果该菜单项没有下级子菜单，则该菜单项就是一个操作命令，单击即执行命令。

7.2.2　文件路径设置

首先应该设置文件路径，所有用户文件都在该路径下存取。例如，设置 D:\PLC*为文件存取路径，其操作步骤如下：

打开 Windows 界面进入"我的电脑"，选中 D 盘，新建一个文件夹，取名为"PLC1"，确认后进入 FXGP 编程软件。

7.2.3　文件进入及存取

文件路径确定后，可以开始进入编程、存取状态。

1. 首次程序设计

首先打开 FXGP 编程软件，单击"文件"菜单，选择"新文件"子菜单或单击常用工具栏中的□按钮，弹出"PLC 类型设置"对话框，供选择机型。使用时，根据实际确定机型，若 FX2N 即选中 FX2N，然后单击"确认"按钮，就可马上进入编辑程序状态。注意，这时编程软件会自动生成一个"SWOPC.FXGP/WIN.C.UNTIT***"文件名，在这个文件名下可编辑程序。

2. 保存文件

文件完成编辑后进行保存，单击"文件"菜单，选择"另存为"子菜单，弹出"FileSaveAs"对话框，在"文件名"文本框中可看到自动生成的"SWOPC.FXGP/WIN.C.UNTIT***"文件名，这是编辑文件用的通用名，在保存文件时可以使用，但一般不使用此类文件名，而在"文件名"文本框中输入一个带有（保存文件类型）特征的文件名。

保存文件类型特征有 3 个：WinFiles(*.pmw)、DosFiles(*.pmc)和 AllFiles(*.*)。

一般类型选择第 1 种，如先去除自动生成的"文件名"，然后在"文件名"文本框中输入 ABC.pmw、555.pmw、新潮.pmw 等。然后单击"确定"按钮，弹出"另存为"对话框，在"文件题头名"文本框中输入一个自己认可的名字，单击"确定"按钮，完成文件保存。

注意：如果单击工具栏中的"保存"按键只是在同名下保存文件。

3. 打开已经存在的文件

打开编程软件 FXGP-WIN-C，单击"文件"菜单，选择"打开"子菜单，弹出"FileOpen"对话框，选择正确的驱动器、文件类型和文件名，单击"确定"按钮即可进入以前编辑的程序。

7.2.4 文件程序编辑

当正确进入 FXGP 编程系统后，文件程序的编辑可用两种编辑状态形式：指令表和梯形图。

1. 指令表编辑程序

在指令表编辑状态，可以用指令表形式编辑一般程序。下面以图 7.17 所示程序为例，操作过程如表 7.1 所示。指令表程序编辑结束后，应该进行程序检查，FXGP 能提供自检，单击"选项"菜单，选择"程序检查"子菜单，弹出"程序检查"对话框，根据提示，可以检查是否有语法错误、电路错误以及双线圈检验，检查无误可以进行下一步的操作。

0	LD	X000
1	OUT	Y000
2	END	

图 7.17　指令表示例

表 7.1　　　　　　　　　　　　指令表程序编辑示例

序　　号	操 作 步 骤	解　　释
1	单击"文件"菜单中的"新文件"或"打开"子菜单，选择PLC类型设置，如FXON或FX2N，确认后，弹出"指令表"（注：如果不是指令表，可从"视图"菜单中选择"指令表"）	建立新文件，进入"指令编辑"状态，进入输入状态，光标处于指令区，步序号由系统自动填入
2	键入"LD"[空格]（也可以键入"F5"），键入"X000"，[回车]	输入第 1 条指令（快捷方式输入指令）输入第 1 条指令元件号，光标自动进入第 2 条指令
3	键入"OUT"[空格]（可以键入"F9"）键入"Y000"，[回车]	输入第 2 条指令（快捷方式输入指令）输入第 2 条指令元件号，光标自动进入第 3 条指令
4	键入"END"，[回车]	

输入结束指令，无元件号，光标下移。

注：程序结束前必须输入结束指令（END）。

2. 梯形图编辑程序

在梯形图编辑状态，可以用梯形图形式编辑程序。下面以图 7.18 所示程序为例，操作过程如表 7.2 所示。梯形图程序编辑结束后，应该进行程序检查，FXGP 能提供自检，单击"选项"菜单中的"程序检查"子菜单，弹出"程序检查"对话框，根据提示可以检查是否有语法错误、电路错误以及双线圈检验。检查无误进行下一步<转换>、<传送>、<运行>操作。

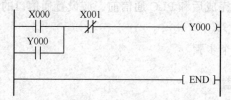

图 7.18 梯形图示例

表 7.2   梯形图程序编辑示例

序 号	操 作 步 骤	解 释
1	单击菜单"文件"中的"新文件"或"打开"选择 PLC 类型设置，FXON 或 FX2N 后确认，弹出"梯形图"（注：如果不是梯形图，可从菜单"视图"内选择"梯形图"	建立新文件，进入"梯形图编辑"状态，进入输入状态，光标处于元件输入位置。
2	首先将小光标移到左边母线最上端处	输入第一条指令（快捷方式输入指令）输入第一条指令元件号，光标自动进入第二条指令
3	按"F5"或单击右边的功能图中的常开，弹出"输入元件"对话框	输入一个元件"常开"触点
4	键入"X000"[回车]	输入元件的符号"X000"
5	按"F6"或单击功能图中的常闭，弹出"输入元件"对话框	输入一个元件"常闭"触点
6	键入"X001"[回车]	输入元件的符号"X001"
7	按"F7"或单击功能图中的输出线圈	输入一个输出线圈
8	键入"Y000"[回车]	输入线圈符号"Y000"
9	单击功能图中带有连结线的常开，弹出"输入元件"对话框	输入一个并联的常开触点
10	键入"Y000"[回车]	输入一个线圈的辅助常开的符号"Y000"
11	按"F8"或单击功能图中的"功能"元件"—[]—"，弹出"输入元件"对话框	输入一个"功能元件"
12	键入"END"[回车]	输入结束符号

注：程序结束前必须输入结束指令（END）

注意：梯形图编辑程序必须转换成指令表格式才能被 PLC 认可运行。将梯形图转换成指令表格式可用鼠标单击"转换"快捷功能键，或者单击工具栏菜单中的"转换"子菜单。

用梯形图编程比较简单、明了，接近电路图，所以一般 PLC 程序都用梯形图来编辑，然后再转换成指令表，下载运行。

7.2.5　设置通信口参数

在 FXGP 中将程序编辑完成后和 PLC 通信前，应设置通信口的参数。如果只是编辑程序，不与 PLC 通信，可以不做此步。

设置通信口参数，分两个步骤。

1.　PLC 串行口设置

单击"PLC"菜单中的"串行口设置（D8120）"子菜单，弹出如图 7.19 所示对话框。检查设置是否一致，如果不一致则进行修改，完成后单击"确认"按钮。

注：串行口设置一般已由厂方设置完成）。

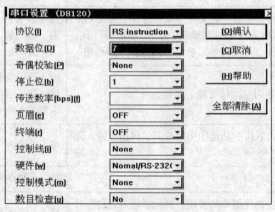

图 7.19　"串行口设置"对话框

2.　PLC 的端口设置

单击"PLC"菜单中的"端口设置"子菜单，弹出如图 7.20 所示的对话框。根据 PLC 与 PC 连接的端口号，选择 COM1～COM4 中的一个，单击"确认"按钮。

注：PLC 的端口设置也可以在编程前进行。

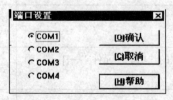

图 7.20　"端口设置"对话框

7.2.6　FXGP 与 PLC 之间的程序传送

在 FXGP 中将程序编辑好之后，要把程序下传到 PLC 中，程序只有在 PLC 中才能运行；也可以把 PLC 中的程序上传到 FXGP 中，在 FXGP 和 PLC 之间进行程序传送之前，应该先用电缆连接好 PC.FXGP 和 PLC。

1. 把 FXGP 中的程序下传到 PLC

若 FXGP 中的程序是用指令表编辑的即可直接传送，如果是用梯形图编辑的则要求转换成指令表才能传送，因为 PLC 只识别指令。

单击菜单 "PLC" 的子菜单 "传送" → "写出"，弹出对话框，有两个选择：所有范围、范围设置。

（1）所有范围

选择 "所有范围"，即状态栏中显示的 "程序步"（FX2N.8000、FX0N.2000）会全部写入 PLC，时间比较长。此功能可以用来刷新 PLC 的内存。

（2）范围设置

先确定 "程序步" 的 "起始步" 和 "终止步" 的步长，然后把确定的步长指令写入 PLC，时间相对比较短。程序步的长短都在状态栏中明确显示。

在 "状态栏" 会出现 "程序步"（或 "已用步"）写入（或插入）FX2N 等字符，选择完步长后，如果这时 PLC 处于 "RUN" 状态，通信不能进行，屏幕会出现 "PLC 正在运行，无法写入" 的文字提示，这时应该先将 PLC 的 "RUN、STOP" 的开关拨到 "STOP" 或单击菜单 "PLC" 的 "遥控运行/停止[0]"（遥控只能用于 FX2N 型 PLC），然后才能进行通信。进入 PLC 程序写入过程，这时屏幕会出现闪烁着的 "写入 Pleasewaitamoment" 等提示符。

"写入结束" 后自动 "核对"，核对正确才能运行。

注意，这时的 "核对" 只是核对程序是否写入了 PLC，对电路的正确与否由 PLC 判定，与通信无关。

若出现 "通信错误" 提示符，需要检查两个方面。

第一，在状态检查中看 "PLC 类型" 是否正确，如运行机型是 FX2N，但设置的是 FXON，就要更改成 FX2N。

第二，PLC 的 "端口设置" 是否正确，即 COM 口。

排除了上面的问题后，重新 "写入"，直到 "核对" 完成表示程序已输送到 PLC 中。

2. 把 PLC 中的程序上传到 FXGP

若要把 PLC 中的程序读回 FXGP，首先要设置好通信端口。单击 "PLC" 菜单中的 "读入" 子菜单，弹出 "PLC 类型设置" 对话框，选择 PLC 类型确认后读入开始。结束后状态栏中显示程序步数。这时在 FXGP 中可以阅读 PLC 中的运行程序。

注意：FXGP 和 PLC 之间的程序传送，有可能原有程序会被当前程序覆盖，假如不想覆盖原有程序，应该注意文件名的设置。

7.2.7　程序的运行与调试

1. 程序运行

当程序写入 PLC 后就可以在 PLC 中运行了。先将 PLC 处于 RUN 状态（可用手拨 PLC 的 "RUN/STOP" 开关到 "RUN" 挡，FXON、FX2N 型都适合，也可用遥控使 PLC 处于 "RUN"

状态，这只适合 FX2N 型），再通过系统的输入开关给 PLC 输入给定信号，观察 PLC 输出指示灯，验证是否符合编辑程序的电路逻辑关系，如果有问题还可以通过 FXGP 提供的调试工具来确定问题，解决问题。

【例 7.1】 运行验证程序。

编辑、传送、运行如图 7.21 所示的程序。

操作步骤如下。

① 先用梯形图方式编辑，然后转换成指令表程序。

② 将程序"写入"PLC，在"写入"时 PLC 应处于"STOP"状态。

③ PLC 中的程序在运行前应使 PLC 处于"RUN"状态。

④ 输入给定信号，观察输出状态，可以验证程序的正确性，如表 7.3 所示。

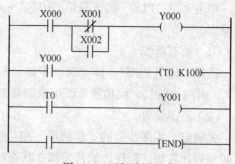

图 7.21　运行验证程序

表 7.3　　　　　　　　　　图 7.21 运行程序验证

操作步骤	观察现象
闭合 X000 断开 X001	Y000 应该动作
闭合 X000 闭合 X002	Y000 应该动作
断开 X000	Y000 应该不动作
闭合 X000、闭合 X001、断开 X002	Y000 这条电路正确
Y000 动作 10s 后 T0 定时器触点闭合	Y001 应该动作，T0、Y001 电路正确

2. 程序调试

当程序写入 PLC 后，按照设计要求可用 FXGP 来调试 PLC 程序。如果有问题，可以通过 FXGP 提供的调试工具来确定问题所在。调试工具监控/测试方法下面举例说明。

① 开始监控。在 PLC 运行时通过梯形图程序显示各位元件的动作情况，如图 7.22 所示。

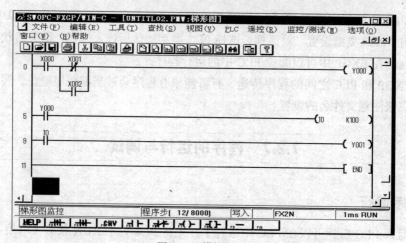

图 7.22　模拟调试

当 X000 闭合、Y000 线圈动作、T0 计时到、Y001 线圈动作，此时可观察到动作的每个元件位置上出现翠绿色光标，表示元件改变了状态。利用"开始监控"可以实时观察程序运行。

② 进入元件监控。在 PLC 运行时，监控指定元件单元的动作情况，如图 7.23 所示。

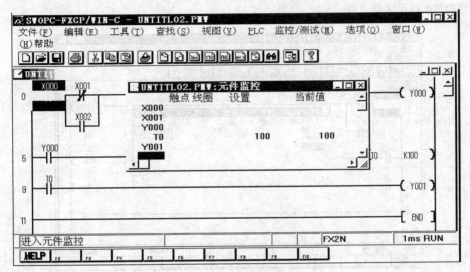

图 7.23　元件监控显示

当指定元件进入监控（在"进入元件监控"对话框中输入元件号），就可以非常清楚地了解元件改变状态的过程。例如，T0 定时器，当它的当前值增加到和设置的值一致，状态发生变化。这过程在对话框中能清楚地看到。

③ 强制 Y 输出。强制 PLC 输出端口（Y）输出 ON/OFF，如图 7.24 所示。

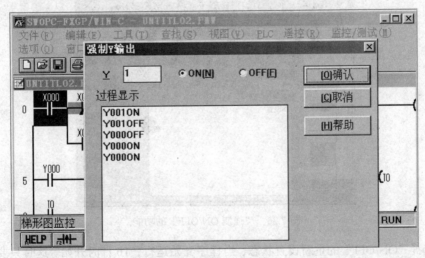

图 7.24　强制 Y 输出显示

如果在程序运行中需要强制某个输出端口（Y）输出 ON 或 OFF，可以在"强制 Y 输出"对话框中输入所要强制的"Y"元件号，选择"ON"或"OFF"状态，按"确认"键后，元件保持"强制状态"一个扫描周期，同时图 7.24 界面也能清楚显示已经执行过的状态。

④ 强制 ON/OFF。强行设置或重新设置 PLC 的位元件。"强制 ON/OFF"相当于执行了一

次 SET/RST 指令或是一次数据传递指令。对那些在程序中其线圈已经被驱动的元素，如 Y0，强制 "ON/OFF" 状态只有一个扫描周期，从 PLC 的指示灯上并不能看到效果。

下面通过图 7.25 和图 7.26 说明 "强制 ON/OFF" 的功能。选 T0 元件作强制对象，在图 7.25 中，可看到在没有选择任何状态（设置/重新设置）条件下，只有当 T0 的 "当前值" 与 "设置" 的值一致时 T0 触点才能工作。

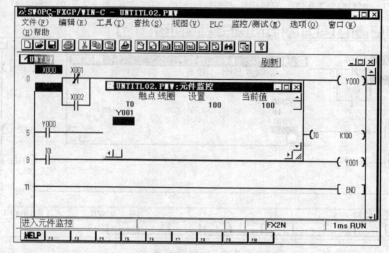

图 7.25 "强制 ON/OFF" 状态前显示

如果选择 "ON/OFF" 的设置状态，在图 7.26 中当程序开始运行，T0 计时开始，这时只要确认 "设置"，计时立刻停止，触点工作（程序中的 T0 状态被强制改变）。

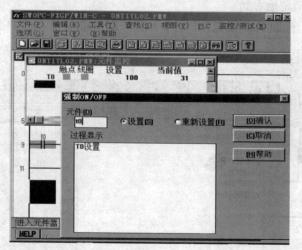

图 7.26 "强制 ON/OFF" 的功能

如果选择 "ON/OFF" 的重新设置状态，当程序开始运行，T0 计时开始，这时只要确认 "重新设置"，当前值立刻被刷新，T0 恢复起始状态，T0 计时重新开始。

调试还可以调用 PLC 诊断，简单观察诊断结果。

调试结束，关闭 "监控/测试"，程序进入运行。注："开始监控"、"进入元件监控" 可以进行实时监控元件的动作情况。

⑤ 改变当前值。改变 PLC 字元件的当前值，如图 7.27 所示。

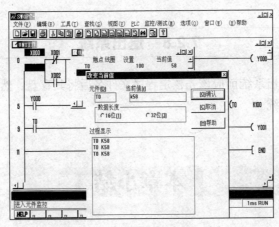

图 7.27　改变当前值显示（一）

在图 7.27 中，当"当前值"的值被改动，如 K100 改为 K58，在程序运行状态下，执行确认，则 T0 从常数 K58 开始计时，而不是从零开始计时，这在元件监控对话框中非常清楚地反应出来，同时在改变当前值的对话框的"过程显示"中也能观察到。

改变当前值在程序调试中可用于瞬时观察。

⑥ 改变设置值。改变 PLC 中计数器或计时器的设置值，如图 7.27 和图 7.28 所示。

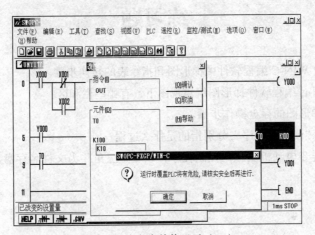

图 7.28　改变当前值显示（二）

在程序运行监控中，如果要改变光标所在位置的计数器或计时器的输出命令状态，只需在"改变设置值"对话框中输入要改变的值，则该计数器或计时器的设置值被改变，输出命令状态也随之改变。在图 7.28 中，T0 原设置值为"K100"，在"改变设置值"对话框中改为"K10"并确认，则 T0 的设置值变为"K10"，如图 7.29 所示。

改变设置值在程序调试中是比较常用的方法。

注：该功能仅仅在监控线路图时有效。

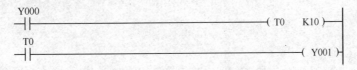

图 7.29　改变设置值后的梯形图

7.2.8　退出系统

完成程序调试后退出系统前应该先核定程序文件名后将其存盘，然后关闭 FXGP 所有应用子菜单显示图，退出系统。

本章小结

本章主要介绍了手持式编程器和 FXGP-WIN-C 编程软件的应用。重点讲述了手持式编程器的组成及使用方法；FXGP-WIN-C 编程软件的文件路径设置、文件存取、文件程序编辑、设置通信口参数、程序传送、程序的运行与调试等软件应用方法。通过本章学习，读者要学会独立使用手持式编程器或 FXGP-WIN-C 编程软件输入软件程序。

练习题

7.1　简述 FXGP-WIN-C 编程软件中梯形图到指令表的转换步骤。

7.2　FXGP-WIN-C 编程软件梯形图编辑视图下，有哪些栏和区？

7.3　简述新建梯形图的存盘操作步骤。

7.4　"写出"和"读入"程序，分别指的是什么过程？

7.5　编制三相异步电动机星三角控制程序，以"星三角"为文件名存盘。将程序写出到 PLC 主机，联机试运行。

PLC 的编程及应用

教学目标与要求

- 熟练掌握常用的基本应用程序模块，包括自锁、互锁、延时控制程序，脉冲振荡器程序
及二分频程序。

- 掌握 PLC 梯形图的 3 种常用编程方法。

教学重点

- 常用基本环节程序的设计。

- 编制梯形图的 3 种常用方法。

教学难点

- 应用实例的设计。

本章以 FX$_{2N}$ 系列 PLC 为例，介绍常用的基本环节程序、PLC 的编程基本方法及一些编程
技巧，以使读者更好地掌握可编程控制器的编程方法。

8.1 常用基本环节程序

实际工作中，许多工程控制程序都是由一些典型、简单的基本程序段组成的。如果能掌握一
些常用基本环节的程序段，就相当于建立了编程的基本"程序库"，在编制大型和复杂的程序时，
可随意调用，从而大大缩短编程的时间。本节以三菱 FX$_{2N}$ 系列 PLC 为例，介绍一些典型程序段。

8.1.1 自锁、互锁控制

自锁、互锁控制是控制电路中最基本的环节，常用于对输入开关和输出继电器的控制电路。

1. 自锁控制

如图 8.1 所示的程序中，X0 闭合使 Y0 线圈通电，随之 Y0 触点闭合，此后即使 X0 触点断

开，Y0 线圈仍可保持通电，只有当常闭触点 X1 断开时，
Y0 才断电，使 Y0 触点断开。若想再启动继电器 Y0，只
有重新使 X0 闭合。这种自锁控制常用于以无锁定开关作
启动开关，或只接通一个扫描周期的触点去启动一个持续
动作的控制电路中。

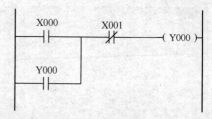

图 8.1　自锁控制程序段

　　自锁控制电路，电动机的启保停控制电路是梯形图中
最典型的单元，它包含了梯形图程序的全部要素。

　　① 输出线圈：即事件。每一个梯形图逻辑行都必须针对输出线圈，上程序中为输出线圈
Y000。

　　② 线圈得电的条件：使线圈为 ON 的触点的组合，就是线圈得电的条件。上程序中是启动
按钮 X0 为 ON。

　　③ 线圈保持输出的条件：触点组合中使线圈得以保持的条件。上程序中是与 X0 并联的
Y0 自锁触点闭合。

　　④ 线圈失电的条件：触点组合中使线圈由 ON 变为 OFF 的条件。上程序中为 X1 常闭触点
断开。

2. 互锁控制（联锁控制）

　　图 8.2 所示的互锁程序段中，Y0 和 Y1 中只要有一个继电器线圈先接通，另一个继电器就
不能再接通。从而保证任何时候两者都不能同时启动。这种互锁控制常用于：被控的是一组不
允许同时动作的对象，如电动机正反转控制等。

　　图 8.3 所示为另一种联锁控制程序段。实现的功能是：只有当 Y0 接通时，Y1 才有可能接
通，只要 Y0 断开，Y1 就不可能接通，即一方的动作是以另一方的动作为前提的。

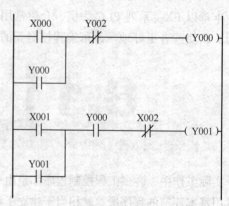

图 8.2　互锁控制程序段　　　　　　　　　　　图 8.3　联锁控制程序段

8.1.2　计　数　控　制

　　计数控制是利用计数器 C 实现的。图 8.4 所示为计数控制环节的梯形图及时序图，图中 X0
使计数器 C0 复位，C0 对 X1 输入的脉冲计数，输入的脉冲数达到 6 个时，计数器 C0 的常开触
点闭合，Y0 得电动作。X0 动作时，C0 复位，Y0 失电。

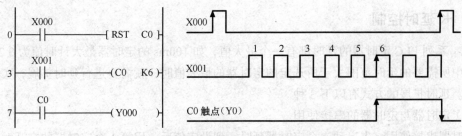

图 8.4　计数器控制循环的梯形图及时序图

8.1.3　延　时　控　制

在 PLC 控制系统中，延时控制用得非常多，FX$_{2N}$ 系列 PLC 的内部有 256 个定时器，能提供 3 种标准时钟脉冲（1ms、10ms、100ms）用于延时控制，用户在编程时会感到十分方便。

PLC 内部的定时器各自都带有控制触点，当定时器达到预定的时间后，其相同序号的控制触点动作，利用它们可方便地实现延时接通或延时断开功能。

1. 延时接通

图 8.5 所示为得电延时接通的程序段。当 X0 为 ON 时，其常开触点闭合，M0 接通并自保；同时 T0 得电开始计时，2s 后，T0 常开触点闭合，Y0 线圈才得电。

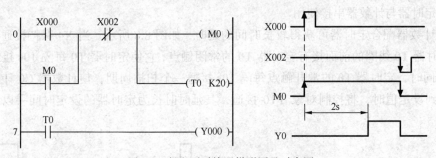

图 8.5　得电延时接通梯形图及时序图

2. 延时断开

图 8.6 所示为失电延时断开的程序段。当 X0 为 ON 时，其常开点闭合，Y0 接通并自保；当 X0 断开时，定时器开始得电延时，10s 后，T0 常闭触点断开，Y0 才断电，即当 X0 断开的时间达到定时器的设定时间时，Y0 才由 ON 变为 OFF，实现失电延时断开。

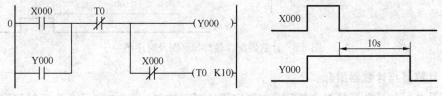

图 8.6　失电延时断开梯形图及时序图

3. 长延时控制

FX$_{2N}$系列PLC定时器的延时都有一个最大值，如100ms的定时器最大计时值为3 276.7s。若工程中所需要的延时范围大于所选定的定时器的最大值时，就需要进行延时扩展，实现长延时控制。延时扩展的方式有以下3种。

（1）定时器与定时器的串接使用

定时器串接使用：先启动一个定时器延时，到设定值后，用第1个定时器的常开触点启动第2个定时器延时，然后使用第2个定时器的常开触点启动第3个，如此下去，用最后一个定时器的常开触点去控制最终的控制对象，即为接力计时。最终的延时时长为各定时器的延时时间之和。图8.7所示为两定时器串接使用的延时程序。

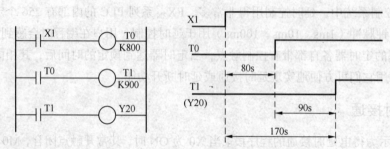

图8.7 定时器接力计时梯形图及时序图

（2）定时器与计数器串接使用

利用计数器配合定时器可获得较长时间的延时，如图8.8所示。当X4保持接通时，电路工作，定时器T0线圈的前面接有定时器T0的常闭触点，它使定时器T0每隔10s接通一次复位一次。同时，定时器T0的常开触点每隔10s接通一个扫描周期，使计数器C0计一次数，当C0达到设定值时，将控制对象Y10接通，其延时时长为定时器的设定时间乘以计数器的设定值。

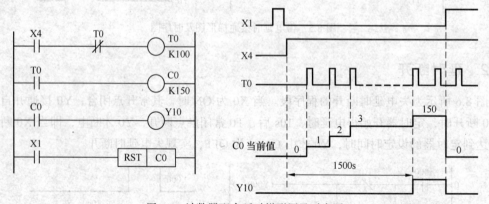

图8.8 计数器配合延时梯形图及时序图

（3）计数器与计数器组合

利用计数器与计数器的组合使用，也可实现长延时控制。图8.9所示为长延时程序，M8013是PLC内部的秒时钟脉冲，M8013每来一个秒时钟脉冲，计数器C0的当前值加1，一直加到设定值60时，C0常开触点闭合，使计数器C1当前值加1，同时C0的当前值清0后继续新的计数。直到 C1 的当前值为设定值 60 时，C1 的常开触点闭合，将被控对象 Y0 接通，其延时时长为各计数器的设定值与时钟脉冲周期的乘积。

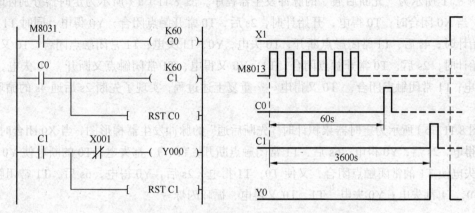

图 8.9　计数器与计数器组合延时梯形图及时序图

8.1.4　定时脉冲发生器

脉冲发生器，即振荡电路。它能够产生特定的通断时序脉冲，主要应用在闪光报警电路中。当控制系统出现故障时，能及时报警，发出声和光通知操作人员，采取相应措施。

脉冲发生器主要由定时器构成，其类型主要有两种。

1. "先通后断"的脉冲发生器

"先通后断"的脉冲发生器程序如图 8.10 所示。图 8.10（a）所示为定时器分别计时的梯形图，当 X0 闭合时，Y0 得电，同时 T0 得电，开始计时，4s 后，T0 常闭触点断开，Y0 失电；T0 常开触点闭合，T1 得电，开始计时，2s 后，T1 常闭触点断开，T0 失电，T1 失电；T0 常闭触点闭合，Y0 又得电，T1 常闭触点闭合，T0 又得电……重复上述过程，实现了先通 4s 再断 2s 的循环闪烁控制。

图 8.10（b）所示为定时器累积计时 "先通后断"的脉冲发生器梯形图，当 X0 闭合时，T0、T1 及 Y0 都得电，4s 后，T0 常闭触点断开，Y0 失电；6s 后，T1 常闭触点断开，T0、T1 失电，T0、T1 常闭触点闭合，T0、T1 及 Y0 得电，过 4s 后 Y0 失电，再过 2s 后，Y0 又得电，循环闪烁。

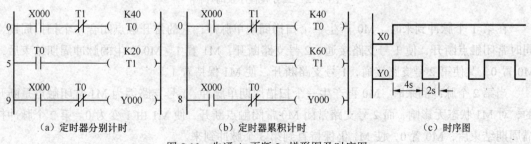

（a）定时器分别计时　　　　　（b）定时器累积计时　　　　　（c）时序图

图 8.10　先通 4s 再断 2s 梯形图及时序图

2. "先断后通"的脉冲发生器

图 8.11 所示为"先断后通"的脉冲发生器程序。图 8.11（a）所示为定时器分别计时的梯形图，当 X0 闭合时，T0 得电，开始计时，2s 后，T0 常开触点闭合，Y0 得电，同时 T1 得电，并开始计时；4s 后，T1 常闭触点断开，T0 失电，Y0、T1 失电；T1 常闭触点闭合，T0 又得电，并开始计时，2s 后，T0 常开触点闭合，T1、Y0 又得电，T1 常闭触点又断开，T0 失电，T1、Y0 失电；T1 常闭触点闭合，T0 又得电……重复上述过程，实现了先断 2s 后通 4s 的循环闪烁控制。

图 8.11（b）所示为定时器累积计时"先断后通"的脉冲发生器梯形图，当 X0 闭合时，T0、T1 都得电，2s 后，Y0 得电，6s 后，T1 常闭触点断开，T0、T1 都失电；T0 的断电使 Y0 失电，T1 的失电使 T1 的常闭触点闭合，又使 T0，T1 得电，2s 后，Y0 得电，6s 后，T1 常闭触点断开，T0、T1 都失电；Y0 失电，T1、T0 又得电，循环闪烁。

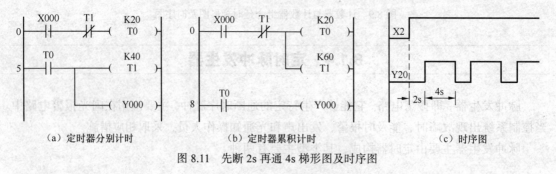

（a）定时器分别计时　　　　　（b）定时器累积计时　　　　　（c）时序图

图 8.11　先断 2s 再通 4s 梯形图及时序图

8.1.5　二分频程序

图 8.12 所示为一个二分频程序。待分频的脉冲信号加在 X0 端，设 M0 和 M1 初始状态均为 0。

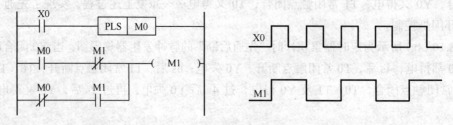

图 8.12　二分频程序及时序图

在第 1 个脉冲到来时，M0 产生一个扫描周期单脉冲，它的常开触点闭合一个扫描周期，同时常闭触点断开，使 1 号支路接通，2 号支路断开，M1 置 1。M0 产生的脉冲周期结束后，M0 置 0，又使第 2 号支路接通，1 号支路断开，使 M1 保持置 1。

当第 2 个脉冲到来时，M0 再产生一个扫描周期单脉冲，1 号支路因为 M1 常闭触点是断开的，对 M1 状态无影响，而 2 号支路常闭 M0 常闭触点断开，使 M1 由 1 变为 0。第 2 个脉冲扫描周期结束后，M0 置 0，使 M1 仍保持直到第 3 个脉冲到来。

第 3 个脉冲到来时，M1 及 M0 的状态和第 1 个脉冲到来时完全相同，M1 的状态变化将重复上面讨论的过程。

从以上的分析可知，X0 每送入两个脉冲，M1 产生一个脉冲，完成了输入信号的二分频。

8.2 PLC 编程方法及技巧

PLC 的程序设计是 PLC 应用最关键的问题。程序设计的语言有指令表、梯形图、顺序控制能图、功能块图等，其中梯形图比较直观，对有一定继电接触器应用经验的技术员，是首选语言，本节以梯形图编程语言为对象，介绍常用的 3 种编程方法。

8.2.1 经 验 法

经验法是在一些典型电路的基础上，根据控制系统的具体要求，经过多次反复调试、修改和完善，最后才能得到较为满意的梯形图的方法。用经验法设计梯形图时，可参考一些基本环节的梯形图和以往的一些编程经验。

1．经验法设计步骤

① 了解控制要求，合理地为系统中的信号分配 I/O 接口，并画出 I/O 分配图。

② 对于控制要求比较简单的输出信号，直接写出它们的控制条件，依启保停电路的编程方法来完成相应输出信号的编程。

③ 对于较复杂的控制，要正确分析控制要求，确定各个输出信号的关键控制点。在以空间位置为主的控制中，关键控制点为引起输出信号状态改变的位置点；在以时间为主的控制中，关键控制点为引起输出信号状态改变的时间点。同时，可借助辅助继电器来编程。

④ 确定了关键控制点后，用基本环节程序的梯形图，画出各个输出信号的梯形图。

⑤ 在完成关键控制点梯形图的基础上，针对系统的控制要求，画出其他输出信号的梯形图。

⑥ 在此基础上，审查以上梯形图，更正错误，补充遗漏的功能，进行最后的优化。

2．经验法的应用

【例 8.1】 用经验法设计三相异步电动机正反转控制的梯形图。

控制要求为：①按下正转启动按钮 SB1，正转接触器 KM1 得电，电动机正转；按下反转启动按钮 SB2，反转接触器 KM2 得电，电动机反转；按下停止按钮 SB 或热继电器 FR 动作，正转接触器或反转接触器失电，电动机停止；②只有电气互锁，没有按钮互锁。

解：①了解控制要求，分配 I/O 接口，画出 I/O 配置图。

输入口：停止按钮 SB——X0（常开点）

正转启动按钮 SB1——X1（常开点）

反转启动按钮 SB2——X2（常开点）

热继电器 FR——X3（常开点）

注：以后程序中，输入继电器均指常开点。

输出口：正传接触器 KM1——Y1

反转接触器 KM2——Y2

其 I/O 分配图如图 8.13 所示。

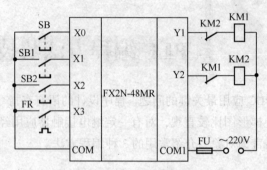

图 8.13 电动机正反转控制的 I/O 图

② 程序设计。电动机正反转的 PLC 控制可通过两种方法实现。

方法 1：根据控制要求，该控制程序可直接利用互锁控制程序加以修改。只要在各自线圈所在支路串联上对方启动按钮的常闭触点，同时串联上热继电器的常闭触点即可，如图 8.14（a）所示。

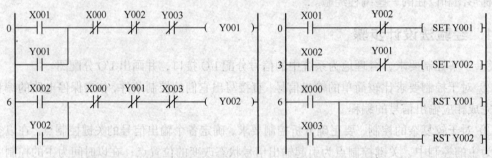

（a）利用自锁、互锁程序段实现电机正反转   （b）用 SET/RST 实现电机正反转

图 8.14 电动机正反转的梯形图

方法 2：利用 SET、RST 指令也可实现电动机的正反转控制。按下正转按钮 X1，正转接触器 Y1 置位并自保持；按下反转按钮 X2，反转接触器 Y2 置位并自保持；按下停止按钮 X0 或热继电器 X3 动作，Y1 和 Y2 复位并自保持；在此基础上再增加对方的常闭触点作电气软互锁，如图 8.14（b）所示。

【例 8.2】   用经验法设计三相异步电动机的循环正反转控制的梯形图。

控制要求为：①按下启动按钮，电动机正转 3s，停 2s，反转 3s，停 2s，如此循环 5 个周期后自动停止；②运行中，按停止按钮或热继电器动作电动机都停止。

解：①根据以上控制要求，分配 I/O 口并画出分配图。

输入口：启动按钮 SB1——X1

停止按钮 SB——X0

热继电器常开触点 FR——X2

输出口：正转接触器 KM1——Y1

反转接触器 KM2——Y2

其 I/O 分配图如图 8.15 所示。

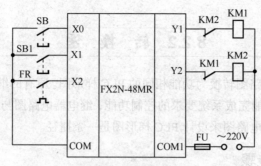

图 8.15　电动机循环正反转控制的 I/O 分配图

　　② 程序设计。根据控制要求可知：该控制程序是一个时间控制顺序控制，所以控制的时间可用累积计时的方法，循环控制可用振荡电路来实现，循环的次数，可用计数器来完成。设置内部继电器：定时器 T0（正转 3s）、T0～T1 之间（停 2s）、T1～T2 之间（反转 3s）、T2～T3 之间（停 2s）。计数器 C0（k=5），因为 Y1 的控制条件比较复杂，所以选用一个辅助继电器 M0。

　　另外，正转接触器 KM1 得电的条件：按下启动按钮 SB1；失电的条件为按下停止按钮 SB 或热继电器动作或 T0 延时时间到或计数次数到。

　　反转接触器 KM2 得电的条件：T1 延时时间到，即 T1 常开触点闭合；失电的条件为按下停止按钮 SB 或热继电器动作或 T2 延时时间到或计数次数到。

　　所以，在"启—保—停"电路的基础上，再增加一个振荡电路和计数电路。综合考虑，其梯形图如图 8.16 所示。

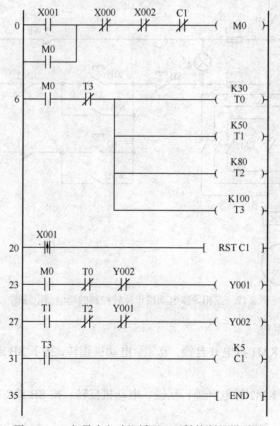

图 8.16　三相异步电动机循环正反转控制的梯形图

8.2.2 转 换 法

转换法是将继电器电路图转换为功能相同的 PLC 梯形图。原有的继电器控制系统经过长期使用和考验，已经被证明能完成系统要求的控制功能，继电器电路图与 PLC 梯形图有很多相似之处，因此，根据继电器电路图来设计 PLC 梯形图是一条捷径。

1. 转换法设计步骤

① 根据继电器电路图分析控制系统的工作原理。
② 确定 PLC 的 I/O 点数，列出 I/O 分配表。
③ 画 PLC 外部接线图。
④ 画对应的梯形图。
⑤ 优化梯形图。

2. 转换法的应用

【例 8.3】 图 8.17 所示为三相异步电动机正反转控制的继电器电路图，试将该电路图转换为功能相同的 PLC 梯形图。

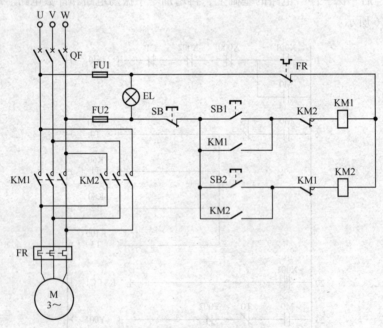

图 8.17 三相异步电动机正反转控制的继电器电路图

解：① 分析动作原理。

按下 SB1，接触器 KM1 得电并自锁，互锁，电动机正转，按下 SB 或 FR 动作，KM1 失电，电动机停止。

按下 SB2，接触器 KM2 得电自锁，互锁，电动机反转，按 SB 或 FR 动作，KM2 失电，电动机停止。

② 确定 I/O 信号，写出 I/O 分配表。

输入信号：SB——X0；　　SB1——X1；　　SB2——X2；　　FR——X3。

输出信号：KM1——Y1；KM2——Y2。

③ 画 PLC 外部接线图，如图 8.18 所示。

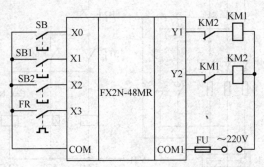

图 8.18　电动机正反转的外部接线图

④ 画对应的 PLC 梯形图，如图 8.19 所示。

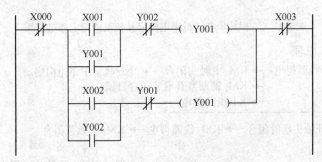

图 8.19　继电器电路图对应的梯形图

⑤ 画优化梯形图，如图 8.20 所示。

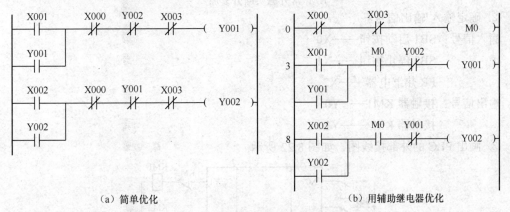

（a）简单优化　　　　　　　　　　　　　（b）用辅助继电器优化

图 8.20　电动机正反转的优化梯形图

【例 8.4】　图 8.21 所示为三相异步电动机串电阻启动控制的继电器电路图，试将该继电器电路图转换为功能相同的 PLC 的外部接线图和梯形图。

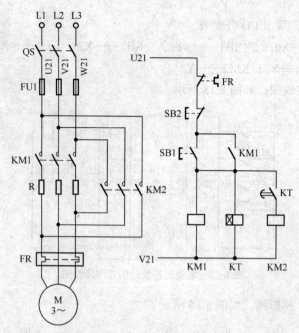

图 8.21 三相异步电动机串电阻启动控制的继电器电路图

解：①分析动作原理。

按下 SB$_2$ → KM$_1$ 线圈得电 ┬→ KM$_1$ 主触头闭合 → 电动机定子串电阻启动
                        ├→ KM$_1$ 辅助常开触头闭合自锁
                        └→ KT 线圈得电 ┐

┌→ KT 常开触头延时闭合 → KM$_2$ 线圈得电 → KM$_2$ 主触头闭合

                                        └→ 电阻被短接，切除定子所串电阻全压运行

按下 SB$_1$ → KM$_1$ 线圈失电 ┬→ KM$_1$ 主触头打开 → 电动机断电停机
                        └→ KM$_1$ 常开触头断开复原

② 确定输入/输出信号。

输入信号：SB1 启动按钮——X0

            SB2 停止按钮——X1

            FR 热继电器——X2

输出信号：接触器 KM1——Y0

            接触器 KM2——Y1

③ 画出 PLC 的外部接线图，如图 8.22 所示。

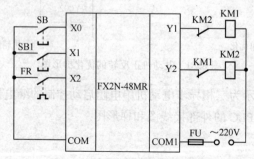

图 8.22 串电阻启动外部接线图

④ 画出对应的梯形图，如图 8.23 所示。

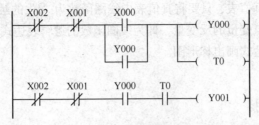

图 8.23　对应的梯形图

⑤ 画出优化梯形图，如图 8.24 所示。

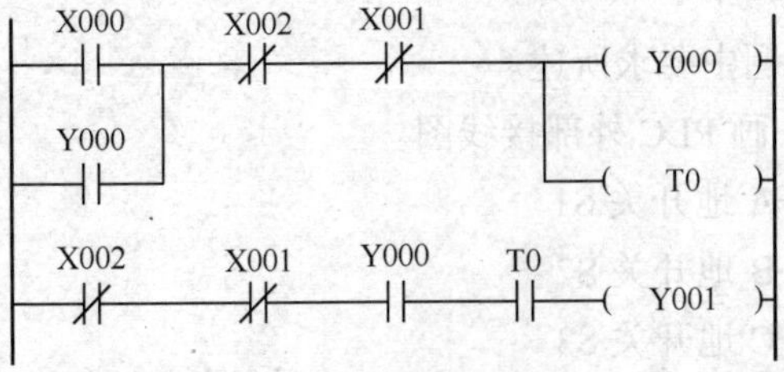

图 8.24　优化梯形图

8.2.3　逻　辑　法

逻辑法是应用逻辑代数以逻辑组合的方法和形式设计程序。其理论基础是逻辑函数，逻辑函数是逻辑与、或、非的逻辑组合，因此，从本质上说，PLC 梯形图程序就是与、或、非的逻辑组合，也可用逻辑函数表达式来表示。

用逻辑法设计梯形图时，必须在逻辑函数表达式与梯形图之间建立一种一一对应关系。作如下规定：输入量为逻辑变量，输出量为逻辑函数；常开触点为原变量（元件），常闭触点为反变量（元件上加一小横线）。

1. 逻辑法设计步骤

① 了解控制要求。

② 确定 PLC 的编程元件（输入继电器、输出继电器、辅助继电器和定时器），画 PLC 外部接线图。

③ 将控制要求转换为逻辑函数（线圈）和逻辑变量（触点），分析触点与线圈的逻辑关系，列出真值表。

- 对于输出信号单一的控制系统，根据控制要求，直接根据输入信号的个数，确定出输入/输出信号的状态，进而列写出真值表。

- 对于输出信号较多且输出信号之间相互联系的控制系统，根据控制要求，直接列出线圈函数和触点变量的取值，即当线圈函数为 1 时，必须使哪些触点变量变为 1，当线圈函数为 0 时，必须使哪些触点变量变为 0。

④ 根据真值表写出逻辑函数表达式。

- 对于上述第 1 种真值表，直接利用组合逻辑电路的设计思路，先写出使输出信号为"1"

的逻辑表达式，然后将其"相或"，即为最终的逻辑函数表达式。

- 对于上述第 2 种真值表，只要将真值表中线圈函数为"1"的触点变量的逻辑式"与上"线圈函数为"0"的各触点变量的反变量，即为线圈函数的逻辑表达式。

⑤ 根据逻辑函数表达式画出梯形图。

⑥ 优化梯形图。

2. 逻辑法的应用

【例 8.5】 要求在 3 个不同的地方独立控制一盏灯，任何一地的开关动作都可使灯的状态发生改变，即不管开关打开还是闭合关，只要开关有动作则灯的状态就要发生改变。试用逻辑法设计梯形图。

① 了解控制要求：如题中要求所述。

② 确定 PLC 软元件，画 PLC 外部接线图。

输入继电器：X0 ——A 地开关 S1

              X1 ——B 地开关 S2

              X2 ——C 地开关 S3

输出继电器：Y0 ——灯

画 PLC 外部接线图，如图 8.25 所示。

③ 列真值表。该控制系统，只有一个输出信号，因此采用第 1 种方式列真值表，如表 8.1 所示。

表 8.1　　　　　　　　　　　　　三地控制一盏灯真值表

X0	X1	X2	Y0
0	0	0	0
0	0	1	1
0	1	0	1
0	1	1	0
1	0	0	1
1	0	1	0
1	0	1	0
1	1	1	1

④ 写出逻辑表达式

$$Y0 = \overline{X0}\,\overline{X1}X2 + \overline{X0}X1\overline{X2} + X0\overline{X1}\,\overline{X2} + X0X1X2$$

⑤ 画对应的梯形图，如图 8.26 所示。

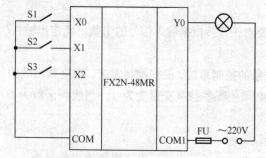

图 8.25　三地控制一盏灯 PLC 外部接线图

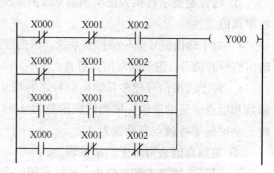

图 8.26　三地控制一盏灯梯形图

【**例 8.6**】 用逻辑法设计三相异步电动机的 Y/△降压启动控制的梯形图。

解：① 了解控制过程。按下启动按钮 SB1，时间继电器 KT 立即得电。同时，启动用接触器 KMY 线圈也得电，并使主接触器 KM 线圈得电并自锁，电动机进入 "Y" 型连接的启动状态。当 KT 的延时到达时，KMY 线圈失电，同时 KM△线圈得电，电动机改接成 "△" 形连接，进入全压运行状态。从而完成 "Y" 型启动，"△" 形运行的控制。此过程中，按下停止按钮 SB 或热继电器 FR 动作，电动机均会停止运转。

② 确定 PLC 编程元件，画出 PLC 外部接线图。

输入继电器： X1——SB1 启动按钮

X0——SB 停止按钮

X2——FR 热继电器

输出继电器： Y0——KM 主接触器

Y1——KMY 启动接触器

Y2——KM△运行接触器

其他编程元件：定时器 T0。PLC 外部接线图如 8.27 所示。

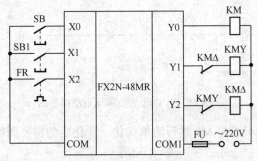

图 8.27　PLC 外部接线图

③ 列出真值表。该控制系统输出信号较多，且输出信号之间有相互联系。因此，采用第 2 种方式列写真值表，如表 8.2 所示。

表 8.2　　　　　　　　　　电动机 Y/△降压启动真值表

触　点							线　圈			
X0	X1	X2	Y0	Y1	Y2	T0	Y1	Y0	Y2	T0
	1			1			1			
0		0			0	0	0			
			1	1				1		
0		0						0		
				1	1	1			1	
0		0		0					0	
	1					1				1
0		0								0

④ 列出逻辑函数表达式。

注意：对于有瞬时触点的时间继电器，可在梯形图中对应的定时器的线圈两端并联辅助继电器的线圈，用辅助继电器的触点来代替时间继电器的瞬时触点。

$$T0(M0) = (X1 + M0) \cdot \overline{X0} \cdot \overline{X2}$$（T0 没有瞬时触点，因此用辅助继电器 M0 代替）

$$Y1 = (X1 + Y1) \cdot \overline{X0} \cdot \overline{X2} \cdot \overline{Y2} \cdot \overline{T0}$$

$$Y0 = (Y1 + Y0) \cdot \overline{X0} \cdot \overline{X2}$$

$$Y2 = (T0 + Y2) \cdot \overline{X0} \cdot \overline{X2} \cdot \overline{Y1}$$

⑤ 根据逻辑表达式画出梯形图，如图 8.28 所示。

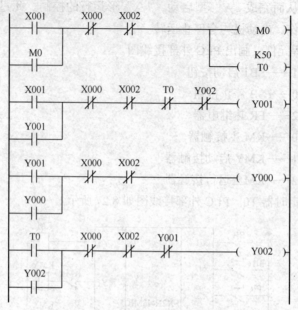

图 8.28　电动机 Y/△降压启动梯形图

当然，上面梯形图也可通过 M0 进行简单优化，优化后的梯形图如图 8.29 所示。

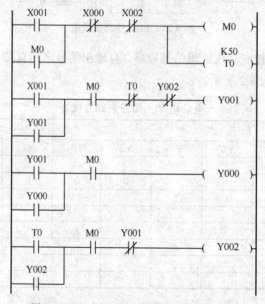

图 8.29　电动机 Y/△降压启动优化梯形图

除了上述 3 种方法外，用步进梯形指令进行状态法编程也是应用广泛的一种设计方法，该方法条理清楚，且易于化简复杂控制系统间的交叉关系，使编程变得容易。关于该方法的详细情况，第 5 章已介绍，这里就不再赘述。

8.3

PLC 应用程序举例

本节通过部分控制过程作为应用实例，提出控制要求，并给出参考程序，为更好地应用 PLC 打下良好基础。

8.3.1 传送带卡阻检测与报警控制程序

1. 控制要求

图 8.30 所示为某产品传送带控制系统。当产品 P 传送经过光电传感器 PH1 后，正常情况下 1min 内必定到达光电传感器 PH2 处。若 1min 内不能从 PH1 处到达 PH2 处，则说明传送带发生了卡阻现象，应立即发出故障报警信号。要求故障灯以 0.5s 通、0.5s 断的频率断续工作，直到外部报警复位按钮 SB1 闭合才停止故障报警。

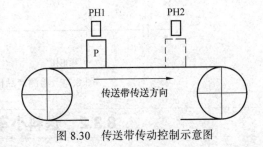

图 8.30 传送带传动控制示意图

2. 输入/输出分配表

传送带传动控制 PLC 输入/输出分配如表 8.3 所示。

表 8.3   传送带控制 PLC 输入/输出分配表

输 入 器 件	输 入 点	输 出 器 件	输 出 点
报警复位按钮 SB1	X0	蜂鸣器	Y0
光电传感器 PH1	X1		
光电传感器 PH2	X2		

3. 程序清单

检测产品传送带 PLC 控制程序清单如图 8.31 所示。

程序解释：

当产品经过光电传感器 PH1 时，输入继电器 X1 接通，内部辅助继电器 M1 接通并自锁，M1 常开触点闭合，定时器 T0 开始延时。

如果产品在 60s 内到达光电传感器 PH2，则输入继电器 X2 的常闭触点断开，M1 断开，定时器复位不报警。

如果产品在 60s 不能道道光电传感器 PH2，则定时器 T0 的常开点闭合，内部辅助继电器 M2 接通并自锁。M2 的常开点闭合，接通一个振荡电路，实现输出继电器 Y0 通 0.5s，断 0.5s，从而使外接蜂鸣器 HA 断续报警。直到操作人员按下报警复位按钮 SB1，输入继电器 X0 的常闭触点断开，M1 和 M2 都断开，使 Y0 失电，停止报警。

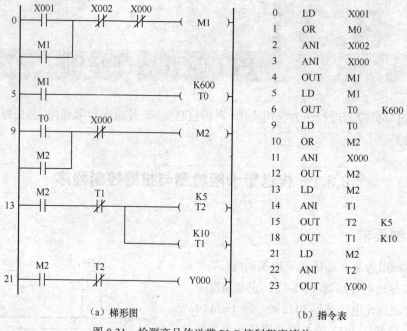

0	LD	X001	
1	OR	M0	
2	ANI	X002	
3	ANI	X000	
4	OUT	M1	
5	LD	M1	
6	OUT	T0	K600
9	LD	T0	
10	OR	M2	
11	ANI	X000	
12	OUT	M2	
13	LD	M2	
14	ANI	T1	
15	OUT	T2	K5
18	OUT	T1	K10
21	LD	M2	
22	ANI	T2	
23	OUT	Y000	

（a）梯形图　　　　　　　　　　　（b）指令表

图 8.31　检测产品传送带 PLC 控制程序清单

8.3.2　送料小车随机运动控制程序

1. 控制要求

如图 8.32 所示，送料小车可沿轨道左行或右行，在 5 个停车位置分别装有 5 个行程开关 SQ1～SQ5，对应着 5 个行程开关，分别有 5 个呼叫按钮 PB1～PB5。

系统启动后，当所压按钮号大于小车停车位置的行程开关号时，小车右行至所压按钮号对应的行程开关号时停止；当所压按钮号小于小车停车位置的行程开关号时，小车左行至所压按钮号对应的行程开关号时停止。

小车运行时呼叫无效，小车具有停车指示灯。

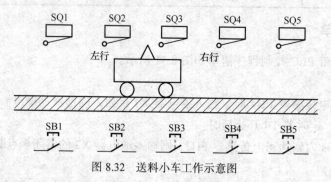

图 8.32　送料小车工作示意图

2. 输入/输出分配表

送料小车运动控制 PLC 输入/输出分配如表 8.4 所示。

表 8.4 　　　　　　　　　　送料小车运动控制 PLC 输入/输出分配表

输 入 器 件	输 入 点	输 出 器 件	输 出 点
启动按钮	X0	小车停止指示灯	Y0
行程开关 SQ1	X1	小车左行接触器	Y1
行程开关 SQ2	X2	小车右行接触器	Y2
行程开关 SQ3	X3		
行程开关 SQ4	X4		
行程开关 SQ5	X5		
呼叫按钮 SB1	X11		
呼叫按钮 SB2	X12		
呼叫按钮 SB3	X13		
呼叫按钮 SB4	X14		
呼叫按钮 SB5	X15		
停用按钮	X10		

3. 程序清单

送料小车随机控制程序清单如图 8.33 所示。

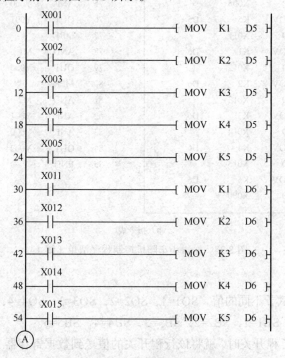

图 8.33　送料小车随机控制程序清单

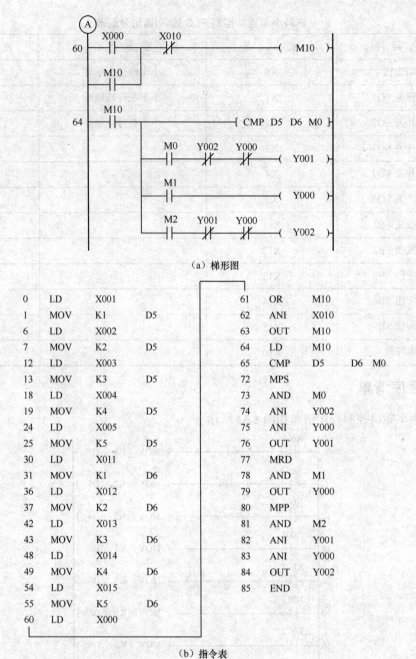

（a）梯形图

0	LD	X001		61	OR	M10
1	MOV	K1	D5	62	ANI	X010
6	LD	X002		63	OUT	M10
7	MOV	K2	D5	64	LD	M10
12	LD	X003		65	CMP	D5 D6 M0
13	MOV	K3	D5	72	MPS	
18	LD	X004		73	AND	M0
19	MOV	K4	D5	74	ANI	Y002
24	LD	X005		75	ANI	Y000
25	MOV	K5	D5	76	OUT	Y001
30	LD	X011		77	MRD	
31	MOV	K1	D6	78	AND	M1
36	LD	X012		79	OUT	Y000
37	MOV	K2	D6	80	MPP	
42	LD	X013		81	AND	M2
43	MOV	K3	D6	82	ANI	Y001
48	LD	X014		83	ANI	Y000
49	MOV	K4	D6	84	OUT	Y002
54	LD	X015		85	END	
55	MOV	K5	D6			
60	LD	X000				

（b）指令表

图 8.33　送料小车随机控制程序清单（续）

程序解释：

将 5 个行程开关赋予不同的值，SQ1=1，SQ2=2，SQ3=3，SQ4=4，SQ5=5。同时将 5 个呼叫按钮也对应赋值，SB1=1，SB2=2，SB3=3，SB4=4，SB5=5。

当小车碰到某个行程开关时，就将该行程开关的值送到数据寄存器 D5。当操作者压了某个按钮时，就将该按钮的值送到终端寄存器 D6 中。然后这两个通道的值进行比较，根据比较的结果使小车作相应的运动，直到两个通道的值相等时小车才停止。

8.3.3　5 组抢答器控制程序

1．控制要求

（1）5 个组参加抢答比赛，比赛规则及所使用的设备如下。

设有主持人总台及各个参赛组分台。总台设有总台灯、总台音响、总台"开始"按钮及总台"复位"按钮。分台设有分台灯及分台"抢答"按钮。

各组抢答必须在主持人给出题目，说了"开始"并同时按下"开始"控制按钮后的 10s 内进行，如提前抢答，抢答器报出"违例"信号，若 10s 时间到，还无人抢答，抢答器给出应答时间到的信号，该题作废。在有人抢答的情况下，抢答成功组必须在 30s 内完成答题，否则作答题超时处理。

（2）灯光及音响信号的意义安排如下。

音响及某分台灯亮：正常抢答。

音响及总台灯亮：无人应答及超时处理。

音响、某分台灯及总台灯亮：违例。

在一个题目回答终了后，主持人按下"复位"按钮，抢答器恢复原始状态，为第 2 轮抢答作好准备。

2．5 组抢答器元器件安排

为了清晰地表达总台灯、各分台灯及总台音响这些输出器件的工作条件，机内器件除了选用表示应答时间和答题时间的两个定时器外，还选用一些辅助继电器，其分配情况如表 8.5 所示。

表 8.5　　　　　　　　　　　　5 组抢答器控制 PLC 器件分配表

输 入 器 件	输 入 点	输 出 器 件	输 出 点	其它机内器件
总台复位按钮 SB	X0	总台音响	Y0	M0：公共控制触点继电器
1 分台按钮 SB1	X1	1 号台灯	Y1	M1：应答时间辅助继电器
2 分台按钮 SB2	X2	2 号台灯	Y2	M2：抢答辅助继电器
3 分台按钮 SB3	X3	3 号台灯	Y3	M3：答题时间辅助继电器
4 分台按钮 SB4	X4	4 号台灯	Y4	M4：音响启动信号辅助继电器
5 分台按钮 SB5	X5	5 号台灯	Y5	T0：音响时限 1s
总台开始按钮 SB6	X010	总台灯	Y010	T1：应答时限 10s
				T2：答题时限 30s

3．程序清单

5 组抢答器程序清单如图 8.34 所示。

程序解释：程序中，应用主控及主控复位指令实现控制。

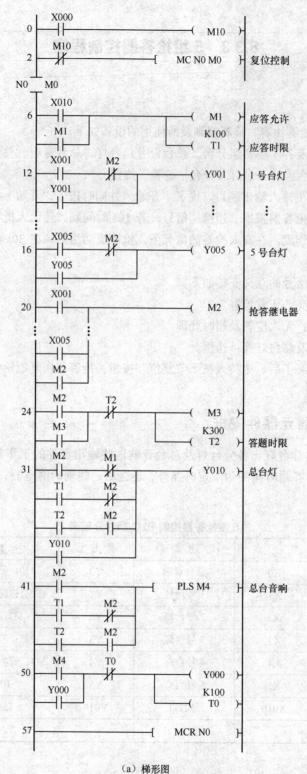

（a）梯形图

图 8.34　5 组抢答器程序清单

0	LD	X000		36	OR	X005	
1	OUT	M10		37	OR	M2	
2	LDI	M10		38	OUT	M2	
3	MC	N0	M0	39	LD	M2	
6	LD	X010		40	OR	M3	
7	OR	M1		41	ANI	T2	
8	OUT	M1		42	OUT	M3	
9	OUT	T1	K100	43	OUT	T2	K300
12	LD	X001		46	LD	M2	
13	ANI	M2		47	ANI	M1	
14	OR	Y001		48	LD	T1	
15	OUT	Y001		49	ANI	M2	
16	LD	X002		50	ORB		
17	ANI	M2		51	LD	T2	
18	OR	Y002		52	AND	M2	
19	OUT	Y002		53	ORB		
20	LD	X003		54	OR	Y010	
21	ANI	M2		55	OUT	Y010	
22	OR	Y003		56	LD	M2	
23	OUT	Y003		57	LD	T1	
24	LD	X004		58	ANI	M2	
25	ANI	M2		59	ORB		
26	OR	Y004		60	LD	T2	
27	OUT	Y004		61	AND	M2	
28	LD	X005		62	ORB		
29	ANI	M2		63	PLS	M4	
30	OR	Y005		65	LD	M4	
31	OUT	Y005		66	OR	Y000	
32	LD	X001		67	ANI	T0	
33	OR	X002		68	OUT	Y000	
34	OR	X003		69	OUT	T0	K100
35	OR	X004		72	MCR	N0	

（b）指令表

图 8.34　5 组抢答器程序清单（续）

当主持人按下总台"开始"按钮 SB6 后，开始抢答，根据音响及各台灯的情况，判断出哪个组抢答成功。

抢答成功组，必须在 30s 内完成答题，否则作超时处理。

当主持人按下总台"复位"按钮 SB 后，辅助继电器 M10 得电，其常闭触点断开，抢答器恢复原始状态。

本章小结

本章也是 PLC 的重点部分，主要介绍了一些常用的基本环节的编程、PLC 的编程方法，列举了

PLC 的应用程序实例。

作为编程组件及基本指令的应用，熟练掌握常用基本环节的编程是非常重要的，可为后续 PLC 系统设计打下牢固基础。

梯形图的经验设计法是目前比较广泛采用的方法，该方法简单，最适合初学者练习，但在实际应用中，用经验法设计梯形图的随意性和试探性很大，程序复杂。根据要求，要逐渐学会将继电器电路图转换成功能相同的 PLC 梯形图，以及应用逻辑法设计梯形图程序的方法。

练习题

8.1　设计一工作台自动往复控制程序。

要求：正反转启动信号：X0、X1，停车信号：X2，左右限位开关 X3、X4，输出信号 Y0、Y1。具有电气互锁和机械互锁功能。

8.2　按钮计数控制。

要求：按下按钮 3 次亮，再按 2 次灭（输入信号：X0，输出信号：Y0）。

8.3　按钮鸣笛提示控制。

要求：每按一次按钮，无论时间长短，均要求鸣笛 10s（输入信号：X0，输出信号：Y0）。

8.4　试设计一个可编程控制系统，要求第 1 台电动机启动 10s 后，第 2 台电动机自行启动，但如果第 1 台电动机停止，则第 2 台电动机一定停止。

8.5　用 PLC 实现两台三相异步电动机的控制。

要求：每隔 10min 依次启动一台，每台运行 8h 后自动停机（输入信号：X0，输出信号：Y1、Y2）。

8.6　两台电动机顺序控制。

要求：第 1 台电动机启动 15s 后第 2 台电动机才启动。第 1 台电动机先通 17s，再断 11s，第 2 台电动机先通 18s，再断 10s（输入信号：X0，输出信号：Y0、Y1）。

8.7　可编程控制器的 X0～X3 接有输入信号，Y0 接有输出信号，当 X0～X3 中任何两输入同时有信号时，Y0 都有输出，X4 有信号时，Y0 封锁输出。根据上述要求设计控制程序。

8.8　试设计一个可编程控制系统，要求第 1 台电动机启动 10s 后，第 2 台电动机可自行启动，运行 5s 后，第 1 台电动机停止运行同时使第 3 台电动机自行启动，再运行 15s 后，电动机全部停止（输入信号：X0，输出信号：Y1、Y2、Y3）。

第9章

可编程控制器控制系统的设计

教学目标与要求

- 熟悉 PLC 控制系统设计的基本原则与内容。
- 掌握 PLC 选择与连接中的注意事项。
- 掌握减少 I/O 点数的措施。
- 理解机械手控制程序设计。
- 了解提高 PLC 控制系统可靠性的措施。

教学重点

- PLC 控制系统设计的基本原则与内容。
- 减少 I/O 点数的措施。
- PLC 选择与连接。

教学难点

- 机械手控制程序设计。

PLC 控制系统的设计主要包括系统设计、程序设计、施工设计和安装调试 4 方面的内容。本章主要介绍 PLC 控制系统的设计步骤和内容，设计与实施过程中应该注意的事项，使读者初步掌握 PLC 控制系统的设计方法。

9.1 PLC 控制系统设计的基本原则与内容

9.1.1 PLC 控制系统设计的基本原则

在设计 PLC 控制系统时，应遵循以下基本原则。

1. 最大限度地满足被控对象的控制要求

充分发挥 PLC 的功能,最大限度满足被控对象的控制要求,是设计 PLC 控制系统中最重要的一条原则。要求设计人员在设计前就要深入现场进行调查研究,收集控制现场的资料,收集相关先进的国内、国外资料。同时,也要注意和现场的工程管理人员、工程技术人员、现场操作人员紧密配合,拟定控制方案,共同解决设计中的疑难问题。

2. 保证 PLC 控制系统安全可靠

保证 PLC 控制系统能够长期安全、可靠、稳定运行,也是设计控制系统的重要原则。要求设计者在系统设计、元器件选择、软件编程上要全面考虑,以确保控制系统安全可靠。

3. 力求简单、经济,使用和维修方便

在满足控制要求的前提下,既要提高工程效益,又要降低工程成本,这就要求控制系统简单、经济,使用和维护方便,成本低,不宜盲目追求自动化和高指标。

4. 适应发展的需要

当今技术不断更新发展,对控制系统要求也不断提高,设计时要适当考虑日后发展和完善的需要。因此,在选择 PLC、输入/输出模块、I/O 点数和内存容量时,适当留有余量,以满足今后生产发展和工艺改进的需要。

9.1.2   PLC 控制系统设计与调试的步骤

图 9.1 所示为 PLC 控制系统设计与调试的一般步骤。

1. 分析被控对象并提出控制要求

详细分析被控对象的工艺过程及工作特点,了解被控对象机、电、液之间的配合,提出被控对象对 PLC 控制系统的控制要求,确定控制方案,拟定设计任务书。

2. 确定输入/输出设备

根据系统控制要求,确定所需的全部输入设备(如按纽、位置开关、各种传感器等)和输出设备(如接触器、电磁阀等),从而确定 PLC 的 I/O 点数。

3. 选择 PLC

PLC 选择包括对 PLC 的机型、容量、I/O 模块、电源等的选择,详见本章第 2 节。

4. 分配 I/O 点并设计 PLC 外围硬件线路

(1)分配 I/O 点
画出 PLC 的 I/O 点与输入/输出设备的连接图或对应关系表。
(2)设计 PLC 外围硬件线路

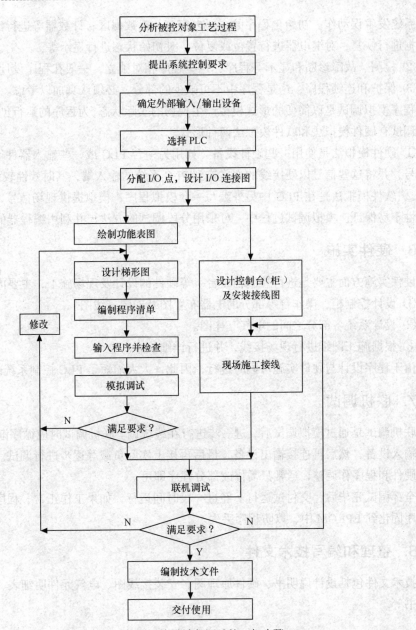

图 9.1　PLC 控制系统设计与调试的一般步骤

画出系统其他部分的电气线路图，包括主电路和未进入 PLC 的控制电路。

由 PLC 的 I/O 连接图和 PLC 外围电气线路图组成系统的电气原理图。至此，系统的硬件电气线路已经确定。

5．程序设计

根据系统的控制要求，采用合适的设计方法来设计 PLC 程序。程序要满足系统控制要求，逐一编写实现各控制功能或各子任务的程序，逐步完善系统指定的功能。除此之外，程序设计通常还应包括以下内容。

① 初始化程序：在 PLC 上电后，一般都要做一些初始化的操作，为启动作必要的准备，

以免系统发生误动作。初始化程序的主要内容有：对数据区、计数器等进行清零，对数据区所需数据进行恢复，对继电器进行置位或复位，对初始状态进行显示等。

② 检测、故障诊断和显示等程序：这些程序相对独立，一般在程序设计基本完成时添加。

③ 保护和连锁程序：这是程序中不可缺少的部分，必须认真加以考虑。

程序模拟调试是以简便的形式模拟产生现场的实际状态，为程序的运行创造必要环境条件，模拟调试有硬件模拟法和软件模拟法两种形式。

① 硬件模拟法是使用一些硬件设备（如用另一台 PLC 或一些输入器件等）模拟产生现场的信号，并将这些信号以硬接线的方式连到 PLC 系统的输入端，其时效性较强。

② 软件模拟法是在 PLC 中另外编写一套模拟程序，模拟提供现场信号，其简单易行，但时效性不易保证。模拟调试过程中，可采用分段调试的方法，并利用编程器的监控功能。

6. 硬件实施

硬件实施方面主要是进行控制柜（台）等硬件的设计及现场施工，主要内容如下。

① 设计控制柜、操作台等部分的电器布置图及安装接线图。

② 设计系统各部分之间的电气互连图。

③ 根据施工图纸进行现场接线，并进行详细检查。

由于程序设计与硬件实施可同时进行，因此，大大缩短了 PLC 控制系统的设计周期。

7. 联机调试

联机调试是通过模拟调试后，进一步进行在线统调。联机调试时应循序渐进，起初 PLC 只连接输入设备，然后再连接输出设备，最后再接上实际负载等逐步进行调试。如不符合要求，则对硬件和程序作调整，通常只需修改部分程序即可。

全部调试完毕后，交付试运行。经过一段时间运行，如果工作正常、程序不需要修改，应将程序固化到 EPROM 中，以防程序丢失。

8. 整理和编写技术文件

技术文件包括设计说明书、硬件原理图、安装接线图、电气元件明细表、PLC 程序、使用说明书等。

9.2
PLC 的选择与连接

随着 PLC 技术的发展，PLC 产品的种类越来越多，不同型号的 PLC，其结构形式、性能、容量、指令系统、编程方式、价格等也各有不同，适用的场合也各有侧重。因此，合理选用 PLC，对于提高 PLC 控制系统的技术经济指标有着重要意义。

PLC 的选择主要应从 PLC 的机型、容量、I/O 模块、电源模块、特殊功能模块、通信联网能力等方面加以综合考虑。

9.2.1　PLC 机型的选择

PLC 机型选择的基本原则是在满足功能要求及保证可靠、维护方便的前提下，力争最佳的性能价格比。选择时主要考虑以下几点。

1.　合理的结构形式

PLC 主要有整体式和模块式两种结构形式。

整体式 PLC 的每一个 I/O 点的平均价格比模块式的便宜，且体积相对较小，一般用于系统工艺过程较为固定的小型控制系统中；而模块式 PLC 的功能扩展灵活方便，在 I/O 点数、I/O 模块的种类等方面选择余地大，且维修方便，一般用于较复杂的控制系统。

2.　安装方式的选择

PLC 系统的安装方式分为集中式、远程 I/O 式以及多台 PLC 联网的分布式。

集中式不需要设置驱动远程 I/O 硬件，系统反应快、成本低。

远程 I/O 式适用于大型系统，系统的装置分布范围广，远程 I/O 可以分散安装在现场装置附近，连线短，但需要增设驱动器和远程 I/O 电源。

多台 PLC 联网的分布式适用于多台设备分别独立控制，又要相互联系的场合，可以选用小型 PLC，但必须要附加通信模块。

3.　相应的功能要求

① 对于只需开关量控制的设备一般选用小型低档 PLC。

② 对于以开关量控制为主，带少量模拟量控制的系统，可选用能带 A/D 和 D/A 转换单元，具有加减算术运算、数据传送功能的增强型低档 PLC。

③ 对于控制较复杂，要求实现 PID 运算、闭环控制、通信联网等功能，可视控制规模及复杂程度，选用中档或高档 PLC。但这类 PLC 价格较贵，一般用于大规模过程控制和集散控制系统中。

4.　响应速度要求

PLC 是为工业自动化设计的通用控制器，不同档次 PLC 的响应速度一般都能满足其应用范围内的需要。跨范围使用 PLC，或者某些功能或信号有特殊的速度要求时，则应该慎重考虑 PLC 的响应速度，可选用具有高速 I/O 处理功能的 PLC，或选用具有快速响应模块和中断输入模块的 PLC 等。

5.　系统可靠性的要求

一般控制系统中，PLC 的可靠性均能满足；对可靠性要求很高的系统，应考虑采用冗余系统或热备用系统。

9.2.2　PLC 容量的选择

PLC 的容量包括 I/O 点数和用户存储容量两个方面。

1．I/O 点数的选择

PLC 平均 I/O 点的价格还比较高，因此，应该合理选用 PLC I/O 点的数量，在满足控制要求的前提下，力争减少 I/O 点数，但必须留有一定的余量。

通常 I/O 点数是根据被控对象输入/输出信号的实际需要，再加上 10%～15%的余量来确定。

2．存储容量的选择

用户程序所需的存储容量大小不仅与 PLC 系统的功能有关，而且还与功能实现的方法、程序编写水平有关。对于初学者应该在存储容量估算时多留余量。

PLC 的 I/O 点数，在很大程度上反映了 PLC 系统的功能要求，因此，可在 I/O 点数确定的基础上，按下式估算存储容量后，再加 20%～30%的余量。

存储容量（字节）= 开关量 I/O 点数×10 + 模拟量 I/O 通道数×100

另外，在存储容量选择的同时，注意对存储器的类型的选择。

9.2.3　I/O 模块的选择

PLC 的 I/O 模块有开关量 I/O 模块、模拟量 I/O 模块及各种特殊功能模块。不同的 I/O 模块，其电路及功能也不同，直接影响 PLC 的应用范围和价格，应当根据实际需要加以选择。

1．开关量 I/O 模块的选择

（1）开关量输入模块的选择

开关量输入模块用来接收现场输入设备的开关信号，将信号转换为 PLC 内部接收的低压信号，并实现 PLC 内、外信号的电气隔离。选择时主要应考虑以下几个方面。

① 输入信号的类型及电压等级。开关量输入模块有直流输入、交流输入和交流/直流输入 3 种类型，选择时主要依据现场输入信号和周围环境因素。直流输入模块的延迟时间较短，还可以直接与接近开关、光电开关等电子输入设备连接；交流输入模块可靠性好，适合于有油雾、粉尘的恶劣环境下使用。

开关量输入模块输入信号的电压等级有：直流 5V、12V、24V、49V、60V 等；交流 110V、220V 等。选择时主要根据现场输入设备与输入模块之间的距离来考虑。一般 5V、12V、24V 用于传输距离较近场合，如 5V 输入模块最远不得超过 10m。距离较远的应选用输入电压等级较高的模块。

② 输入接线方式。开关量输入模块主要有汇点式和分组式两种接线方式，如图 9.2 所示。

汇点式的开关量输入模块所有输入点共用一个公共端（COM），而分组式的开关量输入模块是将输入点分成若干组，每一组（几个输入点）有一个公共端，各组之间是分隔的。分组式的开关量输入模块价格较汇点式的高，如果输入信号之间不需要分隔，一般选用汇点式的。

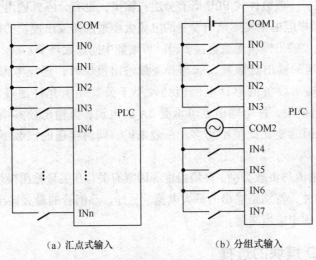

（a）汇点式输入　　　　　（b）分组式输入

图 9.2　开关量输入模块的接线方式

③ 注意同时接通的输入点数量。对于选用高密度的输入模块（如 32 点、49 点等），应考虑该模块同时接通的点数一般不超过输入点数的 60%。

④ 输入门槛电平。为了提高系统的可靠性，必须考虑输入门槛电平的大小。门槛电平越高，抗干扰能力越强，传输距离也越远。

（2）开关量输出模块的选择

开关量输出模块是将 PLC 内部低电压信号转换成驱动外部输出设备的开关信号，并实现 PLC 内外信号的电气隔离。选择时主要应考虑以下几个方面。

① 输出方式。开关量输出模块有继电器输出、晶闸管输出和晶体管输出 3 种方式。

继电器输出的价格便宜，既可以用于驱动交流负载，又可用于直流负载，而且适用的电压大小范围较宽、导通压降较小，同时承受瞬时过电压和过电流的能力较强，但其属于有触点元件，动作速度较慢（驱动感性负载时，触点动作频率不得超过 1HZ）、寿命较短、可靠性较差，只能适用于不频繁通断的场合。

对于频繁通断的负载，应该选用晶闸管输出或晶体管输出，它们属于无触点元件。但晶闸管输出只能用于交流负载，而晶体管输出只能用于直流负载。

② 输出接线方式。开关量输出模块主要有分组式和分隔式两种接线方式，如图 9.3 所示。

分组式输出是几个输出点为一组，一组有一个公共端，各组之间是分隔的，可分别用于驱动不同电源的外部输出设备；分隔式输出是每一个输出点就有一个公共端，各输出点之间相互隔离。选择时主要根据 PLC 输出设备的电源类型和

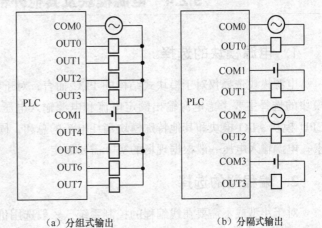

（a）分组式输出　　　　　（b）分隔式输出

图 9.3　开关量输出模块的接线方式

电压等级的多少而定。一般整体式 PLC 既有分组式输出，也有分隔式输出。

③ 输出电流。用户应根据实际输出设备的电流大小来选择输出模块的输出电流。如果实际输出设备的电流较大，输出模块无法直接驱动，可增加中间放大环节。

④ 注意同时接通的输出点数量。选择开关量输出模块时，还应考虑能同时接通的输出点数量。同时接通输出设备的累计电流值必须小于公共端所允许通过的电流值，如一个 220V/2A 的 9 点输出模块，每个输出点可承受 2A 的电流，但输出公共端允许通过的电流并不是 18A（9×2A），通常要比此值小得多。一般来讲，同时接通的点数不超出同一公共端输出点数的 60%。

⑤ 输出的最大电流与负载类型、环境温度等因素有关。开关量输出模块的技术指标，与不同的负载类型密切相关，特别是输出的最大电流。另外，晶闸管的最大输出电流随环境温度升高而降低，在实际使用中应当注意。

2. 模拟量 I/O 模块的选择

模拟量 I/O 模块的主要功能是数据转换，并与 PLC 内部总线相连，同时也有电气隔离功能。其中，模拟量输入（A/D）模块是将现场由传感器检测而产生的连续的模拟量信号转换成 PLC 内部可接收的数字量；模拟量输出（D/A）模块是将 PLC 内部的数字量转换为模拟量信号输出。

典型模拟量 I/O 模块的量程为 $-10V\sim+10V$、$0\sim+10V$、$4\sim20mA$ 等，用户可根据实际需要选用，同时还应考虑分辨率、转换精度等因素。

有的 PLC 制造厂家还提供特殊模拟量输入模块，可用来直接接收低电平信号，如 RTD、热电偶等信号。

3. 特殊功能模块的选择

目前，PLC 制造厂家相继推出了一些具有特殊功能的 I/O 模块，有的还推出了自带 CPU 的智能型 I/O 模块，如高速计数器、凸轮模拟器、位置控制模块、PID 控制模块、通信模块等。

9.2.4　电源模块及其他外部设备的选择

1. 电源模块的选择

电源模块选择仅对于模块式结构的 PLC 而言，对于整体式 PLC 不存在电源的选择。电源模块的选择主要考虑电源输出额定电流和电源输入电压。电源模块的输出额定电流必须大于 CPU 模块、I/O 模块和其他特殊模块消耗电流的总和，同时还应考虑今后 I/O 模块的扩展等因素；电源输入电压一般根据现场的实际需要而定。

2. 编程器的选择

对于小型或不需要在线编程的控制系统，一般选用价格便宜的简易编程器。对于由中、高档 PLC 构成的复杂系统或需要在线编程的 PLC 系统，可以选配功能强、编程方便的智能编程器，但智能编程器价格较贵。如果有现成的个人计算机，也可以选用 PLC 的编程软件，在个人计算机上实现编程器的功能。

3. 写入器的选择

为了防止 RAM 中的用户程序遭到破坏，可选用 EPROM 写入器，通过它将用户程序固化在 EPROM 中。有些 PLC 或其编程器本身就具有 EPROM 写入的功能。

9.2.5 PLC 与输入/输出设备的连接

PLC 常见的输入设备有按钮、行程开关、接近开关、转换开关、各种传感器等，输出设备有继电器、接触器、电磁阀等。正确连接输入和输出电路，是保证 PLC 安全可靠工作的前提。

1. PLC 与常用输入设备的连接

（1）PLC 与主令电器类设备的连接

图 9.4 所示为 PLC 与主令电器类输入设备的连接图。图中的 PLC 为直流汇点式输入，即所有输入点共用一个公共端 COM，同时 COM 端内带有 DC24V 电源。若是分组式输入，也可参照图 9.4 的方法进行分组连接。

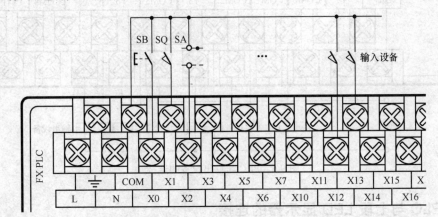

图 9.4　PLC 与主令电器类输入设备的连接图

（2）PLC 与传感器类设备的连接

传感器的种类很多，其输出方式也各不相同。当采用接近开关、光电开关等两线式传感器时，由于传感器的漏电流较大，可能出现错误的输入信号而导致 PLC 的误动作，此时可在 PLC 输入端并联旁路电阻 R，如图 9.5 所示。当漏电流不足 1mA 时可以不考虑其影响。

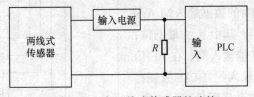

图 9.5　PLC 与两线式传感器的连接

旁路电阻 R 的估算公式如下：

$$R < \frac{R_{\text{C}} \times U_{\text{OFF}}}{I \times R_{\text{C}} - U_{\text{OFF}}}(\text{k}\Omega)$$

式中：I 为传感器的漏电流（mA），U_{OFF} 为 PLC 输入电压低电平的上限值（V），R_{C} 为 PLC 的输入阻抗（kΩ），R_{C} 的值根据输入点不同有差异。

9.2.6 PLC 与常用输出设备的连接

1. PLC 与输出设备的一般连接方法

PLC 与输出设备连接时，不同组（不同公共端）的输出点，其对应输出设备（负载）的电压类型、等级可以不同，但同组（相同公共端）的输出点，其电压类型和等级应该相同。应根据输出设备电压的类型和等级来决定是否分组连接。如图 9.6 所示，图中接法是输出设备具有相同电源的情况，所以各组的公共端连在一起，否则要分组连接。图中只画出 Y0～Y7 输出点与输出设备的连接，其他输出点的连接方法相似。

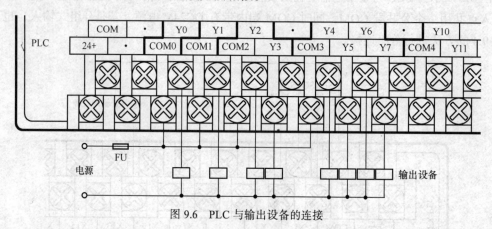

图 9.6 PLC 与输出设备的连接

2. PLC 与七段 LED 显示器的连接

PLC 可直接用开关量输出与七段 LED 显示器连接，但如果 PLC 控制多位 LED 七段显示器，所需的输出点就多。

图 9.7 所示的电路中，采用具有锁存、译码、驱动功能的芯片 CD4513 驱动共阴极 LED 七段显示器，两只 CD4513 的数据输入端 A～D 共用 PLC 的 4 个输出端，其中 A 为最低位，D 为最高位。LE 是锁存使能输入端，在 LE 信号的上升沿将数据输入端输入的 BCD 数锁存在片内的寄存器中，并将该数译码后显示出来。如果输入的不是十进制数，显示器熄灭。LE 为高电平时，显示的数不受数据输入信号的影

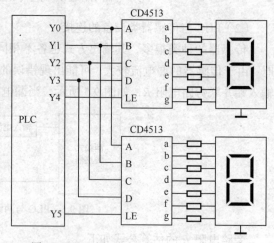

图 9.7 PLC 与两位七段 LED 显示器的连接

响。显然，N 个显示器占用的输出点数为 $P=4+N$。

9.3 减少 I/O 点数的措施

PLC 实际应用中常遇到这样的问题：一是 PLCI/O 点数不够，需要扩展，然而增加 I/O 点数将提高成本；二是已选定的 PLC 可扩展的 I/O 点数有限，无法再增加。因此，在满足系统控制要求的前提下，应合理使用 I/O 点数，尽量减少所需的 I/O 点数。下面将绍几种常用减少 I/O 点数的措施。

9.3.1 减少输入点数的措施

1. 分组输入

一般系统都存在多种工作方式，但系统在同一时刻只选择其中一种工作方式运行，因此，可将系统输入信号按其对应的工作方式不同分成若干组，PLC 运行时只会用到其中的一组信号，因此各组输入可共用 PLC 的输入点，这样就可减少输入点数的配置。

如图 9.8 所示，系统有"自动"和"手动"两种工作方式，其中 S1～S9 为自动工作方式用到的输入信号，Q1～Q9 为手动工作方式用到的输入信号。两组输入信号共用 PLC 的输入点 X0～X7，如 S1 与 Q1 共用输入点 X0。用"工作方式"选择开关 SA 来切换"自动"和"手动"信号的输入电路，并通过 X10 让 PLC 识别是"自动"，还是"手动"，从而执行自动程序或手动程序。

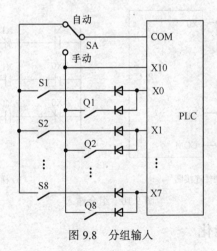

图 9.8 分组输入

2. 矩阵输入

图 9.9 所示为 3×3 矩阵输入电路，用 PLC 的 3 个输出点 Y0、Y1、Y2 和 3 个输入点 X0、

X1、X2 来实现 9 个开关量输入设备的输入。图中，输出 Y0、Y1、Y2 的公共端 COM 与输入继电器的公共端 COM 连在一起。当 Y0、Y1、Y2 轮流导通，则输入端 X0、X1、X2 也轮流得到不同的 3 组输入设备的状态，即 Y0 接通时读入 Q1、Q2、Q3 的通断状态，Y1 接通时读入 Q4、Q5、Q6 的通断状态，Y2 接通时读入 Q7、Q9、Q9 的通断状态。

Y0 接通时，如果 Q1 闭合，则电流从 X0 端流出，经过 VD_1→Q1→Y0 端，再经过 Y0 的触点，从输出公共端 COM 流出，最后流回输入 COM 端，从而使输入继电器 X0 接通。在梯形图程序中，应该用 Y0 常开触点和 X0 常开触点的串联来表示 Q1 提供的输入信号。

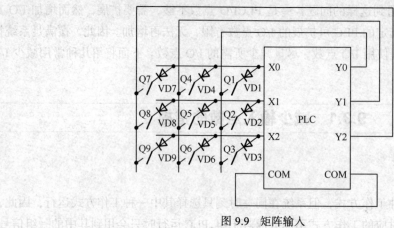

图 9.9　矩阵输入

3．组合输入

对于不会同时接通的输入信号，可采用组合编码的方式输入。如图 9.10（a）所示，3 个输入信号 Q1、Q2、Q3 只要占用两个输入点，通过图 9.10（b）所示程序的译码，就还原成与 Q1、Q2、Q3 对应的 M0、M1、M2 3 个信号。采用这种方法应特别注意要保证各输入开关信号不会同时接通。

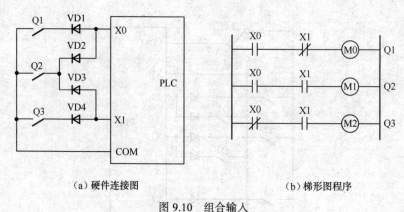

（a）硬件连接图　　　　　　　　（b）梯形图程序

图 9.10　组合输入

4．输入设备多功能化

传统的继电器电路中，一个主令电器（如开关、按钮等）只产生一种功能的信号。而在 PLC 系统中，可借助于 PLC 强大的逻辑处理功能，来实现一个输入设备在不同条件下，产生不同信号的功能。下面举例说明。

如图 9.11 所示，用一个按钮通过 X0 输入去控制输出 Y0 的通断。当 Y0 断开时，按下按钮（X0 接通），M0 得电，使 Y0 得电并自锁；再按一下按钮，M0 得电，由于此时 Y0 已得电，所以 M1 也得电，其常闭触点使 Y0 断开。改变了传统继电器控制中要用两个按钮（启动按钮和停止按钮）的作法，从而减少了 PLC 的输入点数。

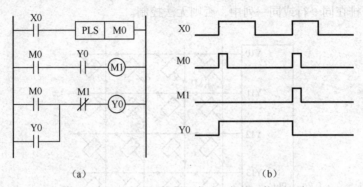

图 9.11　用一个按钮控制的启动、保持、停止电路

5．合并输入

将功能相同的开关量输入设备合并输入。如果是常闭触点，则串联输入；如果是常开触点，则并联输入。因此，多个输入设备可共用 PLC 的一个输入点。

6．输入信号设在 PLC 外部

系统中有些输入信号功能简单，如手动按钮、电动机过载保护的热继电器触点等，有时没必要作为 PLC 的输入，把它们放在外部电路中同样满足要求，如图 9.12 所示。

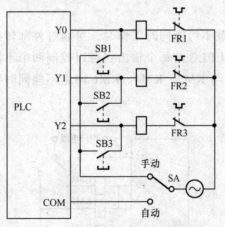

图 9.12　输入信号设在 PLC 外部图

9.3.2　减少输出点数的措施

1．矩阵输出

图 9.13 所示的矩阵输出，采用 9 个输出组成 4×4 矩阵，可接 16 个输出设备（负载）。要使

某个负载接通工作，只要控制它所在的行与列对应的输出继电器即可。例如，要使负载 KM1 得电工作，必须控制 Y0 和 Y4 输出接通。应该注意，只有某一行对应的输出继电器接通，各列对应的输出继电器才可任意接通，或者只有某一列对应的输出继电器接通，各行对应的输出继电器才可任意接通，否则将会出现错误接通负载。因此，采用矩阵输出时，必须要将同一时间段接通的负载安排在同一行或同一列中，否则无法控制。

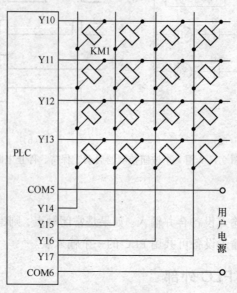

图 9.13　矩阵输出

2．分组输出

当两组输出设备或负载不可能同时工作时，可通过外部转换开关或通过受 PLC 控制的电器触点进行切换，所以 PLC 的每个输出点可以控制两个不同时工作的负载。如图 9.14 所示，KM1、KM3、KM5 与 KM2、KM4、KM6 两组不能同时接通，用转换开关 SA 进行切换。

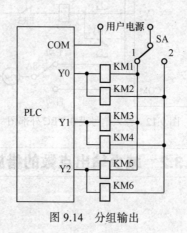

图 9.14　分组输出

3. 并联输出

两个通断状态完全相同的负载，可并联后共用 PLC 的一个输出点。但 PLC 输出点同时驱动多个负载时，应考虑其驱动能力是否满足要求。

4. 输出设备多功能化

利用 PLC 的逻辑处理功能，一个输出设备可实现多种用途。

例如，在继电器系统中，一个指示灯指示一种状态，而在 PLC 系统中，很容易实现用一个输出点控制指示灯的常亮和闪烁，这样一个指示灯就可指示两种状态。

9.4

PLC 在机械手控制系统中的应用

PLC 具有高可靠性及使用简便性，因此，广泛应用于各种生产机械和生产过程的自动控制中，特别是在开关量控制系统中的应用，更彰显其优越性。本节通过 PLC 在机械手中的应用实例，说明 PLC 在开关量控制系统中的应用设计。

9.4.1 机械手控制要求

图 9.15 所示为一台工件传送的气动机械手的动作示意图。其作用是将工件从 A 点传递到 B点。控制功能要求如下。

① 气动机械手升降和左右移行分别由两个电磁阀驱动气缸来完成，其中上升与下降控制的电磁阀线圈分别为 YV1 与 YV2，左行、右行控制电磁阀的线圈分别为 YV3 与 YV4。

② 一旦电磁阀线圈通电，就一直保持现有的动作，直到相反动作的另一线圈通电为止。

③ 气动机械手夹紧、松开动作由两个电磁阀驱动的气缸完成，电磁阀线圈 YV5 断电夹住工件，线圈 YV5 通电，松开工件，以防停电时工件跌落。

④ 机械手工作臂设有上、下限位和左、右限位的位置开关 SQ1、SQ2 和 SQ3、SQ4，夹持装置不带限位开关，通过一定的延时来控制其夹持动作。除松开的电磁线圈 YV5 通电外，机械手在最上面、最左边且其他线圈全部断电的状态为机械手的原位。

⑤ 机械手具有手动、单步、单周期、连续和回原位 5 种工作方式，用开关 SA 进行选择。机械手的操作面板分布情况如图 9.16 所示。

⑥ 手动工作方式时，用各操作按钮 SB5、SB6、SB7、SB9、SB9、SB10、SB11 来点动执行相应的各动作。

⑦ 单步工作方式时，每按一次"启动"按钮 SB3，向前执行一步动作；

⑧ 单周期工作方式时，机械手在原位，按下"启动"按钮 SB3，自动地执行一个工作周期的动作，最后返回原位；如果在动作过程中按下"停止"按钮 SB4，机械手停在该工序上，再

按下"启动"按钮 SB3，则又从该工序继续工作，最后停在原位。

⑨ 连续工作方式时，机械手在原位，按下"启动"按钮 SB3，机械手就连续重复进行工作，如果按下"停止"按钮 SB4，机械手运行到原位后停止。

⑩ 返回原位工作方式时，按下"回原位"按钮 SB11，机械手自动回到原位状态。

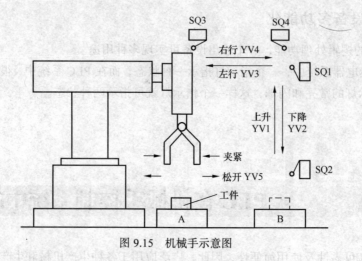

图 9.15　机械手示意图

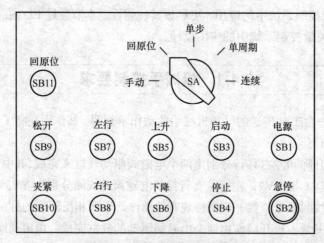

图 9.16　机械手操作面板示意图

9.4.2　PLC 的 I/O 分配

图 9.17 所示为机械手控制系统 PLC 的 I/O 接线图，选用 FX2N_48MR 的 PLC，系统共有 19 个输入设备和 5 个输出设备，分别占用 PLC 的 19 个输入点和 5 个输出点。为了保证在紧急情况下（包括 PLC 发生故障时）能可靠地切断 PLC 的负载电源，设置了交流接触器 KM。在 PLC 开始运行时按下"电源"按钮 SB1，使 KM 线圈得电并自锁，KM 的主触点接通，给输出设备提供电源；出现紧急情况时，按下"急停"按钮 SB2，KM 触点断开电源。

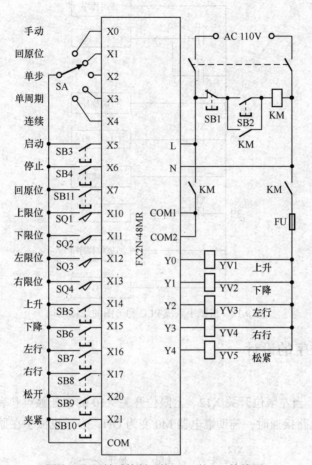

图 9.17　机械手控制系统 PLC 的 I/O 接线图

9.4.3　PLC 程序设计

1. 程序的总体结构

图 9.18 所示为机械手系统 PLC 梯形图的总体结构，将程序分为公用程序、自动程序、手动程序和回原位程序 4 个部分，其中自动程序包括单步、单周期和连续工作的程序，因为它们的工作都是按照同样的顺序进行，所以将它们合在一起编程更加简单。梯形图中使用跳转指令使得自动程序、手动程序和回原位程序不会同时执行。假设选择 "手动" 方式，则 X0 为 ON、X1 为 OFF，此时 PLC 执行完公用程序后，将跳过自动程序到 P0 处，由于 X0 常闭触点为断开，故执行 "手动程序"，执行到 P1 处，由于 X1 常闭触点为闭合，所以又跳过回原位程序到 P2 处；假设选择 "回原位" 方式，则 X0 为 OFF、X1 为 ON，跳过自动程序和手动程序执行回原位程序；假设选择 "单步" 或 "单周期" 或 "连续" 方式，则 X0、X1 均为 OFF，此时执行完自动程序后，跳过手动程序和回原位程序。

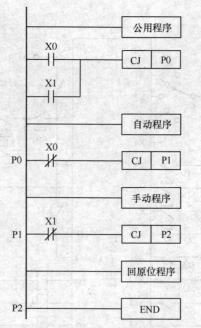

图 9.18 机械手系统 PLC 梯形图的总体结构

2. 各部分程序的设计

（1）公用程序

如图 9.19 所示，当左限位开关 X12、上限位开关 X10 的常开触点和表示机械手松开的 Y4 的常开触点的串联电路接通时，辅助继电器 M0 变为 ON，表示机械手在原位。

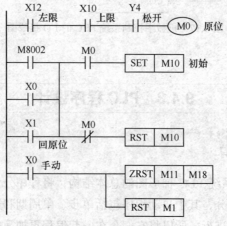

图 9.19 公用程序图

当系统处于"手动"工作方式时，必须将除初始步以外的各步对应的辅助继电器（M11、M18）复位，同时将表示连续工作状态的 M1 复位。

当机械手处于原点状态（M0 为 ON），在开始执行用户程序、系统处于"手动"状态或"回原位"状态（X0 或 X1 为 ON）时，初始步对应的 M10 将被置位，为进入单步、单周期和连续工作方式做好准备。如果此时 M0 为 OFF 状态，M10 将被复位，初始步为不活动步，系统不能在单步、单周期和连续工作方式下工作。

（2）手动程序

如图 9.20 所示，手动工作时用 X14～X21 对应的 6 个按钮控制机械手的上升、下降、左行、右行、松开和夹紧。为了保证系统的安全运行，在手动程序中设置了一些必要的联锁。

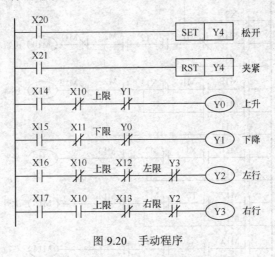

图 9.20　手动程序

（3）自动程序

图 9.21 所示为机械手系统自动程序的功能表图。使用通用指令的编程方式设计出的自动程序如图 9.22 所示。

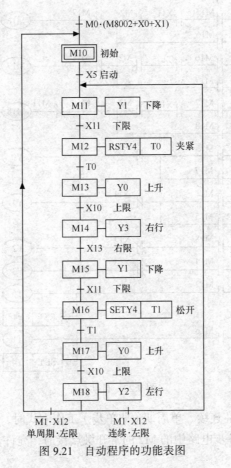

图 9.21　自动程序的功能表图

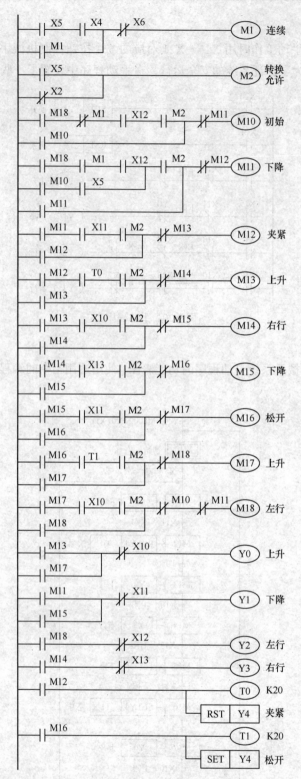

图 9.22　自动程序

图 9.22 中，系统工作在连续、单周期（非单步）工作方式时，X2 的常闭触点接通，使 M2（转换允许）ON，串联在各步电路中的 M2 的常开触点接通，允许步与步之间转换。

单周期工作方式时，X3 为 ON，X1 和 X2 的常闭触点闭合，M2 为 ON，允许转换。初始步时按下"启动"按钮 X5，在 M11 的电路中，M10、X5、M2 的常开触点和 X12 的常闭触点均接通，使 M11 为 ON，系统进入下降步，Y1 为 ON，机械手下降；机械手碰到下限位开关 X11 时，M12 变为 ON，转换到夹紧步，Y4 被复位，工件被夹紧；同时 T0 得电，2s 以后 T0 的定时时间到，其常开触点接通，使系统进入上升步。系统将这样一步一步地往下工作，当机械手在步 M19 返回最左边时，X4 为 ON，因为此时不是连续工作方式，M1 处于 OFF 状态，转换条件 $\overline{M1} \cdot X12$ 满足，系统返回并停留在初始步 M10。

连续工作方式时，X4 为 ON，在初始状态按下"启动"按钮 X5，与单周期工作方式相同，M11 变为 ON，机械手下降，同时，控制连续工作的 M1 为 ON，随后的工作过程与单周期工作方式相同。机械手在步 M19 返回最左边时，X12 为 ON，因为 M1 为 ON，转换条件 $M7 \cdot X4$ 满足，系统将返回步 M11，反复连续地工作下去。按下停止按钮 X6 后，M1 变为 OFF，但是系统不会立即停止工作，在完成当前工作周期的全部动作后，在步 M19 返回最左边，左限位开关 X12 为 ON，转换条件 $\overline{M1} \cdot X12$ 满足，系统才返回并停留在初始步。

单步工作方式时，X2 为 ON，它的常闭触点断开，"转换允许"辅助继电器 M2 在一般情况下为 OFF，不允许步与步之间的转换。设系统处于初始状态，M10 为 ON，按下"启动"按钮 X5，M2 变为 ON，使 M11 为 ON，系统进入下降步。放开"启动"按钮后，M2 马上变为 OFF。在下降步，Y0 得电，机械手降到下限位开关 X11 处时，与 Y0 线圈串联的 X11 常闭触点断开，使 Y0 线圈断电，机械手停止下降。X11 常开触点闭合后，如果没有按"启动"按钮，X5 和 M2 处于 OFF 状态，一直要等到按下"启动"按钮，M5 和 M2 变为 ON，M2 常开触点接通，转换条件 X11 才能使 M12 接通，M12 得电并自保，系统才能由下降步进入夹紧步。以后在完成某一步的操作后，都必须按一次"启动"按钮，系统才能进入下一步。

在输出程序部分，X10～X13 的常闭触点是为单步工作方式设置的。以下降为例，当小车碰到限位开关 X11 后，与下降步对应的辅助继电器 M11 不会马上变为 OFF，如果 Y0 的线圈不与 X11 的常闭触点串联，机械手不能停在下限位开关 X11 处，还会继续下降，这种情况下可能造成事故。

（4）回原点程序如图 9.23 所示。在回原点工作方式（X1 为 ON），按下"回原点启动"按钮 X7，M3 变为 ON，机械手松开和上升，升到上限位开关时 X10 为 ON，机械手左行，到左限位处时，X12 变为 ON，左行停止并将 M3 复位。这时原点条件满足，M0 为 ON，在公用程序中，初始步 M0 被置位，为进入单周期、连续和单步工作方式做好了准备。

3. 程序调试

由于在程序设计时已经考虑各部分之间的相互关系，因此，只要将公

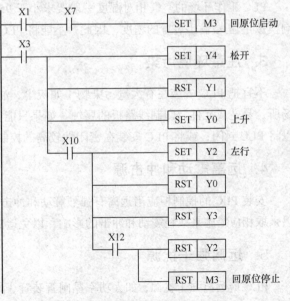

图 9.23　回原位程序

用程序（见图9.19）、手动程序（见图9.20）、自动程序（见图9.22）和回原位程序（见图9.23）按照机械手程序总体结构（见图9.18）综合起来即为机械手控制系统的PLC程序。

模拟调试时各部分程序可先分别调试，然后再进行全部程序的调试，也可直接进行全部程序的调试。最后进行现场施工与联机调试。

9.5 提高PLC控制系统可靠性的措施

虽然PLC的可靠性很高，并且抗干扰能力很强，但在恶劣的环境或安装使用不当等情况下，都有可能引起PLC内部信息的破坏而导致控制混乱，甚至造成内部元件损坏。为了提高PLC系统运行的可靠性，使用时应注意以下几个方面的问题。

9.5.1 工作环境

1. 环境温度适宜

各生产厂家对PLC的环境温度都有一定的规定。安装时不要把发热量大的元件放在PLC的下方；PLC四周要有足够的通风散热空间；不要把PLC安装在阳光直接照射或离暖气、加热器、大功率电源等发热器件很近的场所；安装PLC的控制柜最好有通风的百叶窗，如果控制柜温度太高，应该在柜内安装风扇强迫通风。

2. 环境湿度适宜

PLC工作环境的空气相对湿度一般要求小于95%，以保证PLC的绝缘性能。湿度太大会影响模拟量输入/输出装置的精度，因此，不能将PLC安装在结露、雨淋的场所。

3. 注意环境污染

不宜把PLC安装在有大量污染物（如灰尘、油烟、铁粉等）、腐烛性气体和可燃性气体的场所，易造成元件及印制线路板的腐蚀。如果只能安装在这种场所，在温度允许的条件下，可以将PLC封闭；或将PLC安装在密闭性较高的控制室内，并安装空气净化装置。

4. 远离震动和冲击源

安装PLC的控制柜应当远离有强烈震动和冲击场所，尤其是连续、频繁地震动。必要时可以采取相应措施来减轻震动和冲击的影响，以免造成接线或插件的松动。

5. 远离强干扰源

PLC应远离强干扰源，如大功率晶闸管装置、高频设备、大型动力设备等，同时PLC还应该远离强电磁场和强放射源，以及易产生强静电的地方。

9.5.2 安装与布线

1. 注意电源安装

电源是干扰进入 PLC 的主要途径。PLC 系统的电源有两类：外部电源和内部电源。

外部电源是用来驱动 PLC 输出设备（负载）和提供输入信号的，又称为用户电源，同一台 PLC 的外部电源可能有多种规格。外部电源的容量与性能由输出设备和 PLC 的输入电路决定。由于 PLC 的 I/O 电路都具有滤波、隔离功能，所以外部电源对 PLC 性能影响不大。因此，对外部电源的要求不高。

内部电源是 PLC 的工作电源，即 PLC 内部电路的工作电源。它的性能好坏直接影响到 PLC 的可靠性。因此，为了保证 PLC 的正常工作，对内部电源有较高的要求。一般 PLC 的内部电源都采用开关式稳压电源或原边带低通滤波器的稳压电源。

在干扰较强或可靠性要求较高的场合，应该用带屏蔽层的隔离变压器对 PLC 系统供电，还可以在隔离变压器二次侧串接 LC 滤波电路。在安装时还应注意以下问题。

① 隔离变压器与 PLC 和 I/O 电源之间最好采用双绞线连接，以控制串模干扰。

② 系统的动力线应足够粗，以降低大容量设备启动时引起的线路压降。

③ PLC 输入电路用外接直流电源时，最好采用稳压电源，以保证正确的输入信号，否则可能使 PLC 接收到错误的信号。

2. 远离高压

PLC 不能在高压电器和高压电源线附近安装，更不能与高压电器安装在同一个控制柜内。在柜内 PLC 应远离高压电源线，二者间距离应大于 200mm。

3. 合理布线

① I/O 线、动力线及其他控制线应分开走线，尽量不要在同一线槽中布线。

② 交流线与直流线、输入线与输出线最好分开走线。

③ 开关量与模拟量的 I/O 线最好分开走线，对于传送模拟量信号的 I/O 线最好用屏蔽线，且屏蔽线的屏蔽层应一端接地。

④ PLC 的基本单元与扩展单元之间电缆传送的信号小、频率高，很容易受干扰，不能与其他的连线敷埋在同一线槽内。

9.5.3 正确接地

接地良好是 PLC 安全可靠运行的重要条件。为了抑制干扰，PLC 最好单独接地，与其他设备分别使用各自的接地装置，如图 9.24（a）所示；也可以采用公共接地，如图 9.24（b）所示；但禁止使用如图 9.24（c）所示的串联接地方式，因为这种接地方式会产生 PLC 与设备之间的电位差。

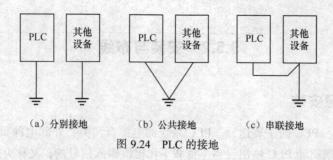

（a）分别接地   （b）公共接地   （c）串联接地

图 9.24　PLC 的接地

　　PLC 的接地线应尽量短，使接地点尽量靠近 PLC。同时，接地电阻要小于 100Ω，接地线的截面应大于 2mm²。

　　另外，PLC 的 CPU 单元必须接地，若使用了 I/O 扩展单元等，则 CPU 单元应与它们具有共同的接地体，而且从任一单元的保护接地端到地的电阻都不能大于 100Ω。

9.5.4　安全保护环节

1．短路保护

　　当 PLC 输出设备短路时，为了避免 PLC 内部输出元件损坏，应该在 PLC 外部输出回路中装上熔断器，进行短路保护。最好在每个负载的回路中都装上熔断器。

2．互锁与联锁措施

　　除在程序中保证电路的互锁关系，PLC 外部接线中还应该采取硬件的互锁措施，以确保系统安全可靠地运行。在不同电动机或电器之间有联锁要求时，最好也在 PLC 外部进行硬件联锁。采用 PLC 外部的硬件进行互锁与联锁，这是 PLC 控制系统中常用的做法。

3．失压保护与紧急停车措施

　　PLC 外部负载的供电线路应具有失压保护措施，当临时停电并恢复供电时，不按下"启动"按钮 PLC 的外部负载就不能自行启动。这种接线方法的另一个作用是，当特殊情况下需要紧急停机时，按下"停止"按钮就可以切断负载电源，而与 PLC 毫无关系。

9.5.5　软 件 措 施

　　有时硬件措施不一定完全消除干扰的影响，采用一定的软件措施加以配合，对提高 PLC 控制系统的抗干扰能力和可靠性起到很好的作用。

1．消除开关量输入信号抖动

　　在实际应用中，有些开关输入信号接通时，由于外界的干扰而出现时通时断的"抖动"现象。这种现象在 PLC 系统中，由于 PLC 扫描工作的速度快，扫描周期比实际继电器的动作时间短得多，所以抖动信号就可能被 PLC 检测到，从而造成错误的结果。因此，必须对某些"抖动"信号进行处理，以保证系统正常工作。

图 9.25（b）所示为消除输入信号抖动的梯形图程序。当抖动干扰 X0 断开时间间隔 $\Delta t <$ $K×0.1s$，计数器 C0 不会动作，输出继电器 Y0 保持接通，干扰不会影响正常工作；只有当 X0 抖动断开时间 $\Delta t ≥ K×0.1s$ 时，计数器 C0 计满 K 次动作，C0 常闭断开，输出继电器 Y0 才断开。K 为计数常数，实际调试时可根据干扰情况而定。

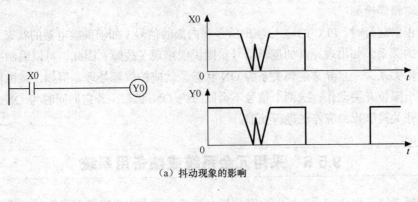

（a）抖动现象的影响

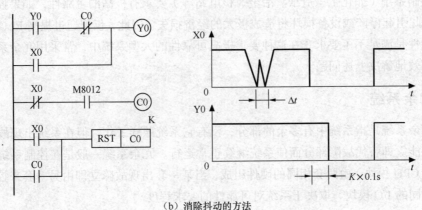

（b）消除抖动的方法

图 9.25　输入信号抖动的影响及消除

2. 故障的检测与诊断

PLC 的可靠性很高且本身有很完善的自诊断功能，如果 PLC 出现故障，借助自诊断程序可以方便地找到故障的原因，排除后就可以恢复正常工作。

大量的工程实践表明，PLC 外部输入/输出设备的故障率远远高于 PLC 本身的故障率，而这些设备出现故障后，PLC 一般不能觉察出来，可能使故障扩大，有时甚至会造成设备和人身事故。停机后，查找故障要花费很多时间。为了方便查找故障，提高维修效率，可用 PLC 程序实现故障的自诊断和自处理。

现代的 PLC 拥有大量的软件资源，如 FX$_{2N}$ 系列 PLC 有几千点辅助继电器、几百点定时器和计数器，有相当大的余量，可以把这些资源利用起来，用于故障检测。

（1）超时检测

机械设备在各个工步的动作所需的时间一般是不变的，即使变化也不会太大，因此，可以以这些时间为参考，在 PLC 发出输出信号，相应的外部执行机构开始动作时启动一个定时器定时，定时器的设定值比正常情况下该动作的持续时间长 20% 左右。例如，设某执行机构（如电动机）在正常情况下运行 50s 后，它驱动的部件使限位开关动作，发出动作结束信号。若该执行机构的动作时间超过 60s（即对应定时器的设定时间），PLC 还没有接收到动作结束信号，定时器延时接通的常开触点发出故障信号，该信号停止正常的循环程序，启动报警和故障显示程序，使操作人员和维修人员能迅速判别故障的种类，及时采取排除故障的措施。

（2）逻辑错误检测

在系统正常运行时，PLC 的输入/输出信号和内部的信号（如辅助继电器的状态）相互之间存在着确定的关系，如出现异常的逻辑信号，则说明出现了故障。因此，可以编制一些常见故障的异常逻辑关系，一旦异常逻辑关系为 ON 状态，就应按故障处理。例如，某机械运动过程中先后有两个限位开关动作，这两个信号不会同时为 ON 状态，若它们同时为 ON，说明至少有一个限位开关被卡死，应停机进行处理。

9.5.6 采用冗余系统或热备用系统

某些控制系统（如化工、造纸、冶金、核电站等）要求有极高的可靠性，如果控制系统出现故障，由此引起停产或设备损坏将造成极大的经济损失。因此，仅仅通过提高 PLC 控制系统的自身可靠性是满足不了要求。在这种要求极高可靠性的大型系统中，常采用冗余系统或热备用系统来有效地解决上述问题。

1. 冗余系统

所谓冗余系统是指系统中有多余的部分，没有它系统照样工作，但在系统出现故障时，这多余的部分能立即替代故障部分而使系统继续正常运行。冗余系统一般是在控制系统中最重要的部分（如 CPU 模块）由两套相同的硬件组成，当某一套出现故障立即由另一套来控制。是否使用两套相同的 I/O 模块，取决于系统对可靠性的要求程度。

如图 9.26（a）所示，两套 CPU 模块使用相同的程序并行工作，其中一套为主 CPU 模块，另一套为备用 CPU 模块。在系统正常运行时，备用 CPU 模块的输出被禁止，由主 CPU 模块来控制系统的工作。同时，主 CPU 模块还不断通过冗余处理单元（RPU）同步地对备用 CPU 模块的 I/O 映像寄存器和其他寄存器进行刷新。当主 CPU 模块发出故障信息后，RPU 在 1～3 个扫描周期内将控制功能切换到备用 CPU。I/O 系统的切换也是由 RPU 来完成。

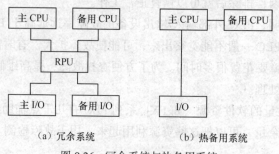

（a）冗余系统　　　　　（b）热备用系统

图 9.26　冗余系统与执备用系统

2. 热备用系统

热备用系统的结构较冗余系统简单，虽然也有两个 CPU 模块在同时运行一个程序，但没有冗余处理单元 RPU。系统两个 CPU 模块的切换，是由主 CPU 模块通过通信口与备用 CPU 模块进行通信来完成的。如图 9.26（b）所示，两套 CPU 通过通信接口连在一起。当系统出现故障时，由主 CPU 通知备用 CPU，并实现切换，其切换过程一般较慢。

本章小结

本章属于 PLC 系统的综合内容，完整叙述了整个 PLC 控制系统设计的流程，及在设计过程的各环节中需要注意的问题。

本章主要介绍了 PLC 控制系统设计的基本内容，重点讲述了 PLC 机型容量 I/O 模块的选择问题，与输入/输出设备中主令电器、传感器、LED 显示管等的连接问题；概括了减少 PLCI/O 点数的措施，如分组矩阵并联输入/输出等，并以机械手控制为例，说明 PLC 在开关量控制系统中应用设计的整个流程；最后介绍了提高 PLC 控制系统可靠性的措施，如适合的工作环境、合理的安装与布线、正确接地、必须的安全保护环节，包括硬件、软件措施等。

通过本章的学习，读者将对 PLC 系统拥有更加全面的认识，具备 PLC 系统设计与调试的基本理论基础和能力。

练习题

9.1 PLC 的开关量输入单元一般有哪几种输入方式？它们分别适用于什么场合？

9.2 PLC 的开关量输出单元一般有哪几种输出方式？各有什么特点？

9.3 某系统有自动和手动两种工作方式。现场的输入设备有：6 个行程开关（SQ1～SQ6）和 2 个按钮（SB1～SB2）仅供自动时使用；6 个按钮（SB3～SB9）仅供手动时使用；3 个行程开关（SQ7～SQ9）为自动、手动共用。是否可以使用一台输入只有 12 点 PLC？若可以，试画出 PLC 的输入接线图。

9.4 用一个按钮（X1）来控制 3 个输出（Y1、Y2、Y3）。当 Y1、Y2、Y3 都为 OFF 时，按一下 X1，Y1 为 ON，再按一下 X1，Y1、Y2 为 ON，再按一下 X1，Y1、Y2、Y3 都为 ON，再按 X1，回到 Y1、Y2、Y3 都为 OFF 状态。再操作 X1，输出又按以上顺序动作。试用两种不同的程序设计方法设计其梯形图程序。

9.5 PLC 控制系统安装布线时应注意哪些问题？

9.6 设计一个可用于 4 支比赛队伍的抢答器。系统至少需要 4 个抢答按钮、1 个复位按钮和 4 个指示灯。试画出 PLC 的 I/O 接线图，设计出梯形图并加以调试。

第10章

PLC 的网络通信

教学目标与要求

- 了解 PLC 通信的基本概念。
- 掌握 FX、S7-200 系列 PLC 与计算机通信的硬件连接方法,以及网络通信协议和通信的过程。
- 了解三菱 PLC 网络和西门子 PLC 网络的结构层次和特点。

教学重点

- FX、S7-200 系列 PLC 与计算机通信的硬件连接,网络通信协议和通信的过程。

当任意两台设备之间存在着信息的交换时,它们的这种交换就是通信。PLC 主要有 3 种通信方式:PLC 与计算机之间的通信、PLC 与外围设备之间的通信和 PLC 与 PLC 之间的通信。PLC 通信的目的是将处在不同地理位置的 PLC、计算机、各种现场设备等,通过传送介质连接起来组成网络,按照规定的通信协议,以某种特定的通信方式完成数据的传送、信息交换和通信处理,以构成功能更强的控制系统。

10.1

PLC 通信基础

10.1.1 通信的基本概念

1. 通信方式

① 并行通信:传送时所有数据位的发送或接收是同时进行的,以字节或字为单位进行数据传输。PLC 内部元件之间、PLC 主机与扩展模块之间或近距离智能模块之间的数据通信常采用并行通信的方式。并行通信的传送速度快,但是传输线的根数多,成本高,一般用于近距离的

数据传送。

② 串行通信：传送时所有数据按顺序一位一位地发送或接收，以二进制位为单位进行数据传输。PLC 与计算机之间、多台 PLC 之间的数据通信常采用串行通信的方式。串行通信需要的信号线少，但数据传送的效率较低，适用于距离较远的场合。计算机和 PLC 都备有通用的串行通信接口，工业控制中一般使用串行通信。

在串行通信中，传输速率常用比特率，即每秒传送的二进制位数来表示，其单位是比特/秒（bit/s）。传输速率是评价通信速度的重要指标。常用的标准传输速率有 300bit/s、600bit/s、1 200bit/s、2 400bit/s、4 800bit/s、9 600bit/s 和 19 200bit/s 等。不同的串行通信的传输速率差别极大，有的只有数百 bit/s，有的可达 100Mbit/s。

2. 信息传送方式

通信系统中，按信息在设备间的传送方向可分为单工通信方式、全双工通信方式和半双工通信方式。

① 单工通信方式：数据只能沿单一方向发送或接收，如图 10.1（a）所示。

② 全双工方式：数据的发送和接收分别由两根或两组不同的数据线传送，通信的双方能在同一时刻接收和发送数据，如图 10.1（b）所示。

③ 半双工方式：用同一根线或同一组线接收和发送数据，通信的双方在同一时刻只能发送数据或接收数据，如图 10.1（c）所示。

由于半双工和全双工通信方式可实现数据的双向传输，故在 PLC 连网中较为常用。

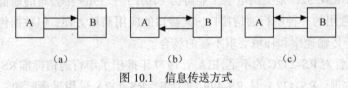

（a）　　　　　　　　（b）　　　　　　　　（c）

图 10.1　信息传送方式

3. 网络拓扑结构

网络拓扑结构是指网络中的通信线路和节点间的几何连接结构，表示了网络的整体结构外貌。网络中通过传输线连接的点称为节点或站点。拓扑结构反映了各个站点间的结构关系，对整个网络的设计、功能、可靠性和成本都有影响。常见的有总线型结构、环形结构和星形结构 3 种拓扑结构形式。

① 总线型结构：这种结构的所有节点都通过相应硬件连接到一条无源公共总线上，任何一个节点发出的信息都可沿着总线传输，并被总线上其他任意节点接收，如图 10.2（a）所示。

② 环形结构：环形结构中的各节点通过有源接口首尾相连，形成一条闭合的环形通信线路，即一个节点只能把数据传送到下一个节点。若下一个节点不是数据发送的目的节点，则再向下传送直到目的节点接收为止，如图 10.2（b）所示。

③ 星形结构。这种结构只有一个中心节点，网络上其他各节点都分别与中心节点相连，数据通信功能完全由中心节点进行管理和控制。如图 10.2（c）所示。

4. 网络通信协议

为了保证收发各方通信的准确和畅通，在通信系统中用通信协议来规范收发各方通信行为，包括数据格式、同步方式、传输速率、纠错方式、控制字符等，各方在通信时必须遵守通信协议。

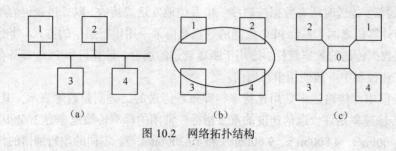

图 10.2 网络拓扑结构

10.1.2 网络配置

网络配置与网络结构、建立网络的目的以及通信方式有关，任何网络其结构配置都包括硬件、软件两个方面。

1. 硬件配置

硬件配置主要指通信接口和通信介质。

（1）通信接口

PLC 通信主要采用串行异步通信，主要功能是进行数据的并行与串行转换，控制传送的波特率及字符格式，进行电平转换等。常用的通信接口有 RS-232C、RS-422A、RS-485。

① RS-232C。RS-232C 是美国电子工业协会（EIA）于 1969 年公布的通信协议，是目前计算机和 PLC 中最常用的一种串行通信接口。其接口的应用简单方便，但数据传输速率低，抗干扰能力差，适用于传输速率和环境要求不高的场合。

② RS-422A。针对 RS-232C 的不足，EIA 于 1977 年推出了串行通信标准 RS-499，对 RS-232C 的电气特性做了改进，RS-422A 是 RS-499 的子集。RS-422A 采用平衡驱动、差分接收电路，从根本上取消了信号地线，大大减少了地电平所带来的共模干扰。RS-422A 传输速率高，而且是全双工通信方式，两对平衡差分信号线分别用于发送和接收，所以在工业计算机上配备较多。

③ RS-485。RS-485 是 RS-422A 的变形，为半双工，只有一对平衡差分信号线，不能同时发送和接收数据。RS-485 接口具有良好的抗噪声干扰性、高传输速率、长的传输距离、多站能力等优点，所以在工业控制中广泛应用。

（2）通信介质

在通信系统中位于发送端与接收端之间的物理通路就是通信介质。通信介质一般分为两种：导向性介质和非导向性介质。导向性介质是引导信号传播方向的介质，如双绞线、同轴电缆和光纤等；非导向性介质一般通过空气传播信号，它不为信号引导传播方向，如短波、微波、红外线等。

2. 软件配置

软件一般分为两类：一类是系统编程软件，用以实现计算机编程，并把程序下载到 PLC，且监控 PLC 工作状态，如三菱公司的 FXGP 软件；另一类为应用软件，各用户根据不同的开发环境和具体要求，用不同的语言编写的通信程序。

10.2 PLC 与计算机通信的实现

10.2.1 PLC 与计算机通信的意义

　　PLC 与计算机之间的通信是 PLC 通信中最直接、最简单的一种通信方式。通常，与 PLC 通信的计算机称为上位机，它可以是 PC，也可以是大、中型计算机。由于计算机具有良好的人机界面，丰富的应用软件，而且最重要的是其强大的数据处理功能，使得计算机在工业现场发挥了它最强的优势。而 PLC 又能直接面向工业生产现场、面向设备进行实时控制，如果把计算机与 PLC 连接起来，实现数据通信，就可以有效地发挥它们各自的优势，扩大它们的应用范围。目前，几乎所有种类的 PLC 都具有与计算机通信的功能。

　　PLC 把系统参数发送给上位机，上位机对数据进行分析、加工处理后，反馈给操作者，操作者再将需要执行的命令输入到上位机，由上位机回传给 PLC。这就是 PLC 与计算机通信的整个过程。

　　PLC 与计算机通信后，在计算机上可以实现以下几个功能。

　　① 可以在计算机上编写、修改、调试程序。

　　② 可以对 PLC 进行全面的系统管理，包括数据处理、数据查询、数据修改等。

　　③ 可以对 PLC 实现直接控制。PLC 接收现场所有的信号，计算机不断采集这些数据，并进行分析，随时调整 PLC 的相关参数。

　　④ 可以实现对生产过程的模拟仿真，对整个生产过程的运行进行监视。

10.2.2 FX 系列 PLC 与计算机通信的实现

1. 硬件连接

　　一台计算机可与一台或最多 16 台 FX 系列 PLC 进行通信。如果计算机上的通信接口为标准的 RS-232C 接口，且 PLC 上的通信接口也是 RS-232C 接口时，PLC 与计算机可以直接使用适配电缆进行连接。如果 PLC 上的通信接口是 RS-422A 时，就要在 PLC 与计算机之间加一个 RS-232C/RS-422A 的转换器，再用适配电缆连接。如图 10.3（a）、（b）所示为点对点结构的连接，其中图（a）中是通过 FX.232AW 单元进行 RS-232C/RS-422A 转换与 PLC 编程口连接，图（b）中通过在 PLC 内部安装的内部通信功能扩展板 FX.232.BD 与计算机连接。图（c）为多点结构的连接，FX.485.BD 为安装在 PLC 内部的通信功能扩展板，FX.485PC.IF 为 RS-232C 和 RS-485A 的转换接口。

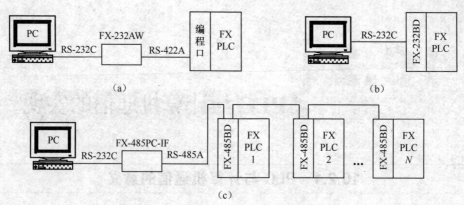

图 10.3 计算机与 FX 系列 PLC 硬件连接

2. FX 系列 PLC 通信协议

（1）数据格式

FX 系列 PLC 与计算机之间的通信采用的是 RS-232C 标准，数据交换格式为字符串格式，每笔数据的长度可在通信前设定，如图 10.4 所示。

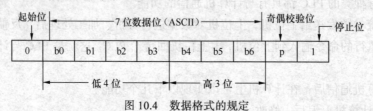

图 10.4 数据格式的规定

例如，要将数据字符"1"发送给接收方，数据交换格式定义为 10 位数据长度，如图 10.4 所示，其中，1 位起始位，7 位数据位，1 位奇偶校验位和 1 位停止位，传送字符"1"的格式如图 10.5 所示。先传送起始位，然后是字符"1"的 7 位 ASCII，并且先传 ASCII 的低位。因为字符"1"的 ASCII 码值是"31H"，所以传送的码流是"1000110"。跟在字符"0"后面的是奇偶校验位，最后是停止位。

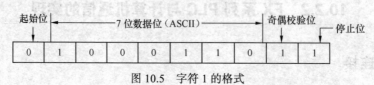

图 10.5 字符 1 的格式

（2）通信命令

FX 系列 PLC 有 4 条通信命令，分别是读命令、写命令、强制通命令、强制断命令，如表 10.1 所示。

表 10.1   FX 系列 PLC 通信命令表

命　　令	命 令 代 码	目标软继电器	功 能 说 明
读命令	"0" 即 ASCII 码 30H	X、Y、M、S、T、C、D	读取软继电器状态数据
写命令	"1" 即 ASCII 码 31H	X、Y、M、S、T、C、D	把数据写入软继电器
强制通命令	"7" 即 ASCII 码 37H	X、Y、M、S、T、C	强制某位 ON
强制断命令	"8" 即 ASCII 码 38H	X、Y、M、S、T、C	强制某位 OFF

（3）通信控制字符

FX 系列 PLC 采用面向字符的传输规程，用到 5 个通信控制字符，如表 10.2 所示。

表 10.2   FX 系列 PLC 通信控制字符表

控 制 字 符	ASCII 码	功 能 说 明
ENQ	05H	PC 发出请求
ACK	06H	PLC 对 ENQ 的确认回答
NAK	15H	PLC 对 ENQ 的否认回答
STX	02H	信息帧开始标志
ETX	03H	信息帧结束标志

注：当 PLC 对计算机发来的 ENQ 不理解时，用 NAK 回答。

3．通信实现

FX 系列 PLC 与计算机的通信中，大量数据是以帧为单位进行传输的，每帧包含了 10 个字符数据。一个多字符帧以 STX（帧起始标记）开头，ETX（帧结束标记）结尾，命令字符、数据包含在两者之间，ETX 后是校验和，它是将命令字符到 ETX 之间的所有字符的 ASCII（十六进制数）相加，取所得和的最低两位数。计算机向 PLC 发送的数据格式如图 10.6 所示。

STX	CMD	数据段	ETX	校验和

图 10.6   数据格式

除了数据格式的设定之外，还有其他一些通信参数需要通信之前进行设置。这些参数包括波特率、停止位、奇偶校验等，它们通过位组合方式来选择，这些位存放在数据寄存器 D8120 中。需要注意的是，通信双方参数设置一定要一致，否则会导致通信失败。

在 FX 系列 PLC 与计算机的通信过程中，由计算机先发出数据的读或写命令，PLC 始终是接收命令并做出响应。开始通信时，计算机首先发送一个控制字符 ENQ，查询 PLC 是否做好通信准备，当 PLC 接收到该字符时，如果它处在 RUN 模式，则等到本次扫描周期结束后就会做出响应；如果它处在 STOP 模式，则马上响应。如果通信正常，则应答字符为 ACK；如果通信不正常，则应答字符为 NAK。当计算机收到 ACK 时，就可以进入数据通信了。

10.2.3   S7-200 系列与 PLC 计算机通信的实现

1．通信连接

S7-200 系列 PLC 与计算机的通信连接如图 10.7 所示，它包括一个 CPU 模块、一台个人计算机、PC/PPI 电缆或 MPI 卡和西门子公司 STEP7.Micro/WIN 编程软件。

其中，计算机为 RS-232C 接口，S7-200PLC 为 RS-485 接口，因此，计算机的 RS-232 接口必须先通过 RS-232/RS-485 转换器，再与 PLC 的通信端口相连，连接电缆可以是双绞线。因为西门子公司的 PC/PPI 电缆带有 RS-232/RS-485 转换器，所以可以在不增加任何硬件的情况下，直接采用 PC/PPI 电缆将计算机与 PLC 进行连接。

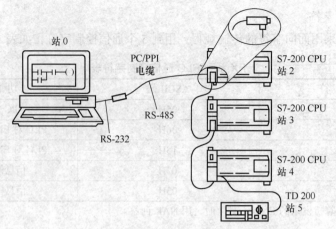

图 10.7　S7-200 系列 PLC 与计算机的通信连接

2. 通信协议

西门子公司 S7 系列的通信协议分两大类：通用协议和公司专用协议。通用协议采用工业以太网（Ethernet）协议，用于管理级的信息交换。公司专用协议有 PPI 协议、MPI 协议、Profibus协议和自由口协议。PPI、MPI、Profibus 协议是基于 OSI 的 7 层通信结构模型，通过令牌网实现。这些协议都是异步、基于字符传输的协议，带有起始位、8 位数据、偶校验和一个停止位。如果使用相同的波特率，这些协议可以在一个网络中同时运行而不相互影响。

（1）PPI 协议

PPI（Point to Point Interface）协议，即点对点接口，是一种主/从协议。协议规定主站设备向从站设备发出申请，从站进行响应。从站不能主动发送信息，只有主站发出申请或查询时，从站才对其响应。主站可以是 SIMATIC 程序器、其他 CPU 主机（如 S7-200 等）、或 TD200 文本显示器等，网络上所有 S7-200CPU 都默认为从站。任何一个从站可以与多个主站通信，但是在 PPI 网络中最多只能有 32 个主站。

（2）MPI 协议

MPI（Multi Point Interface）协议，即多点接口，可以是主/从协议或主/主协议，协议的类型依赖于设备的类型。如果设备中有 S7-200CPU，就建立主/从连接，因为所有 S7-200CPU 都默认为网络从站。如果网络中有 S7-300CPU，就建立主/从连接，因为所有 S7.300CPU 都被默认为网络主站。

（3）Profibus 协议

Profibus 协议用于分布式 I/O 设备（远程 I/O）的高速通信。该协议的网络使用 RS-485 标准双绞线，适合多段、远距离通信。采用 Profibus 协议的系统，对于不同厂家所生产的设备不需要对接口进行特别的处理和转换，就可以实现通信，最高传输速率可达 12Mbit/s。

（4）自由口协议

自由口协议是指通过编写用户程序控制 S7-200CPU 通信口的操作模式来进行通信。利用自由口模式，可以实现用自定义的通信协议连接多种设备，包括打印机、显示器等。

在自由口模式下，可以通过编写程序控制通信口的操作模式。只有当 CPU 处于 RUN 方式时，才可以通过编写命令程序允许自由口模式。但当 CPU 处于 STOP 方式时，自由口通信被停止，通信口自动转为正常的 PPI 协议操作。

下面以采用自由口通信方式为例，实现 PC 与 S7-200 系列 PLC 通信。

3. S7-200 系列 PLC 自由口通信实现

在自由口通信方式下，用户可以自定义通信协议，通信端口也完全由用户程序所控制。计算机与 PLC 之间是主从关系，计算机始终处于主导地位。若要实现二者的通信，则首先是对串口初始化，对 S7-200PLC 的初始化时通过特殊标志位 SMB30（端口 0）、SMB130（端口 1）写入通信控制字，设置通信的波特率、字符长度、奇偶校验位和停止位，上述参数的设定必须与计算机的设定相一致。SMB30 和 SMB130 的对应数据位功能相同，每位的含义如图 10.8 所示。

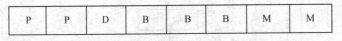

| P | P | D | B | B | B | M | M |

图 10.8　SMB30 和 SMB130 数据功能位

数据功能位的含义如下。

① PP 位：校验方式。00 和 10 表示无奇偶校验；01 表示奇校验；11 表示偶校验。

② D 位：字符有效数据位。0 表示每个字符有效数据位为 8 位；1 表示每个字符有效数据位为 7 位。

③ BBB 位：自由口波特率。000 表示 38.4kbit/s；001 表示 110.2kbit/s；010 表示 10.6kbit/s；011 表示 4.8kbit/s；100 表示 2.4kbit/s；101 表示 1.2kbit/s；110 表示 600bit/s；111 表示 300bit/s。

④ MM 位：协议选择。00 表示 PPI 协议从站模式；01 表示自由口协议；10 表示 PPI 协议主站模式；11 表示保留（默认设置为 PPI 从站模式）。

在自由口通信模式下，可以用自由口通信命令 XMT 和 RCV 发送和接收数据。只有当 PLC 处于 RUN 状态下时，通信命令有效，当 PLC 处于 STOP 状态时通信命令无效。

当允许输入 EN 有效时，发送命令 XMT 通过指定的通信端口将发送数据缓冲区中的数据发送出去。当发送结束时，PLC 将产生一个中断，命令格式为 XMTTABLE, PORT，其中 PORT 为指定 PLC 用于发送的通信端口，TABLE 为指定的数据缓冲区地址，它的第 1 个字节设定应传送的字节数，即数据长度，最大为 255。发送命令如图 10.9 所示。

当允许输入 EN 有效时，RCV 命令通过指定的端口把接收到的数据存放到指定的数据缓冲区，当最后一个字节接收完毕时，PLC 也将产生一个中断，命令格式为 RCVTABLE, PORT，其中 PORT 为指定的串行通信端口，用于接收数据，并将数据存放在 TABLE 数据缓冲区内，TABLE 的第 1 个字节为接收的字节数。接收命令如图 10.10 所示。

图 10.9　发送命令　　　　　　　　　　图 10.10　接收命令

在计算机与 PLC 通信时，双方的通信程序要相互协调。即一方发送数据时另一方必须处于接收数据的状态。图 10.11 和图 10.12 分别所示为 PLC、计算机的通信程序流程。

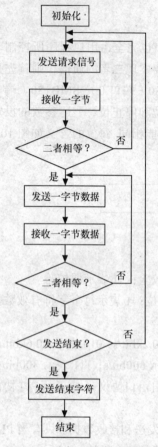

图 10.11　PLC 通信程序流程

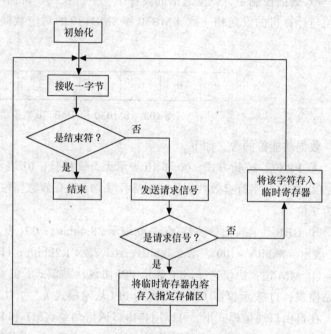

图 10.12　计算机的通信程序流程

10.3

PLC 的网络简介

近年来，计算机、自动化技术得到了迅猛的发展，PLC 通信在工厂自动化中越来越受到人们的重视。由上位机、PLC 及远程 I/O 相互连接所组成的控制系统、现场总线控制系统的应用已经非常广泛。这种由多台 PLC 实现通信实际上就构成了 PLC 网络系统，网络化已成为未来 PLC 发展的主导方向。

要想使多台 PLC 组网并进行工作，其硬件和软件都要符合一定的要求。硬件上，一般要增加通信接口、通信模块、终端适配器、集线器、调制解调器、网卡、电缆等设备或器件；软件上，要按特定的通信协议，开发具有一定功能的通信程序和网络系统程序，对 PLC 的软件、硬件资源进行统一管理和调度。

下面分别介绍两个有代表性公司的 PLC 网络结构。

10.3.1　三菱 PLC 网络

MELSECNET 是三菱 PLC 的数据通信网络,它既可以完成数据控制,还可以完成数据管理,具有通信能力强、可靠性高、良好的通信检测功能及编程方便等特点,是一个大型的网络控制系统。网络结构如图 10.13 所示。

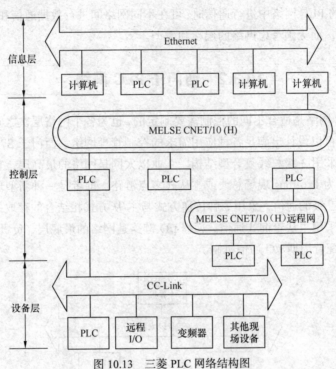

图 10.13　三菱 PLC 网络结构图

1.　信息层/Ethernet(以太网)

信息层是网络系统中的最高层,主要完成的任务是在 PLC、设备控制器以及生产管理用 PC 之间传输生产管理信息、质量管理信息、设备的运转情况等数据。信息层使用最普遍的 Ethernet 不仅能够连接 Windows 系统的 PC、UNIX 系统的工作站等,而且还能连接各种工厂自动化设备。

2.　控制层/MELSECNET/10(H)

控制层是网络系统的中间层,它完成的任务是在 PLC、CNC 等控制设备之间进行处理数据互传。作为 MELSEC 控制网络的 MELSECNET/10,具有网络设定简单、实时性较好、无程序的网络数据共享概念,以及冗余回路等特点,并获得了用户的好评,其使用数量相当可观。而 MELSECNET/H 不仅拥有 MELSECNET/10 全部的特点,而且它的网络实时性更好,数据容量更大,但目前 MELSECNET/H 只有 Q 系列 PLC 才可使用。

3. 设备层/现场总线 CC.Link

设备层是整个网络系统的最低层,它是把 PLC 等控制设备和变频器、传感器以及其他现场设备连接起来的网络。它采用 CC.Link 现场总线连接,布线数量大大减少,提高了系统可维护性。重要的是,设备层不仅能连接 ON/OFF 等开关量的数据,还可连接 ID 系统、条形码阅读器、人机界面等智能化设备。从完成各种数据的通信,到终端生产信息的管理均可实现,加上对机器动作状态的集中管理,使维修保养的工作效率也大有提高。

另外,在三菱的 PLC 网络中进行通信时,可在不同网络间进行数据通信和程序的远程监控、修改、调试等工作,而无须考虑网络的层次和类型。

10.3.2 西门子 PLC 网络

SIEMENSPLC 网络是适合不同的控制需要制定的,也为各个网络层次之间提供了互连模块或装置,利用它们可以设计出满足各种应用需求的控制管理网络。西门子 S7 系列 PLC 网络如图 10.14 所示,它采用 3 级总线复合型结构。工业以太网是网络的最高层,它负责传送生产管理信息。中间一级为 Profibus 现场总线或主从式多点链路。前者是一种新型现场总线,可承担现场、控制、监控三级的通信,采用令牌传递方式与主/从方式相结合的存取控制方式;后者为一种主从式总线,采用主从轮询式通信。远程 I/O 链路是网络的最底层,负责与现场设备通信,在远程 I/O 链路中配置周期 I/O 通信机制。

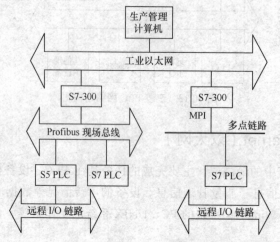

图 10.14 西门子 PLC 网络结构图

通过以上对两种典型 PLC 网络的介绍可以看出,PLC 网络一般采用 3 级或 4 级子网构成复合型网络结构,各级子网遵循不同的通信协议,以适应不同的通信要求。在 PLC 网络最高层一般配置 Ethernet 协议,PLC 网络的互连以及 PLC 网络与其他局域网的互连都将通过最高层进行。中间层负责传送监控信息,对实时性要求较高,所以常用令牌传递方式或主从方式控制通信。而最底层子网由于负责传递数据及控制命令,信息很短而实时性要求又较高,所以其采用的协议大多为塌缩结构,通信协议层数较少。

本章小结

  PLC 的通信功能使得 PLC 在现代化企业的自动控制网络中发挥了重要作用,本章简要地介绍了 PLC 通信的相关基本概念、FX 系列 PLC 和 S7-200 系列 PLC 与计算机通信的实现方法,以及三菱 PLC 和西门子 PLC 网络的基本知识,重点要掌握 PLC 与计算机通信的硬件连接、通信协议以及通信流程。

  PLC 的通信方式有串行通信和并行通信两种,常用的串行接口有 RS-232C、RS-422A 和 RS-485,使用时应根据传送距离和传送方向选择相应的通信接口。

  PLC 与计算机实现通信,可以有效地发挥它们各自的优势,从而满足工厂自动化系统发展的需要。在进行 PLC 与计算机通信的硬件连接时,应根据计算机与 PLC 的通信接口标准是否一致来选择是否增加转换器。

  FX 系列 PLC 与计算机通信的数据格式为字符串格式,通信命令有读命令、写命令、强制通命令、强制断命令,并有 5 个通信控制字符,通信时分别代表不同的含义。在通信过程中,由计算机先发出数据的读或写命令,PLC 始终是接收命令并做出响应。当计算机发送请求标记后,如果通信正常,PLC 的应答字符为确认回答时,双方就可以进入数据通信。

  西门子公司 S7 系列的通信协议分两大类:通用协议和公司专用协议。通用协议采用工业以太网(Ethernet)协议,公司专用协议有 PPI 协议、MPI 协议、Profibus 协议和自由口协议。在自由口通信方式下,通过设置特殊标志位 SMB30、SMB130 写入通信控制字,设置相应的通信参数,利用自由口接收和发送命令完成自由口通信。

  由多台 PLC 进行组网实现通信即构成了 PLC 网络。三菱公司的 PLC 网络为 MELSECNET,它分为信息层、控制层和设备层。西门子 S7 系列 PLC 网络采用 3 级总线复合型结构,各级负责不同的工作。

练习题

10.1 数据的通信方式有哪两种? 分别有什么特点?

10.2 RS-485 和 RS-422 有什么区别?

10.3 带有 RS-232C 接口的计算机如何与带有 RS-485 接口的 PLC 连接?

10.4 常见的传输介质有哪些? 它们的特点是什么?

10.5 常见的网络拓扑结构有哪些?

10.6 通过对三菱公司与西门子公司 PLC 网络的比较,说明 PLC 网络的特点。

第11章

其他常用 PLC 及指令系统

教学目标与要求

- 了解 S7 系列 PLC 和 OMRONC 系列 PLC 的结构、主要技术参数及其指令系统，并学会查阅相关手册。

教学重点

- 掌握 S7-200 系列 PLC 结构及其指令系统。
- 掌握 OMRONC 系列 PLC 结构及其指令系统。

教学难点

- 掌握 S7-200 系列 PLC 指令系统。
- 掌握 OMRONC 系列 PLC 指令系统。

PLC 的产品种类和规格繁多，制造商也很多，但总体而言，所有 PLC 的结构和工作原理是基本相同的，使用方法、基本指令和一些常用的功能指令也基本相同，只在表达方式上略有区别。考虑到目前国内 PLC 的实际使用状况和各学校实验设备的现状，本章简单介绍使用广泛的西门子公司 S7 系列 PLC 产品和 OMRON 公司 C 系列 PLC 产品的基本结构和指令系统，与 FX 系列相同和类似的内容本章不再作介绍。

11.1

S7 系列 PLC

11.1.1　S7 系列 PLC 概述

德国西门子（SIEMENS）公司生产的可编程序控制器在我国冶金、化工、印刷生产线等领域内应用相当广泛。S7 系列 PLC 包括 S7-200 系列、S7-300 系列和 S7-400 系列，其功能强大，分别应用于小型、中型和大型自动化系统。

1. SIMATICS7-200 系列 PLC

西门子 S7-200 系列 PLC 是在 S5 系列的基础上于 20 世纪 90 年代开发出来的。S7-200 系列 PLC 是超小型化的 PLC，全部采用整体式结构，其硬件系统由 CPU 模块和丰富的扩展模块组成。S7-200 系列 PLC 除具有基本的控制功能外，还具有强大的指令集功能、强大的通信功能及功能完善的编程软件。S7-200 系列 PLC 广泛用于机床、机械、电力设施、民用设施、环境保护设备等自动化控制领域，既可用于继电器简单控制的更新换代，又可实现复杂的自动化控制。

2. SIMATICS7-300 系列 PLC

西门子 S7-300 系列 PLC 是模块化小型 PLC 系统，能满足中等性能要求的应用。各种单独的模块之间可进行广泛组合构成不同要求的系统。与 S7-200 系列 PLC 相比，S7-300 系列 PLC 采用模块化结构，具备高速指令运算速度；用浮点数运算比较有效地实现了更为复杂的算术运算；一个带标准用户接口的软件工具方便用户给所有模块进行参数赋值；方便的人机界面服务已经集成在 S7-300 操作系统内，大大减少了人机对话的编程要求。SIMATIC 人机界面（HMI）从 S7-300 系列 PLC 中取得数据，S7-300 系列 PLC 按用户指定的刷新速度传送这些数据。S7-300 操作系统自动地处理数据的传送；CPU 的智能化诊断系统连续监控系统的功能是否正常，记录错误和超时，模块更换等特殊系统事件；多级口令保护可以使用户高度、有效地保护其技术机密，防止未经允许的复制和修改；S7-300 系列 PLC 设有操作方式选择开关，操作方式选择开关像钥匙一样可以拔出，当拔出时，就不能改变操作方式了，这样就可以防止非法删除或改写用户程序。S7-300 系列 PLC 具备强大的通信功能，可通过编程软件 Step7 的用户界面提供通信组态功能，使组态非常简单。S7-300 系列 PLC 具有多种不同的通信接口，并通过多种通信处理器来连接 AS.I 总线接口和工业以太网总线系统；串行通信处理器用来连接点到点的通信系统；多点接口（MPI）集成在 CPU 中，用于同时连接编程器、PC、人机界面系统及其他 SIMATICS7/M7/C7 等自动化控制系统。

3. SIMATICS7-400PLC

S7-400 系列 PLC 采用模块化无风扇的设计，坚固耐用，易于扩展，通信能力强大，容易实现分布式结构。S7-400 系列 PLC 具有多种级别的 CPU，种类齐全的通用功能模板，使用户能根据需要组合成不同的专用系统。当控制系统规模扩大或变得更复杂时，只要适当地增加一些模板，就能够实现系统升级，满足用户需要。

由于 S7-200 系列 PLC 几乎包含了西门子 PLC 所有的性能，而且在小型 PLC 中具有较强的代表性，所以本章主要以 S7-200 系列 PLC 为例，简单介绍其系统基本结构和指令。

11.1.2　S7-200 系列 PLC 的硬件配置

S7-200 系列 PLC 系统由基本单元（或称主机、CPU 模块）、扩展单元、编程器、程序存储卡、写入器、文本显示器等组成。

1. 基本单元

基本单元由 CPU、存储器、基本输入/输出（I/O）点数、电源、通信端口、状态信号灯等组成。它是 PLC 系统中必不可少的部分。它实际上是一个能独立实现一定控制任务的完整的控制系统，各部分的主要作用如下。

① CPU：负责执行程序和存储数据，以便对工业自动控制过程进行控制。

② I/O 点数：是系统的控制点，输入部分从开关、传感器等现场设备中采集信号，输出部分控制电动机、电磁阀及其他被控设备。

③ 电源：向 CPU 及其所连接的模块提供电能。

④ 通信端口：允许将 CPU 与编程器或其他设备连接起来，完成通信任务。

⑤ 状态信号灯：显示 CPU 的运行（RUN）或停止（STOP）工作模式，还显示主机 I/O 的当前状态以及检查出的系统错误。

S7-200 系列 PLC 可提供 4 种不同的基本单元和 6 种型号的扩展单元供用户选择使用，S7-200 系列 PLC 中 CPU22X 的基本单元如表 11.1 所示。

表 11.1　　　　　　　　　　　S7-200 系列 PLC 中 CPU22X 的基本单元

型　　号	输入点	输出点	扩展模块数量
S7-200CPU221	6	4	—
S7-200CPU222	8	6	2 个扩展模块 78 路数字量 I/O 点或 10 路模拟量 I/O 点
S7-200CPU224	14	10	7 个扩展模块 168 路数字量 I/O 点或 35 路模拟量 I/O 点
S7-200CPU226	24	16	7 个扩展模块 248 路数字量 I/O 点或 35 路模拟量 I/O 点
S7-200CPU226XM	24	16	7 个扩展模块 248 路数字量 I/O 点或 35 路模拟量 I/O 点

2. 扩展单元

S7-200 系列 PLC 主要有 6 种扩展单元，扩展单元本身没有 CPU，只能与基本单元相连接使用，用于扩展 I/O 点数。S7-200 系列 PLC 扩展单元型号及输入/输出点数的分配如表 11.2 所示。

表 11.2　　　　　　　　S7-200 系列 PLC 扩展单元型号及输入/输出点数分配

类　　型	型　　号	输　入　点	输　出　点
数字量扩展模块	EM221	8	无
	EM222	无	8
	EM223	4/8/16	4/8/16
模拟量扩展模块	EM231	3	无
	EM232	无	2
	EM235	3	1

3. 编程器

PLC 在正式运行时，不需要编程器。编程器主要用来进行用户编制、存储、管理程序等，并将用户程序送入 PLC 中，在调试过程中进行监控和故障检测。S7-200 系列 PLC 可采用多种编程器，一般可分为简易型和智能型。简易型编程器简单实用，价格低廉，是一种很好的现场编程及监测工具，但显示功能较差，只能用指令表方式输入，使用不方便。智能型编程器采用计算机进行编程操作，将专用的编程软件装入计算机内，可直接采用梯形图语言编程，实现在线监测，非常直观，且功能强大。S7-200 系列 PLC 的专用编程软件为 STEP7.Micro/WIN。

4. 程序存储卡

为了保证程序及重要参数的安全，一般小型 PLC 设有外接 EEPROM 卡盒接口，通过该接口可以将卡盒的内容写入 PLC，也可将 PLC 内的程序及重要参数传送到外接 EEPROM 卡盒内作为备份。

5. 写入器

写入器的功能是实现 PLC 和 EPROM 之间的程序传送，是将 PLC 中 RAM 区的程序通过写入器固化到程序存储卡中，或将 PLC 中程序存储卡中的程序通过写入器传送到 RAM 区。

6. 文本显示器

文本显示器 TD200 是一个用于显示系统信息的显示设备，还可以作为控制单元对某个量的数值进行修改，或直接设置输入/输出量。文本信息的显示用选择、确认的方法，最多可显示80 条信息，每条信息最多 4 个变量的状态。过程参数可在显示器上显示，并可以随时修改。TD200面板上的 8 个可编程序的功能键，每个都分配了一个存储器位，这些功能键在启动和测试系统时，可以进行参数设置和诊断。

11.1.3　S7-200 系列 PLC 的主要技术参数

S7-200 系列 PLC 包括 CPU221、CPU222、CPU224 和 CPU226 共 4 种型号的 CPU。对于每个型号，西门子提供 DC（24V）和 AC（120~220V）两种供电的 CPU 类型。4 种 CPU 均有晶体管输出和继电器输出两种类型。

S7-200 系列 PLC 的主要技术参数如表 11.3 所示。

表 11.3　　　　　　　　　　S7-200 系列 PLC 主要技术参数

特　性		CPU 221	CPU 222	CPU 224	CPU 226	CPU 226XM
程序存储区		2 048 字	2 048 字	4 096 字	4 096 字	8 192 字
数据存储区		1 024 字	1 024 字	2 560 字	2 560 字	5 120 字
掉电保护时间		50h	50h	190h	190h	190h
本机 I/O		6 入/4 出	8 入/6 出	14 入/10 出	24 入/16 出	24 入/16 出
高速计数器	单相	4 路 30kHz	4 路 30kHz	6 路 30kHz	6 路 30kHz	6 路 30kHz
	双相	2 路 20kHz	2 路 20kHz	4 路 20kHz	4 路 20kHz	4 路 20kHz

特　性	CPU 221	CPU 222	CPU 224	CPU 226	CPU 226XM
脉冲输出（DC）	2 路 20kHz	2 路 20kHz	2 路 20kHz	2 路 20kHz	2 路 20kHz
模拟电位器	1	1	2	2	2
实时时钟	配时钟卡	配时钟卡	内置	内置	内置
通信接口	1 RS-485	1 RS-485	1 RS-485	2 RS-485	2 RS-485

11.1.4　S7–200 系列 PLC 指令系统

1. 基本逻辑指令

S7-200 系列 PLC 的基本逻辑指令与 FX 系列 PLC 的基本逻辑指令相似，编程和梯形图表达方式也大致相同，S7-200 系列 PLC 的基本逻辑指令如表 11.4 所示。

表 11.4　　　　　　　　　　S7-200 系列 PLC 的基本逻辑指令

指令名称	指令符	功　能	操作数
取	LDbit	读入逻辑行或电路块的第 1 个常开触点	Bit: I、Q、M、SM、T、 C、V、S
取反	LDNbit	读入逻辑行或电路块的第 1 个常闭触点	
与	Abit	串联一个常开触点	
与非	ANbit	串联一个常闭触点	
或	Obit	并联一个常开触点	
或非	ONbit	并联一个常闭触点	
电路块与	ALD	串联一个电路块	无
电路块或	OLD	并联一个电路块	
输出	=bit	输出逻辑行的运算结果	Bit: Q、M、SM、T、 C、V、S
置位	Sbit, N	使继电器状态为接通	Bit: Q、M、SM、V、S
复位	Rbit, N	使继电器复位为断开	

2. 功能指令

一般的逻辑控制系统用软继电器、定时器和计数器及基本指令就可以实现。利用功能指令可以开发出更复杂的网络控制系统。这些功能指令实际上就是厂商为满足客户的各种特殊需要而开发的通用子程序。S7-200 系列 PLC 的功能指令很丰富，下面将介绍部分常用的功能指令。

（1）算数运算指令

算数运算指令如表 11.5 所示。

表 11.5   算数运算指令

名　称	指令格式（语句表）	功　能	操　作　数
加法指令	+IIN1，OUT	两个 16 位带符号整数相加，得到一个 16 位带符号整数 执行结果：IN1+OUT=OUT（在 LAD 和 FBD 中为：IN1+IN2=OUT）	IN1、IN2，OUT：VW、IW、QW、MW、SW、SMW、LW、T、C、AC、*VD、*AC、*LD IN1 和 IN2 还可以是 AIW 和常数
	+DIN1，IN2	两个 32 位带符号整数相加，得到一个 32 位带符号整数 执行结果：IN1+OUT=OUT（在 LAD 和 FBD 中为：IN1+IN2=OUT）	IN1、IN2，OUT：VD、ID、QD、MD、SD、SMD、LD、AC、*VD、*AC、*LD IN1 和 IN2 还可以是 HC 和常数
	+RIN1，OUT	两个 32 位实数相加，得到一个 32 位实数 执行结果：IN1+OUT=OUT（在 LAD 和 FBD 中为：IN1+IN2=OUT）	IN1、IN2，OUT：VD、ID、QD、MD、SD、SMD、LD、AC、*VD、*AC、*LD IN1 和 IN2 还可以常数
减法指令	.DIN1，OUT	两个 32 位带符号整数相减，得到一个 32 位带符号整数 执行结果：OUT.IN1=OUT（在 LAD 和 FBD 中为：IN1.IN2=OUT）	IN1、IN2，OUT：VD、ID、QD、MD、SD、SMD、LD、AC、*VD、*AC、*LD IN1 和 IN2 还可以是 HC 和常数
	.RIN1，OUT	两个 32 位实数相加，得到一个 32 位实数 执行结果：OUT.IN1=OUT（在 LAD 和 FBD 中为：IN1.IN2=OUT）	IN1、IN2，OUT：VD、ID、QD、MD、SD、SMD、LD、AC、*VD、*AC、*LD IN1 和 IN2 还可以是常数
乘法指令	*IIN1，OUT	两个 16 位符号整数相乘，得到一个 16 整数 执行结果：IN1*OUT=OUT（在 LAD 和 FBD 中为：IN1*IN2=OUT）	IN1、IN2，OUT：VW、IW、QW、MW、SW、SMW、LW、T、C、AC、*VD、*AC、*LD IN1 和 IN2 还可以是 AIW 和常数
	MULIN1，OUT	两个 16 位带符号整数相乘，得到一个 32 位带符号整数 执行结果：IN1*OUT=OUT（在 LAD 和 FBD 中为：IN1*IN2=OUT）	IN1、IN2：VW、IW、QW、MW、SW、SMW、LW、AIW、T、C、AC、*VD、*AC、*LD 和常数 OUT：VD、ID、QD、MD、SD、SMD、LD、AC、*VD、*AC、*LD
	*DIN1，OUT	两个 32 位带符号整数相乘，得到一个 32 位带符号整数 执行结果：IN1*OUT=OUT（在 LAD 和 FBD 中为：IN1*IN2=OUT）	IN1、IN2，OUT：VD、ID、QD、MD、SD、SMD、LD、AC、*VD、*AC、*LD IN1 和 IN2 还可以是 HC 和常数
	*RIN1，OUT	两个 32 位实数相乘，得到一个 32 位实数 执行结果：IN1*OUT=OUT（在 LAD 和 FBD 中为：IN1*IN2=OUT）	IN1、IN2，OUT：VD、ID、QD、MD、SD、SMD、LD、AC、*VD、*AC、*LD IN1 和 IN2 还可以是常数
除法指令	/IIN1，OUT	两个 16 位带符号整数相除，得到一个 16 位带符号整数商，不保留余数 执行结果：OUT/IN1=OUT（在 LAD 和 FBD 中为：IN1/IN2=OUT）	IN1、IN2，OUT：VW、IW、QW、MW、SW、SMW、LW、T、C、AC、*VD、*AC、*LD IN1 和 IN2 还可以是 AIW 和常数

名　称	指令格式（语句表）	功　能	操　作　数
除法指令	DIVIN1, OUT	两个 16 位带符号整数相除，得到一个 32 位结果，其中低 16 位为商，高 16 位为结果 执行结果：OUT/IN1=OUT（在 LAD 和 FBD 中为：IN1/IN2=OUT）	IN1、IN2：VW、IW、QW、MW、SW、SMW、LW、AIW、T、C、AC、*VD、*AC、*LD 和常数 OUT：VD、ID、QD、MD、SD、SMD、LD、AC、*VD、*AC、*LD
	/DIN1, OUT	两个 32 位带符号整数相除，得到一个 32 位整数商，不保留余数. 执行结果：OUT/IN1=OUT（在 LAD 和 FBD 中为：IN1/IN2=OUT）	IN1、IN2, OUT：VD、ID、QD、MD、SD、SMD、LD、AC、*VD、*AC、*LD IN1 和 IN2 还可以是 HC 和常数
	/RIN1, OUT	两个 32 位实数相除，得到一个 32 位实数商 执行结果：OUT/IN1=OUT（在 LAD 和 FBD 中为：IN1/IN2=OUT）	IN1、IN2, OUT：VD、ID、QD、MD、SD、SMD、LD、AC、*VD、*AC、*LD IN1 和 IN2 还可以是常数
数学函数指令	SQRTIN, OUT	把一个 32 位实数（IN）开平方，得到 32 位实数结果（OUT）	IN、OUT：VD、ID、QD、MD、SD、SMD、LD、AC、*VD、*AC、*LD IN 还可以是常数
	LNIN, OUT	对一个 32 位实数（IN）取自然对数，得到 32 位实数结果（OUT）	
	EXPIN, OUT	对一个 32 位实数（IN）取以 e 为底数的指数，得到 32 位实数结果（OUT）	
	SININ, OUT COSIN, OUT TANIN, OUT	分别对一个 32 位实数弧度值（IN）取正弦、余弦、正切，得到 32 位实数结果（OUT）	
增减指令	INCBOUT	将字节无符号输入数加 1 执行结果：OUT+1=OUT（在 LAD 和 FBD 中为：IN+1=OUT）	IN、OUT：VB、IB、QB、MB、SB、SMB、LB、AC、*VD、*AC、*LD IN 还可以是常数
	DECBOUT	将字节无符号输入数减 1 执行结果:OUT.1=OUT（在 LAD 和 FBD 中为：IN.1=OUT）	
	INCWOUT	将字（16 位）有符号输入数加 1 执行结果：OUT+1=OUT（在 LAD 和 FBD 中为：IN+1=OUT）	IN、OUT：VW、IW、QW、MW、SW、SMW、LW、T、C、AC、*VD、*AC、*LD IN 还可以是 AIW 和常数
	DECWOUT	将字（16 位）有符号输入数减 1 执行结果:OUT.1=OUT（在 LAD 和 FBD 中为：IN.1=OUT）	
	INCDOUT	将双字（32 位）有符号输入数加 1 执行结果：OUT+1=OUT（在 LAD 和 FBD 中为：IN+1=OUT）	IN、OUT：VD、ID、QD、MD、SD、SMD、LD、AC、*VD、*AC、*LD IN 还可以是 HC 和常数
	DECDOUT	将字（32 位）有符号输入数减 1 执行结果:OUT.1=OUT（在 LAD 和 FBD 中为：IN.1=OUT）	

（2）数据传送指令

数据传送指令如表 11.6 所示。

表 11.6　　　　　　　　　　　　数据传送指令

名　称	指令格式（语句表）	功　能	操　作　数
单一传送指令	MOVB IN, OUT	将 IN 的内容拷贝到 OUT 中，IN 和 OUT 的数据类型应相同，可分别为字、字节、双字、实数	IN、OUT：VB、IB、QB、MB、SB、SMB、LB、AC、*VD、*AC、*LD IN 还可以是常数
	MOVW IN, OUT		IN、OUT：VW、IW、QW、MW、SW、SMW、LW、T、C、AC、*VD、*AC、*LD IN 还可以是 AIW 和常数 OUT 还可以是 AQW
	MOVD IN, OUT		IN、OUT：VD、ID、QD、MD、SD、SMD、LD、AC、*VD、*AC、*LD IN 还可以是 HC、常数、&VB、&IB、&QB、&MB、&T、&C
	MOVR IN, OUT		IN、OUT：VD、ID、QD、MD、SD、SMD、LD、AC、*VD、*AC、*LD IN 还可以是常数
	BIR IN, OUT	立即读取输入 IN 的值，将结果输出到 OUT	IN：IB OUT：VB、IB、QB、MB、SB、SMB、LB、AC、*VD、*AC、*LD
	BIW IN, OUT	立即将 IN 单元的值写到 OUT 所指的物理输出区	IN：VB、IB、QB、MB、SB、SMB、LB、AC、*VD、*AC、*LD 和常数 OUT：QB
块传送指令	BMB IN, OUT, N	将从 IN 开始的连续 N 个字节数据拷贝到从 OUT 开始的数据块 N 的有效范围是 1～255	IN、OUT：VB、IB、QB、MB、SB、SMB、LB、*VD、*AC、*LD N：VB、IB、QB、MB、SB、SMB、LB、AC、*VD、*AC、*LD 和常数
	BMW IN, OUT, N	将从 IN 开始的连续 N 个字数据拷贝到从 OUT 开始的数据块 N 的有效范围是 1～255	IN、OUT：VW、IW、QW、MW、SW、SMW、LW、T、C、*VD、*AC、*LD IN 还可以是 AIW OUT 还可以是 AQW N：VB、IB、QB、MB、SB、SMB、LB、AC、*VD、*AC、*LD 和常数
	BMD IN, OUT, N	将从 IN 开始的连续 N 个双字数据拷贝到从 OUT 开始的数据块 N 的有效范围是 1～255	IN、OUT：VD、ID、QD、MD、SD、SMD、LD、*VD、*AC、*LD N：VB、IB、QB、MB、SB、SMB、LB、AC、*VD、*AC、*LD 和常数

（3）移位与循环移位指令

移位与循环移位指令如表 11.7 所示。

表 11.7　　　　　　　　　　　移位与循环移位指令

名　称	指令格式 （语句表）	功　能	操　作　数
字节移位 指令	SRBOUT, N	将字节 OUT 右移 N 位,最左边的位依次用 0 填充	IN、OUT、N：VB、IB、QB、MB、SB、SMB、LB、AC、*VD、*AC、*LD IN 和 N 还可以是常数
	SLBOUT, N	将字节 OUT 左移 N 位,最右边的位依次用 0 填充	
	RRBOUT, N	将字节 OUT 循环右移 N 位,从最右边移出的位送到 OUT 的最左位	
	RLBOUT, N	将字节 OUT 循环左移 N 位,从最左边移出的位送到 OUT 的最右位	
字移位指令	SRWOUT, N	将字 OUT 右移 N 位,最左边的位依次用 0 填充	IN、OUT：VW、IW、QW、MW、SW、SMW、LW、T、C、AC、*VD、*AC、*LD IN 还可以是 AIW 和常数 N：VB、IB、QB、MB、SB、SMB、LB、AC、*VD、*AC、*LD、常数
	SLWOUT, N	将字 OUT 左移 N 位,最右边的位依次用 0 填充	
	RRWOUT, N	将字 OUT 循环右移 N 位,从最右边移出的位送到 OUT 的最左位	
	RLWOUT, N	将字 OUT 循环左移 N 位,从最左边移出的位送到 OUT 的最右位	
双字移位 指令	SRDOUT, N	将双字 OUT 右移 N 位,最左边的位依次用 0 填充	IN、OUT：VD、ID、QD、MD、SD、SMD、LD、AC、*VD、*AC、*LD IN 还可以是 HC 和常数 N：VB、IB、QB、MB、SB、SMB、LB、AC、*VD、*AC、*LD、常数
	SLDOUT, N	将双字 OUT 左移 N 位,最右边的位依次用 0 填充	
	RRDOUT, N	将双字 OUT 循环右移 N 位,从最右边移出的位送到 OUT 的最左位	
	RLDOUT, N	将双字 OUT 循环左移 N 位,从最左边移出的位送到 OUT 的最右位	
位移位寄存器指令	SHRB　DATA, S_BIT, N	将 DATA 的值（位型）移入移位寄存器；S_BIT 指定移位寄存器的最低位,N 指定移位寄存器的长度（正向移位 =N, 反向移位=-N）	DATA、S_BIT：I、Q、M、SM、T、C、V、S、L N：VB、IB、QB、MB、SB、SMB、LB、AC、*VD、*AC、*LD、常数

（4）交换和填充指令

交换和填充指令如表 11.8 所示。

表 11.8 　　　　　　　　　　　交换和填充指令

名　称	指令格式 （语句表）	功　能	操　作　数
换字节指令	SWAP IN	将输入字 IN 的高位字节与低位字节的内容交换，结果放回 IN 中	IN：VW、IW、QW、MW、SW、SMW、LW、T、C、AC、*VD、*AC、*LD
填充指令	FILL IN，OUT，N	用输入字 IN 填充从 OUT 开始的 N 个字存储单元 N 的范围为 1～255	IN、OUT：VW、IW、QW、MW、SW、SMW、LW、T、C、AC、*VD、*AC、*LD IN 还可以是 AIW 和常数 OUT 还可以是 AQW N：VB、IB、QB、MB、SB、SMB、LB、AC、*VD、*AC、*LD、常数

（5）表操作指令

表操作指令如表 11.9 所示。

表 11.9 　　　　　　　　　　　表操作指令

名　称	指令格式 （语句表）	功　能	操　作　数
表存数指令	ATT DATA，TABLE	将一个字型数据 DATA 添加到表 TABLE 的末尾。EC 值加 1	DATA、TABLE：VW、IW、QW、MW、SW、SMW、LW、T、C、AC、*VD、*AC、*LD DATA 还可以是 AIW、AC 和常数
表取数指令	FIFO TABLE，DATA	将表 TABLE 的第 1 个字型数据删除，并将它送到 DATA 指定的单元。表中其余的数据项都向前移动一个位置，同时实际填表数 EC 值减 1	DATA、TABLE：VW、IW、QW、MW、SW、SMW、LW、T、C、*VD、*AC、*LD DATA 还可以是 AQW 和 AC
	LIFO TABLE，DATA	将表 TABLE 的最后一个字型数据删除，并将它送到 DATA 指定的单元。剩余数据位置保持不变，同时实际填表数 EC 值减 1	
表查找指令	FND=TBL，PTN，INDEX FND<>TBL，PTN，INDEX FND<TBL，PTN，INDEX FND>TBL，PTN，INDEX	搜索表 TBL，从 INDEX 指定的数据项开始，用给定值 PTN 检索出符合条件（=，<>，<，>）的数据项如果找到一个符合条件的数据项，则 INDEX 指明该数据项在表中的位置。如果一个也找不到，则 INDEX 的值等于数据表的长度。为了搜索下一个符合的值，在再次使用该指令之前，必须先将 INDEX 加 1	TBL：VW、IW、QW、MW、SMW、LW、T、C、*VD、*AC、*LD PTN、INDEX：VW、IW、QW、MW、SW、SMW、LW、T、C、AC、*VD、*AC、*LD PTN 还可以是 AIW 和 AC

（6）数据转换指令

数据转换指令如表 11.10 所示。

表 11.10 数据转换指令

名　称	指令格式（语句表）	功　能	操　作　数
数据类型转换指令	BTIIN, OUT	将字节输入数据 IN 转换成整数类型，结果送到 OUT，无符号扩展	IN：VB、IB、QB、MB、SB、SMB、LB、AC、*VD、*AC、*LD、常数 OUT：VW、IW、QW、MW、SW、SMW、LW、T、C、AC、*VD、*AC、*LD
	ITBIN, OUT	将整数输入数据 IN 转换成一个字节，结果送到 OUT。输入数据超出字节范围（0~255）则产生溢出	IN：VW、IW、QW、MW、SW、SMW、LW、T、C、AIW、AC、*VD、*AC、*LD、常数 OUT：VB、IB、QB、MB、SB、SMB、LB、AC、*VD、*AC、*LD
	DTIIN, OUT	将双整数输入数据 IN 转换成整数，结果送到 OUT	IN：VD、ID、QD、MD、SD、SMD、LD、HC、AC、*VD、*AC、*LD、常数 OUT：VW、IW、QW、MW、SW、SMW、LW、T、C、AC、*VD、*AC、*LD
	ITDIN, OUT	将整数输入数据 IN 转换成双整数(符号进行扩展)，结果送到 OUT	IN：VW、IW、QW、MW、SW、SMW、LW、T、C、AIW、AC、*VD、*AC、*LD、常数 OUT：VD、ID、QD、MD、SD、SMD、LD、AC、*VD、*AC、*LD
	ROUNDIN, OUT	将实数输入数据 IN 转换成双整数，小数部分四舍五入，结果送到 OUT	IN、OUT：VD、ID、QD、MD、SD、SMD、LD、AC、*VD、*AC、*LD IN 还可以是常数 在 ROUND 指令中 IN 还可以是 HC
	TRUNCIN, OUT	将实数输入数据 IN 转换成双整数，小数部分直接舍去，结果送到 OUT	
	DTRIN, OUT	将双整数输入数据 IN 转换成实数，结果送到 OUT	IN、OUT：VD、ID、QD、MD、SD、SMD、LD、AC、*VD、*AC、*LD IN 还可以是 HC 和常数
	BCDIOUT	将 BCD 码输入数据 IN 转换成整数，结果送到 OUT。IN 的范围为 0~9999	IN、OUT：VW、IW、QW、MW、SW、SMW、LW、T、C、AC、*VD、*AC、*LD IN 还可以是 AIW 和常数 AC 和常数
	IBCDOUT	将整数输入数据 IN 转换成 BCD 码，结果送到 OUT。IN 的范围为 0~9999	
编码译码指令	ENCOIN, OUT	将字节输入数据 IN 的最低有效位(值为 1 的位)的位号输出到 OUT 指定的字节单元的低 4 位	IN：VW、IW、QW、MW、SW、SMW、LW、T、C、AIW、AC、*VD、*AC、*LD、常数 OUT：VB、IB、QB、MB、SB、SMB、LB、AC、*VD、*AC、*LD
	DECOIN, OUT	根据字节输入数据 IN 的低 4 位所表示的位号将 OUT 所指定的字单元的相应位置 1，其他位置 0	IN：VB、IB、QB、MB、SB、SMB、LB、AC、*VD、*AC、*LD、常数 IN：VW、IW、QW、MW、SW、SMW、LW、T、C、AQW、AC、*VD、*AC、*LD

续表

名　称	指令格式 （语句表）	功　　能	操　作　数
段码指令	SEGIN, OUT	根据字节输入数据 IN 的低 4 位有效数字产生相应的七段码，结果输出到 OUT，OUT 的最高位恒为 0	IN、OUT：VB、IB、QB、MB、SB、SMB、LB、AC、*VD、*AC、*LD IN 还可以是常数
字符串转换指令	ATHIN, OUT, LEN	把从 IN 开始的长度为 LEN 的 ASCII 码字符串转换成十六进制数，并存放在以 OUT 为首地址的存储区中。合法的 ASCII 码字符的十六进制值在 30H～39H、41H～46H，字符串的最大长度为 255 个字符	IN、OUT、LEN：VB、IB、QB、MB、SB、SMB、LB、*VD、*AC、*LD LEN 还可以是 AC 和常数

（7）特殊指令

特殊指令如表 11.11 所示。

表 11.11　　　　　　　　　　　　　　　特殊指令

名　称	指令格式 （语句表）	功　　能	操　作　数
中断指令	ATCHINT, EVNT	把一个中断事件（EVNT）和一个中断程序联系起来，并允许该中断事件	INT：常数 EVNT：常数（CPU221/222：0～12、19～23、27～33；CPU224：0～23、27～33；CPU226：0～33）
	DTCHEVNT	截断一个中断事件和所有中断程序的联系，并禁止该中断事件	
	ENI	全局地允许所有被连接的中断事件	
	DISI	全局地关闭所有被连接的中断事件	无
	CRETI	根据逻辑操作的条件从中断程序中返回	
	RETI	位于中断程序结束，是必选部分，程序编译时软件自动在程序结尾加入该指令	
时钟指令	TODRT	读当前时间和日期并把它装入一个 8 字节的缓冲区（起始地址为 T）	T：VB、IB、QB、MB、SB、SMB、LB、*VD、*AC、*LD
	TODWT	将包含当前时间和日期的一个 8 字节的缓冲区（起始地址是 T）装入时钟	
高速计数器指令	HDEFHSC, MODE	为指定的高速计数器分配一种工作模式。每个高速计数器使用之前必须使用 HDEF 指令，且只能使用一次	HSC：常数（0～5） MODE：常数（0～11）
	HSCN	根据高速计数器特殊存储器位的状态，按照 HDEF 指令指定的工作模式，设置和控制高速计数器。N 指定了高速计数器号	N：常数（0～5）

续表

名　称	指令格式 （语句表）	功　能	操　作　数
高速脉冲 输出指令	PLSQ	检测用户程序设置的特殊存储器位，激活由控制位定义的脉冲操作，从 Q0.0 或 Q0.1 输出高速脉冲 可用于激活高速脉冲串输出（PTO）或宽度可调脉冲输出（PWM）	Q：常数（0 或 1）
PID 回路 指令	PIDTBL, LOOP	运用回路表中的输入和组态信息，进行 PID 运算。要执行该指令，逻辑堆栈顶（TOS）必须为 ON 状态。TBL 指定回路表的起始地址，LOOP 指定控制回路号。 回路表包含 9 个用来控制和监视 PID 运算的参数：过程变量当前值（PV_n），过程变量前值（$PV_{n,1}$），给定值（SP_n），输出值（M_n），增益（Kc），采样时间（Ts），积分时间（Ti），微分时间（Td）和积分项前值（MX） 为使 PID 计算是以所要求的采样时间进行，应在定时中断执行中断服务程序或在由定时器控制的主程序中完成，其中定时时间必须填入回路表中，以作为 PID 指令的一个输入参数	TBL：VB LOOP：常数（0 到 7）

11.2

OMRONC 系列 PLC

11.2.1　OMRONC 系列 PLC 概述

　　日本 OMRON（立石公司）是世界上生产 PLC 的著名厂商之一。OMRON 系列 PLC 产品以其良好的性价比被广泛地应用于化学工业、食品加工、材料处理、工业控制过程等领域。

　　OMRONC 系列 PLC 产品门类齐、型号多、功能强、适应面广，大致可分为微型、小型、中型和大型 4 大类产品。整体式结构的微型 PLC 是以 C20P 为代表的机型；叠装式（或称紧凑型）结构的微型机以 CJ 型机最为典型，它具有超小型和超薄型的尺寸。小型 PLC 以 P 型机和 CPM 型机最为典型，这两种都属于坚固整体型结构，具有体积更小、指令更丰富、性能更优越，通过 I/O 扩展可实现 10～140 点输入/输出点数的灵活配置，并可连接可编程终端直接从屏幕上进行编程。OMRON 中型机以 C200H 系列最为典型，主要有 C200H、C200HS、C200HX、C200HG、C200HE 等型号产品。中型机在程序容量、扫描速度和指令功能等方面都优于小型机，除具备小型机的基本功能外，它同时可配置更完善的接口单元模块，如模拟量 I/O 模块、温度传感器模块、高速记数模块、位置控制模块、通信连接模块等。可以与上位计算机、下位 PLC 及各种外部设备组成具有各种用途的计算机控制系统和工业自动化网络。

在一般的工业自动控制系统中，小型 PLC 要比大、中型机的应用更为广泛。在电气设备的控制应用方面，一般采用小型 PLC 都能够满足需求。本书将以 OMRON 公司 CPM1A 小型机为例作简要介绍。

11.2.2　CPM1A 系列 PLC 的硬件配置

与所有小型机一样，CPM1A 系列 PLC 采用整体式结构，内部由基本单元、电源、系统程序区、用户程序区、输入/输出接口、I/O 扩展单元、编程器接口、其他外部设备等组成。

1．基本单元

CPM1A 系列整体式 PLC 的基本单元又称主机单元，内含 CPU，可以单独使用，是 PLC 控制系统不可缺少的部分，其外部连接口主要有 I/O 接线端子、各种外连插座或插槽，以及各种运行信号指示灯等部分。I/O 接线端子可直接用来连接控制现场的开关、按钮、传感器等输入信号和接触器、电磁阀等输出信号，总的 I/O 端子数量就称为 I/O 点数，CPM1A 系列整体式 CPU 可分作 10 点、20 点、30 点、40 点。

在 CPM1A 系列 PLC 主机面板上有两个隐藏式插槽。一个是通信编程器插槽，插接手持式编程器即可进行编程和现场调试，或配接一个专用适配器 RS-232 即可与个人计算机（PC）连接，在 Windows 系统平台下可直接用梯形图进行编程操作，大大改进了编程环境，并可以进行实时监控和调试。另一个是 I/O 扩展插槽，可用于连接 I/O 扩展单元。

CPU 主机面板上设有若干 LED 指示灯，LED 指示灯亮或闪烁表示单元状态，如表 11.12所示。

表 11.12　　　　　　　　CPU 主机面板 LED 指示灯状态指示

LED	显　示	状　态
POWER（绿）	亮	电源接上
	灭	电源切断
RUN（绿）	亮	运行/监视模式
	灭	编程模式或停止异常过程中
ERROR/ALARM（红）	亮	发生故障
	闪烁	发生警告
	灭	正常时
COMM（橙）	闪烁	与外设端口通信中
	灭	上述以外

2．I/O 扩展单元

I/O 扩展单元主要用于增加 PLC 系统的 I/O 点数以满足实际应用的需要，I/O 扩展单元没有CPU，不能单独使用，只有 I/O 扩展插槽而没有通信编程器插槽。在它的左右两侧设有 I/O 连接插座，当 CPU 单元需要扩展 I/O 点数时，可直接采用带扁平电缆的插头连接即可。输入、输出端子分别连接输入或输出电路，其对应 LED 显示灯亮、灭分别表示输入或输出的接通状态。扩展单元的 I/O 点数分别为 12 点和 8 点，只有 I/O 为 30 点和 40 点的 CPU 单元才能扩展，且最多连接 3 个 I/O 扩展单元。

3. 编程器

CPM1A 系列 PLC 可采用多种编程设备进行编程，在现场调试和编程比较常用的是手持式编程器。这种编程器体积小、结构紧凑、便于携带，它通过连接电缆直接插入编程器槽，在距主机一定距离处即可进行编程。利用手持式编程器可进行用户程序的输入、修改、调试，以及对系统运行情况进行监控等操作。手持式编程器只能用助记符号指令输入程序，而不能直接显示梯形图。

CPM1A 系列 PLC 也可以采用计算机进行编程和实时监控，OMRON 公司 SYSMACC 系列 PLC 配备专用编程软件 CX.Programmer。

11.2.3 CPM1A 系列 PLC 的主要技术参数

CPM1A 系列 PLC 的主要技术参数如表 11.13 所示，表中所列 I/O 点数为主机本身所带 I/O 点数和连接扩展单元后所能达到的最大 I/O 点数。

表 11.13　　　　　　　　　　CPM1A 系列 PLC 的主要性能参数

特　　性		10 点 I/O	20 点 I/O	30 点 I/O	40 点 I/O
结构		整体式			
指令条数		基本指令：14 种，功能指令：77 种，计 135 个			
处理速度		基本指令：0.72～16.3μs，功能指令：MOV 指令=16.3μs			
程序容量		2 048 字			
最大 I/O 点数	仅本体	10 点	20 点	30 点	40 点
	扩展时	—	—	50 点、70 点、90 点	60 点、80 点、100 点
输入继电器		00000～00915（000～009CH）		不作为输入/输出继电器使用的通道可作为内部辅助继电器	
输出继电器		01000～01915（010～019CH）			
内部辅助继电器		512 位：IR20000～23115（200～231CH）			
特殊辅助继电器		384 位：23200～25515（232～255CH）			
保持继电器		320 位：HR0000～1915（HR00～19CH）			
暂存继电器（TR）		8 位：（TR0～7）			
定时/计数器		128 点：TIM/CNT000～127			
数存储器：（DM）		读/写：1024 字（DM0000～1023） 只读：512 字（DM6144～6655）			
输入量		主要逻辑开关量			
输出方式		继电器、晶体管、可控硅			
联网功能		I/OLink、HostLink（C200、CS1 还可 PCLink）			
工作电源		AC100～240V 或 DC24V、50/60Hz			

11.2.4　CPM1A 系列 PLC 的指令系统

CPM1A 系列 PLC 具有比较丰富的指令集，按其功能可分为基本逻辑指令和特殊功能指令两大类。其指令功能与 FX 系列 PLC 大同小异，这里不再详述。

CPM1A 系列 PLC 指令一般由助记符和操作数两部分组成，助记符表示 CPU 执行此命令所要完成的功能，而操作数指出 CPU 的操作对象。

1．基本逻辑指令

CPM1A 系列 PLC 的基本逻辑指令与 FX 系列 PLC 较为相似，编程和梯形图表达方式也大致相同，CPM1A 系列 PLC 的基本逻辑指令如表 11.14 所示。

表 11.14　　　　　　　　　　CPM1A 系列 PLC 的基本逻辑指令

指令名称	指令符	功　　能	操　作　数
取	LD	读入逻辑行或电路块的第 1 个常开触点	00000～01915
取反	LDNOT	读入逻辑行或电路块的第 1 个常闭触点	20000～25507
与	AND	串联一个常开触点	HR0000～1915
与非	ANDNOT	串联一个常闭触点	AR0000～1515
或	OR	并联一个常开触点	LR0000～1515
			TIM/CNT000～127
或非	ORNOT	并联一个常闭触点	TR0～7
			*TR 仅用于 LD 指令
电路块与	ANDLD	串联一个电路块	无
电路块或	ORLD	并联一个电路块	
输出	OUT	输出逻辑行的运算结果	00000～01915
输出求反	OUTNOT	求反输出逻辑行的运算结果	20000～25507
			HR0000～1915
置位	SET	置继电器状态为接通	AR0000～1515
复位	RSET	使继电器复位为断开	LR0000～1515
			TIM/CNT000～127
定时	TIM	接通延时定时器（减算） 设定时间 0～9910.9s	TIM/CNT000～127 设定值 0～9999
计数	CNT	减法计数器 设定值 0～9999 次	定时单位为 0.1S 计数单位为 1 次

2．功能指令

CPM1A 系列 PLC 提供的功能指令主要用来实现程序控制、数据处理、算术运算等。这类指令在简易编程器上一般没有对应的指令键，而是为每个指令规定了一个功能代码，用两位数字表示。在输入这类指令时先按下"FUN"键，再按下相应的代码。下面介绍部分常用的功能指令。

（1）空操作指令 NOP

本指令不作任何的逻辑操作，故称空操作，也不使用继电器，无须操作数。该指令应用在程序中留出一个地址，以便调试程序时插入指令，还可用于微调扫描时间。

（2）结束指令 END

本指令单独使用，无须操作数，是程序的最后一条指令，表示程序到此结束。PLC 在执行用户程序时，当执行到 END 指令时就停止执行程序阶段，转入执行输出刷新阶段。如果程序中遗漏 END 指令，编程器执行时则会显示出错信号："NOENDINSET"，当加上 END 指令后，PLC 才能正常运行。本指令也可用来分段调试程序。

（3）互锁指令 IL 和互锁清除指令 ILC

这两条指令无须操作数，IL 指令为互锁条件，形成分支电路，即新母线以便与 LD 指令连用，表示互锁程序段的开始；ILC 指令表示互锁程序段结束。IL 和 ILC 指令应当成对配合使用，否则出错。

IL/ILC 指令的功能是：如果控制 IL 的条件成立（即 ON），则执行互锁指令。若控制 IL 的条件不成立（即 OFF），则 IL 与 ILC 之间的互锁程序段不执行，即位于 IL/ILC 之间的所有继电器均为 OFF，此时所有定时器将复位，但所有的定时器/计数器、移位寄存器及保持继电器均保持当前值。

（4）跳转开始指令 JMP 和跳转结束指令 JME

这两条指令无须操作数，JMP 指令表示程序转移的开始，JME 指令表示程序转移的结束。JMP/JME 指令应配对使用，否则 PLC 显示出错。JMP/JME 指令组用于控制程序分支。当 JMP 的条件为 ON，则整个梯形图按顺序执行，如同 JMP/JME 指令不存在一样。当 JMP 条件为 OFF 时，程序转去执行 JME 后面的第 1 条指令；此时输出继电器保持目前状态，定时器/计数器及移位寄存器均保持当前值。

（5）逐位移位指令 SFT

本指令带两个操作数，以通道为单位，第 1 个操作数为首通道号 D1，第 2 个操作数为末通道号 D2。其功能相当于一个串行输入移位寄存器。

移位寄存器有数据输入端（IN）、移位时钟端（CP）及复位端（R），必须按照输入（IN）、时钟（CP）、复位（R）和 SFT 指令的顺序进行编程。当移位时钟由 OFF→ON 时，将（D1～D2）通道的内容，按照从低位到高位的顺序移动一位，最高位溢出丢失，最低位由输入数据填充。当复位端输入 ON 时，参与移位的所有通道数据均复位，即都为 OFF。逐位移位指令在使用起始通道和结束通道时必须在同一种继电器中且起始通道号≤结束通道号。

（6）锁存指令 KEEP

本指令使用的操作数有 01000～01915、20000～25515、HR0000～HR1915，其功能相当于锁存器，当置位端（S 端）条件为 ON 时，KEEP 继电器一直保持 ON 状态，即使 S 端条件变为 OFF，KEEP 继电器也保持 ON，直到复位端（R 端）条件为 ON 时，继电器才变为 OFF。KEEP 指令主要用于线圈的保持，即继电器的自锁电路可用 KEEP 指令实现。若 SET 端和 RES 端同时为 ON，则 KEEP 继电器优先变为 OFF。锁存继电器指令编写必须按置位行（S 端）、复位行（R 端）和 KEEP 继电器的顺序来编写。

（7）前沿微分脉冲指令 DIFU 和后沿微分脉冲指令 DIFD

本指令使用操作数有 01000～01915、20000～25515、HR0000～HR1915，DIFU 的功能是在输入脉冲的前（上升）沿使指定的继电器接通一个扫描周期之后释放，而 DIFD 的功能是在输入脉冲的后（下降）沿使指定的继电器接通一个扫描周期之后释放。

（8）快速定时器指令 TIMH

本指令操作数占两行，一行为定时器号 000~127（不得与 TIM 或 CNT 重复使用同号），另一行为设定时间。设定的定时时间可以是常数，也可以由通道 000CH~019CH、20000CH~25515CH、HR0000~HR1915 中的内容决定，但必须为 4 位 BCD 码。其功能与基本指令中的普通定时器作用相似，唯一区别是 TIMH 定时精度为 0.01s，定时范围为 0~910.99s。

（9）比较指令 CMP

本指令的功能是将源通道 S 中的内容与目标通道 D 中的内容进行比较，其比较结果送到 PLC 的内部专用继电器 25505、05506、25507 中进行处理后输出，输出状态如表 11.15 所示。

表 11.15　　　　　　　　　　　　比较结果输出专用继电器状态表

SMR	25505	25506	25507
S>D	ON	OFF	OFF
S=D	OFF	ON	OFF
S,D	OFF	OFF	ON

比较指令 CMP 用于将通道数据 S 与另一通道数据 D 中的十六进制数或 4 位常数进行比较，S 和 D 中至少有一个是通道数据。

（10）数据传送指令 MOV 和数据求反传送指令 MOVN

这两条指令都是用于数据的传送。当 MOV 前面的状态为 ON 时，执行 MOV 指令，在每个扫描周期中把 S 中的源数据传送到目标 D 所指定的通道中去。当 MOV 前面的状态为 OFF 时，执行 MOVN 指令，在每个扫描周期中把 S 中的源数据求反后传送到目标 D 所指定的通道中去。执行传送指令后，如果目标通道 D 中的内容全为零时，则标志位 25506 为 ON。

（11）进位置位指令 STC 和进位复位指令 CLC

这两条指令的功能是将进位标志继电器 25504 置位（即置 ON），或强制将进位标志继电器 25504 复位（即置 OFF）。当这两条指令前面状态为 ON 时，执行指令，否则不执行。通常在执行加、减运算操作之前，先执行 CLC 指令来清除进位位，以确保运算结果的正确。

（12）加法指令 ADD

本指令是将两个通道的内容或一个通道的内容与一个常数相加，再把结果送至目标通道 D。操作数中被加数 S1、加数 S2、运算结果 D 的内容如表 11.16 所示。

表 11.16　　　　　　　　　　　　加法指令的操作数内容

S1/S2	000~019CH	200~231CH	HR00~HR19	TIM/CNT000~127	DM0000~1023 DM6144~6655	4 位常数
D	010~019CH	200~231CH	HR00~HR19	—	DM0000~1023	—

注：DM6144~6655 不能用程序写入（只能用外围设备设定）。

（13）减法指令 SUB

本指令与 ADD 指令相似，是把两个 4 位 BCD 数作带借位减法，差值送入指定通道，其操作数同 ADD 指令。在编写 SUB 指令语言时，必须指定被减数、减数和差值的存放通道。

本章小结

本章介绍了 S7 系列 PLC 和 OMRONC 系列 PLC 的结构及其指令系统。在 S7 系列 PLC 一节中介绍了 S7-200 系列 PLC 的硬件配置、主要技术参数、基本逻辑指令及功能指令。与 S7-200 系列 PLC 相比，S7-300 系列和 S7-400 系列 PLC，其功能更强大，分别应用于中型和大型自动化系统。在 OMRONC 系列 PLC 一节中主要以 CPM1A 小型机为例，简单介绍了其硬件配置、主要技术参数、基本逻辑指令及功能指令，供大家选择学习和参考。

练习题

11.1 查找资料，分别说明 SIMATICS7-200 系列、S7-300 系列和 S7-400 系列 PLC 的主要性能特点。

11.2 简述 S7-200 系列 PLC 中，晶体管型和继电器型 CPU 的主要区别。

FX₂ₙ系列 PLC 的功能指令

分类	指令编号	助记符	操 作 数	功 能
程序流控制	FNC00	CJ	D：P0～P127，P63 是 END 所在步，不需标	条件跳转
	FNC01	CALL	D：P0～P62，P64～P127	子程序调用
	FNC02	SRET	无	子程序返回
	FNC03	IRET	无	中断返回
	FNC04	EI	无	允许中断
	FNC05	DI	无	禁止中断
	FNC06	FEND	无	主程序结束
	FNC07	WDT	无	监控程序执行
	FNC08	FOR	S：K,H,K$_N$X,K$_N$Y,K$_N$M,K$_N$S,T,C,D,V,Z	循环开始
	FNC09	NEXT	无	循环结束
数据传送和比较	FNC10	CMP	S1,S2：K,H,K$_N$X,K$_N$Y,K$_N$M,K$_N$S,T,C,D,V,Z D：Y,M,S	比较
	FNC11	ZCP	S1,S2：K,H,K$_N$X,K$_N$Y,K$_N$M,K$_N$S,T,C,D,V,Z D：Y,M,S	区间比较
	FNC12	MOV	S：K,H,K$_N$X,K$_N$Y,K$_N$M,K$_N$S,T,C,D,V,Z D：K$_N$Y,K$_N$M,K$_N$S,T,C,D,V,Z	传送
	FNC13	SMOV	S：K$_N$X,K$_N$Y,K$_N$M,K$_N$S,T,C,D,V,Z m1,m2：K,H=1～4 D：K$_N$Y,K$_N$M,K$_N$S,T,C,D,V,Z n：K,H=1～4	BCD 码移位传送
	FNC14	CML	S：K,H,K$_N$X,K$_N$Y,K$_N$M,K$_N$S,T,C,D,V,Z D：K$_N$Y,K$_N$M,K$_N$S,T,C,D,V,Z	取反传送
	FNC15	BMOV	S：K$_N$X,K$_N$Y,K$_N$M,K$_N$S,T,C,D D：K$_N$Y,K$_N$M,K$_N$S,T,C,D n：K,H≤512	数据块传送
	FNC16	FMOV	S：K,H,K$_N$X,K$_N$Y,K$_N$M,K$_N$S,T,C,D,V,Z D：K$_N$Y,K$_N$M,K$_N$S,T,C,D n：K,H≤512	多点传送

续表

分类	指令编号	助记符	操 作 数	功 能
数据传送和比较	FNC17	XCH	S: K_NY,K_NM,K_NS,T,C,D,V,Z D: K_NY,K_NM,K_NS,T,C,D,V,Z	BCD 码交换
	FNC18	BCD	S: $K_NX,K_NY,K_NM,K_NS,T,C,D,V,Z$ D: K_NY,K_NM,K_NS,T,C,D,V,Z	BIN 变换
	FNC19	BIN	S: $K_NX,K_NY,K_NM,K_NS,T,C,D,V,Z$ D: K_NY,K_NM,K_NS,T,C,D,V,Z	
四则运算和逻辑运算	FNC21	SUB	S1,S2: $K,H,K_NX,K_NY,K_NM,K_NS,T,C,D,V,Z$ D: K_NY,K_NM,K_NS,T,C,D,V,Z	BIN 减法
	FNC22	MUL	S1,S2: $K,H,K_NX,K_NY,K_NM,K_NS,T,C,D,V,Z$ D: K_NY,K_NM,K_NS,T,C,D,V,Z（限 16 位）	BIN 乘法
	FNC23	DIV	S1,S2: $K,H,K_NX,K_NY,K_NM,K_NS,T,C,D,V,Z$ D: K_NY,K_NM,K_NS,T,C,D,V,Z（限 16 位）	BIN 除法
	FNC24	INC	D: K_NY,K_NM,K_NS,T,C,D,V,Z	BIN 加 1
	FNC25	DEC	D: K_NY,K_NM,K_NS,T,C,D,V,Z	BIN 减 1
	FNC26	WAND	S1,S2: $K,H,K_NX,K_NY,K_NM,K_NS,T,C,D,V,Z$ D: K_NY,K_NM,K_NS,T,C,D,V,Z	字逻辑与
	FNC27	WOR	S1,S2: $K,H,K_NX,K_NY,K_NM,K_NS,T,C,D,V,Z$ D: K_NY,K_NM,K_NS,T,C,D,V,Z	字逻辑或
	FNC28	WXOR	S1,S2: $K,H,K_NX,K_NY,K_NM,K_NS,T,C,D,V,Z$ D: K_NY,K_NM,K_NS,T,C,D,V,Z	字逻辑异或
	FNC29	NEG	D: K_NY,K_NM,K_NS,C,D,V,Z	求二进制补码
循环和移位	FNC30	ROR	D: K_NY,K_NM,K_NS,T,C,D,V,Z n: $K,H \leq 16$（32）	右循环
	FNC31	ROL	D: K_NY,K_NM,K_NS,T,C,D,V,Z（K_N 为 K4 或 K8） n: $K,H \leq 16$（32）	左循环
	FNC32	RCR	D: K_NY,K_NM,K_NS,T,C,D,V,Z（K_N 为 K4 或 K8） n: $K,H \leq 16$（32）	带进位右循环
	FNC33	RCL	D: K_NY,K_NM,K_NS,T,C,D,V,Z n: $K,H \leq 16$（32）	带进位左循环
	FNC34	SFTR	S: X,Y,M,S D: Y,M,S n1,n2: K,H $n2 \leq n1 \leq 1024$	位右移
	FNC35	SFTL	S: X,Y,M,S D: Y,M,S n1,n2: K,H $n2 \leq n1 \leq 1024$	位左移
	FNC36	WSFR	S: $K_NX,K_NY,K_NM,K_NS,T,C,D$ D: K_NY,K_NM,K_NS,T,C,D n1,n2: K,H $n2 \leq n1 \leq 512$	字右移
	FNC37	WSFL	S: $K_NX,K_NY,K_NM,K_NS,T,C,D$ D: K_NY,K_NM,K_NS,T,C,D n1,n2: K,H $n2 \leq n1 \leq 512$	字左移

续表

分类	指令编号	助记符	操 作 数	功 能
循环和移位	FNC38	SFWR	S：K,H, K_NX,K_NY,K_NM,K_NS,T,C,D,V,Z D：K_NY,K_NM,K_NS,T,C,D n1,n2：K,H　　n2≤n1≤512	FIFO 写入
	FNC39	SFRD	S：K_NX,K_NY,K_NM,K_NS,T,C,D D：K_NY,K_NM,K_NS,T,C,D n1,n2：K,H　　n2≤n1≤512	FIFO 读出
数据处理	FNC41	DECO	S：K,H,X,Y,M,S,T,C,D,V,Z D：Y,M,S,T,C,D n：K,H　n=1~8	解码
	FNC42	ENCO	S：X,Y,M,S,T,C,D,V,Z D：T,C,D,V,Z n：K,H　n=1~8	编码
	FNC43	SUM	S：K,H,K_NX,K_NY,K_NM,K_NS,T,C,D,V,Z D：K_NY,K_NM,K_NS,T,C,D,V,Z	求置 ON 位总数
	FNC44	BON	S：K,H,K_NX,K_NY,K_NM,K_NS,T,C,D,V,Z D：Y,M,S n：K,H　n=0~15（32 位指令时 n=0~31）	ON 位判别
	FNC45	MEAN	S：K_NX,K_NY,K_NM,K_NS,T,C,D D：K_NY,K_NM,K_NS,T,C,D,V,Z n：K,H　n=1~64	平均值
	FNC46	ANS	S：T0~T199 D：S900~S999 n：K,H　n=1~32767 单位 100ms	信号报警器置位
	FNC47	ANR	无	信号报警器复位
	FNC48	SQR	S：K,H,D　　D：D	BIN 开方
	FNC49	FLT	S：D　　　D：D	BIN 整数向 BIN 浮点数转换
高速处理	FNC50	REF	D：X,Y　　n：K,H　n 为 8 的倍数	输入/输出刷新
	FNC51	REFF	n：K,H　n=0~60ms	滤波器调整
	FNC52	MTR	S：X　　　D1：Y D2：Y,M,S n：K,H　n=2~8	矩阵输入
	FNC53	HSCS	S1：K,H,K_NX,K_NY,K_NM,K_NS,T,C,D,V,Z S2：C235~C255 D：Y,M,S	高速计数器比较置位
	FNC54	HSCR	S1：K,H,K_NX,K_NY,K_NM,K_NS,T,C,D,V,Z S2：C235~C255 D：Y,M,S, C235~C255	高速计数器比较复位
	FNC55	HSZ	S1：K,H,K_NX,K_NY,K_NM,K_NS,T,C,D,V,Z S2：C235~C255 D：Y,M,S　使用 3 个连续元件	高速计数器区间比较

续表

分类	指令编号	助记符	操 作 数	功 能
高速处理	FNC56	SPD	S1: X0~X5 S2: K,H,K$_N$X,K$_N$Y,K$_N$M,K$_N$S,T,C,D,V,Z D: T,C,D,V,Z 使用 3 个连续元件	速度检测
	FNC57	PLSY	S1,S2: K,H,K$_N$X,K$_N$Y,K$_N$M,K$_N$S,T,C,D,V,Z D: Y	脉冲输出
	FNC58	PWM	S1,S2: K,H,K$_N$X,K$_N$Y,K$_N$M,K$_N$S,T,C,D,V,Z D: Y 其中 S1≤S2	脉宽调制
方便指令	FNC61	SER	S1: K$_N$X,K$_N$Y,K$_N$M,K$_N$S,T,C,D,V,Z S2: K,H,K$_N$X,K$_N$Y,K$_N$M,K$_N$S,T,C,D,V,Z D: K$_N$Y,K$_N$M,K$_N$S,T,C,D 使用 5 个连续元件 n: K,H,D n=1~256（32 位指令 n=1~128）	数据查找
	FNC62	ABSD	S1: K$_N$X,K$_N$Y,K$_N$M,K$_N$S（8 个一组）,T,C,D,V,Z S2: ,C 使用两个连续的计数器 D: Y,M,S n 个连续元件 n: K,H n ≤ 64	绝对值式凸轮控制
	FNC63	INCD	S1: K$_N$X,K$_N$Y,K$_N$M,K$_N$S（8 个一组）,T,C,D,V,Z S2: ,C 使用两个连续的计数器 D: Y,M,S n 个连续元件 n: K,H n ≤ 64	增量式凸轮控制
	FNC64	TTMR	D: D 使用两个连续单元 n: K,H n=0~2	示教定时器
	FNC65	STMR	S: T0~T199 单位 100ms n: K,H n=1~32767 D: Y,M,S 使用 4 个连续元件	特殊定时器
	FNC66	ALT	D: Y,M,S	交替输出
	FNC67	RAMP	S1,S2,D: D 使用两个连续元件 n: K,H n=1~32767	斜坡信号输出
外围 I/O 设备	FNC70	TKY	S: X,Y,M,S 使用 10 个连续元件 D1: K$_N$Y,K$_N$M,K$_N$S,T,C,D D2: Y,M,S 使用 11 个连续元件	十进制数输入
	FNC71	HKY	S: X 使用 4 个连续元件 D1: Y 使用 4 个连续元件 D2: T,C,D,V,Z D: Y,M,S 使用 8 个连续元件	十六进制输入
	FNC72	DSW	S: X n=2 为 8 个元件,否则为 4 个元件 D1: Y 使用 4 个连续元件 D2: T,C,D,V,Z n=2 为两个元件,否则为 1 个 n: K,H n =1 或 2	n 组 4 位 BCD 数字开关输入
	FNC73	SEGD	S: K,H,K$_N$X,K$_N$Y,K$_N$M,K$_N$S,T,C,D,V,Z 使用低 4 位 D: K$_N$Y,K$_N$M,K$_N$S,T,C,D,V,Z 高 8 位不变	7 段译码

续表

分类	指令编号	助记符	操 作 数	功 能
外围 I/O 设备	FNC74	SEGL	S: K,H,K$_N$X,K$_N$Y,K$_N$M,K$_N$S,T,C,D,V,Z D: Y ,n=0~3 用 8 个输出,n=4~7 用 12 个 n: K,H n=0~3, 1 组 n=4~7, 2 组	带锁存的 7 段显示
	FNC75	ARWS	S: X,Y,M,S 使用 4 个连续元件 D1: T,C,D,V,Z 十进制数据格式 D2: Y 使用 8 个连续元件 n: K,H n=0~3	方向开关
	FNC76	ASC	S: 由计算机输入的 8 个字母数字 D2: T,C,D 使用 4 个连续元件	ASCII 码转换
	FNC78	FROM	m1:K,H m1=0~7 m2:K,H m2=0~32767 D: K$_N$Y,K$_N$M,K$_N$S,T,C,D,V,Z n: K,H n=1~32	从特殊功能模块读出
	FNC79	TO	m1:K,H m1=0~7 m2:K,H m2=0~32767 S: K,H,K$_N$X,K$_N$Y,K$_N$M,K$_N$S,T,C,D,V,Z n: K,H n=1~32	向特殊功能模块写入
外围设备 SER	FNC80	RS	S: D m: K,H,D, m=0~4096 D: D n: K,H,D, m=0~4096,m+n≤8000	串行数据传送
	FNC81	PRUN	S: K$_N$X, K$_N$M, D: K$_N$Y,K$_N$M,	并行运行
	FNC82	ASCI	S: K,H,K$_N$X,K$_N$Y,K$_N$M,K$_N$S,T,C,D,V,Z D: K$_N$Y,K$_N$M,K$_N$S,T,C,D n: K,H n=1~256	HEX 向 ASCII 转换
	FNC83	HEX	S: K,H,K$_N$X,K$_N$Y,K$_N$M,K$_N$S,T,C,D D: K$_N$Y,K$_N$M,K$_N$S,T,C,D n: K,H n=1~256	ASCII 向 HEX 转换
	FNC84	CCD	S: K$_N$X,K$_N$Y,K$_N$M,K$_N$S,T,C,D D: K$_N$Y,K$_N$M,K$_N$S,T,C,D n: K,H,D n=1~256	校验码
	FNC85	VRRD	S: K,H 变量号为 0~7,对应 FX-8AV 的 8 个输入 变量号 D: K$_N$Y,K$_N$M,K$_N$S,T,C,D,V,Z	电位器读出
	FNC86	VRSC	S: K,H 变量号为 0~7,对应 FX-8AV 的 8 个输入 变量号 D: K$_N$Y,K$_N$M,K$_N$S,T,C,D,V,Z	电位器刻度
	FNC88	PID	S1,S2: 各用一个数据寄存器 D S3: 用 25 个连续数据寄存器 D D: 用一个独立的数据寄存器 D	PID 回路运算
浮点数运算	FNC110	ECMP	S1,S2: K,H,D D: Y,M,S 使用 3 个连续元件	二进制浮点数比较
	FNC111	EZCP	S1,S2,S: K,H,D S1<=S2 D: Y,M,S 使用 3 个连续元件	二进制浮点数区间比较
	FNC118	EBCD	S: D D: D	二进制浮点数转十进制浮点数
	FNC119	EBIN	S: D D: D	十进制浮点数转二进制浮点数

续表

分类	指令编号	助记符	操 作 数		功 能
浮点数运算	FNC120	EADD	S1,S2：K,H ,D	D：D	二进制浮点数加法
	FNC121	ESUB	S1,S2：K,H ,D	D：D	二进制浮点数减法
	FNC122	EMUL	S1,S2：K,H ,D	D：D	二进制浮点数乘法
	FNC127	ESQR	S1,S2：K,H ,D 正数有效	D：D	二进制浮点数开方
	FNC129	INT	S：D 0<=角度<=2∏	D：D	二进制浮点数转二进制整数
	FNC130	SIN	S：D 0<=角度<=2∏	D：D	二进制浮点数正弦函数
	FNC131	COS	S：D 0<=角度<=2∏	D：D	二进制浮点数余弦函数
	FNC132	TAN	S：D 0<=角度<=2∏	D：D	二进制浮点数正切函数
时间运算	FNC160	TCMP	S1,S2,S3：K,H,K_NX,K_NY,K_NM,K_NS,T,C,D,V,Z S：T,C,D D：Y,M,S 使用 3 个连续元件		时钟数据比较
	FNC161	TZCP	S1,S2,S：T,C,D S1<=S2 3 个连续元件 D：Y,M,S 使用 3 个连续元件		时钟数据区间比较
	FNC162	TADD	S1,S2,D：T,C,D		时钟数据加法
	FNC163	TSUM	S1,S2,D：T,C,D		时钟数据减法
	FNC166	TRD	D：T,C,D 7 个连续元件		时钟数据读出
	FNC167	TWR	S：T,C,D 7 个连续元件		时钟数据写入
触点比较	FNC224	LD=	S1,S2：可以取所有的数据类型		运算开始（S1）=（S2）时导通
	FNC225	LD>	S1,S2：可以取所有的数据类型		运算开始（S1）>（S2）时导通
	FNC226	LD<	S1,S2：可以取所有的数据类型		运算开始（S1）<（S2）时导通
	FNC228	LD<>	S1,S2：可以取所有的数据类型		运算开始（S1）<>（S2）时导通
	FNC229	LD<=	S1,S2：可以取所有的数据类型		运算开始（S1）<=（S2）时导通
	FNC230	LD>=	S1,S2：可以取所有的数据类型		运算开始（S1）>=（S2）时导通
	FNC232	AND=	S1,S2：可以取所有的数据类型		串联连接（S1）=（S2）时导通
	FNC233	AND>	S1,S2：可以取所有的数据类型		串联连接（S1）>（S2）时导通
	FNC234	AND<	S1,S2：可以取所有的数据类型		串联连接（S1）<（S2）时导通
	FNC236	AND<>	S1,S2：可以取所有的数据类型		串联连接（S1）<>（S2）时导通

续表

分类	指令编号	助记符	操 作 数	功 能
触点比较	FNC237	AND<=	S1,S2：可以取所有的数据类型	串联连接（S1）<=（S2）时导通
	FNC238	AND>=	S1,S2：可以取所有的数据类型	串联连接（S1）>=（S2）时导通
	FNC240	OR=	S1,S2：可以取所有的数据类型	并联连接（S1）=（S2）时导通
	FNC241	OR>	S1,S2：可以取所有的数据类型	并联连接（S1）>S2）时导通
	FNC242	OR<	S1,S2：可以取所有的数据类型	并联连接（S1）<（S2）时导通
	FNC244	OR<>	S1,S2：可以取所有的数据类型	并联连接（S1）<>（S2）时导通
	FNC245	OR<=	S1,S2：可以取所有的数据类型	并联连接（S1）<=（S2）时导通
	FNC246	OR>=	S1,S2：可以取所有的数据类型	并联连接（S1）>=（S2）时导通

参考文献

［1］瞿彩萍，张伟林. PLC 应用技术. 北京：人民邮电出版社，2009.

［2］阮友德. 电气控制与 PLC 实训教程. 北京：人民邮电出版社，2006.

［3］范次猛. 可编程控制器原理及应用（第 2 版）. 北京：北京理工大学出版社，2009.

［4］张伟林. 电气控制与 PLC 应用. 北京：人民邮电出版社，2009.

［5］颜全生. PLC 编程设计与实例. 北京：机械工业出版社，2009.

［6］夏新民，马金，黄威. 低压电动机控制电路解析. 北京：化学工业出版社，2009.